Bernhard Kegel

Mit Pflanzen die Welt retten

Bernhard Kegel

Mit Pflanzen die Welt retten

Grüne Lösungen
gegen den Klimawandel

DUMONT

FSC
www.fsc.org
MIX
Papier | Fördert gute Waldnutzung
FSC® C083411

Das bei der Produktion dieses Buches entstandene CO_2
wurde durch die Finanzierung von Klimaschutzprojekten
kompensiert: climate-id.com/17531-2110-1001/de

1. Auflage 2024

Umschlaggestaltung: Lübbeke Naumann Thoben, Köln
Lektorat: Kerstin Thorwarth
Satz: Fagott, Ffm
Gesetzt aus der DTL Documenta
Druck und Verarbeitung: CPI books GmbH, Leck
Gedruckt auf säurefreiem und chlorfrei gebleichtem Papier
Printed in Germany
ISBN 978-3-8321-6850-6

www.dumont-buchverlag.de

Inhalt

Einleitung 11

Vorbemerkung: Über das Gewicht von Luft 25

1
Stoffflüsse und Zyklen 29

2
Luftdünger 39

3
Neue Wälder braucht die Welt 49

Schutz und Erhalt 49
Bäume 52
Aufforstung in China 58
Quer durch Afrika 66
Bäume können auch anders 71
Aufforsten – wenn das so einfach wäre 77
Holzbau 92

4
Ohne Moore geht es nicht 95

Von der Senke zur Quelle 96
Abgesackt und abgebrannt 101
Moor muss nass 107
Wiedervernässung 110
Moorwirtschaft 113
Paludiprodukte 117
Allianz der Pioniere 121
Theorie und Praxis 122

5
Blauer Kohlenstoff 133

Künstlicher ozeanischer Auftrieb 134
Ozeandüngung 141
Ozean-Alkalinisierung 144
Wiesen im Meer 147
Weitere *Blue-Carbon*-Ökosysteme 158

6
Ein alter Traum – Energieerzeugung nach Art der Pflanzen 173

$6\,CO_2 + 6\,H_2O \leftrightarrow C_6H_{12}O_6 + 6\,O_2$ 178
Same, same, but different 184
Nicht optimal 187
Künstliche Photosynthese 192
Optimierte Photosynthese 202

7
Mit Pflanzen die Welt retten? 213

Anmerkungen 223
Literatur 239
Index 249

Wir, die wir nicht einmal friedlich miteinander leben können, sollen die ganze Erde »managen«? Da stehen künstliche Intelligenz, Geo-Engineering und eine App-freudige, gigantomanische, von Big Tech kontrollierte Zukunft zu befürchten.

Annie Proulx

Unser gängiger Freiheitsbegriff ist untauglich für das Anthropozän. Er reagiert empfindlich darauf, wenn die Mobilität in benzinverbrennenden Blechkisten angekratzt wird. Aber von der Frage, ob es in Zukunft noch Vögel gibt, bleibt er völlig unberührt.

Eva von Redecker

Es ist ein Fehlschluss zu glauben, dass Klima und Wetterereignisse alles bestimmen, auch wenn sie ein wichtiger Faktor sind. Politische Entwicklungen und Kriege sind unter Umständen von größerer Bedeutung.

Jochem Marotzke

Einleitung

In meinem 1993 erschienenen Debütroman *Wenzels Pilz*, einer satirischen Gentechnik-Vision, die in einer unbestimmten Zukunft spielt, ist die Welt von Schokokäfern, Stadtpalmen und diversen anderen mehr oder weniger skurrilen genetisch veränderten Kreaturen bevölkert. Hauptschauplatz ist Norwegen. Begleitet von großem Medienrummel wurde dort gerade ein riesiger Gebäudekomplex eingeweiht, ein sogenannter Assimilator. Ähnliche Anlagen, die größten je von Menschen geschaffenen Bauwerke, werden in der ganzen Welt errichtet. Einen Schönheitspreis haben diese Monstren aus Beton, Stahl und Glas sicher nicht verdient, denn sie werden in fieberhafter Eile aus dem Boden gestampft, um ein drängendes Problem zu lösen: die »Erwärmung«, wie es in meiner Geschichte beschönigend genannt wird. Die Assimilatoren sollen das Treibhausgas Kohlendioxid aus der Atmosphäre entfernen und es mithilfe gentechnisch veränderter Algen in chemische Substanzen umwandeln, die für die Ernährung von Mensch und Tier genutzt werden können.

Entstanden ist *Wenzels Pilz* vor fast 40 Jahren.[1] Ich schreibe das nicht, um meine außergewöhnlichen prophetischen Fähigkeiten zu betonen. Sicher, der Klimawandel war in den 1980er-Jahren noch kein Thema, das in Gestalt von Wetterextremen, Waldbränden, »Klimaklebern« oder heftig umstrittenen Gesetzesvorhaben in nahezu jeder Nachrichtensendung vorkam. Doch wer an Umweltthemen interessiert war und ein wenig recherchierte, stieß schnell auf einschlägige Literatur. In der Wissenschaft ist man sich schon damals sehr wohl darüber im Klaren gewesen, dass der Treibhauseffekt und die Verbrennung fossiler Energieträger uns und der gesamten Biosphäre in einer gar nicht so fernen Zukunft gewaltige Probleme bereiten werden. Die erste Weltklimakonferenz mit Vertretern aus 53 Nationen hatte bereits im Februar 1979 in Genf stattgefunden: »Die Nationen der Welt müssen alles dafür tun, einen menschengemachten Wandel des Klimas, der das Wohlbefinden der Menschheit gefährden könnte, vorherzusehen und zu verhindern«, stand in der Abschlussdeklaration.[2] 1988 folgte die Gründung des Weltklimarates IPCC (Intergovernmental Panel on Climate Change).

Nathaniel Rich, ein US-amerikanischer Journalist und Schriftsteller, hat in seinem Buch *Losing Earth* von 2019 dargestellt, wie erbittert eine Gruppe von Forschern und Aktivisten um den Umweltlobbyisten Rafe Pomerance und den NASA-Wissenschaftler James Hansen seit dem Ende der 1970er-Jahre um Aufmerksamkeit für diese bedrohliche Entwicklung kämpfte – ein Kampf, der schließlich in den 1980er-Jahren in eine besonders in den USA intensiv geführte Debatte mündete.[3] Und doch wurde die Chance am Ende vertan. Sage niemand, ein frühzeitiges Gegensteuern hätte keinen Unterschied gemacht. Mehr als 80 Prozent der weltweiten Kohlendioxidemissionen der Menschheit sind erst in den letzten 30 Jahren in die Atmosphäre gelangt, und von einer nachhaltigen Reduktion ist leider wenig zu erkennen. Nach einem Rückgang im Jahr 2020 ist die Welt schon 2021 mit 36 Gigatonnen wieder auf dem Vor-Corona-Niveau angekommen, und 2022 und 2023 wurden jeweils neue Höchstmarken aufgestellt. Seit 2018 bewegen sich die Emissionen auf einem nie da gewesenen hohen Niveau.[4]

Die vor 40 Jahren getroffenen Voraussagen der Klimaforscher und -forscherinnen haben sich weitgehend bestätigt. Global ist die Durchschnittstemperatur bis 2019 im Vergleich zu vorindustriellen Zeiten um 1,1 Grad Celsius gestiegen, in Deutschland sogar um 2,3 Grad, weil sich Landmassen etwa doppelt so stark erhitzen.[5] Das Jahr 2023 war so außergewöhnlich warm, dass die bis dahin geltenden Statistiken regelrecht pulverisiert wurden. »2023 war absolut absurd«, kommentierte der Klimaphysiker Reto Knutti von der ETH Zürich. »Wäre das ein Versuch im Labor, würde man als Wissenschaftler als Erstes nach einem Messfehler suchen, weil es so unplausibel ist.«[6]

Zwar gilt seit der Klimakonferenz in Paris im Jahr 2015 bis zum Ende des Jahrhunderts das globale 1,5-Grad-Ziel, ein Durchschnittswert, der über einen Zeitraum von 20 Jahren ermittelt wird und dessen Überschreitung daher erst mit erheblicher Verzögerung festgestellt werden kann. Betrachtet man kürzere Zeiträume, wurde dieser Wert laut dem Europäischen Klimadienst Copernicus schon überschritten. Ende Januar 2024 ging ein Zeitraum von zwölf Monaten zu Ende, in dem die globale Durchschnittstemperatur erstmalig über dem in Paris formulierten 1,5-Grad-Ziel lag,[7] und im Juli 2024 endete ein Jahr, in dem diese Grenze zum ersten Mal in jedem einzelnen Monat überschritten wurde. Die Latte wackelt nicht nur. Sie ist bereits gefallen.

Dringend erforderlich wäre aber die Einhaltung der 2-Grad-Grenze, denn jenseits dieser Schwelle drohen gefährliche Kipppunkte, die ein Umsteuern unmöglich machen könnten. Da weiterhin große Mengen an Treibhausgasen emittiert werden, sieht es im Augenblick jedoch so aus, als würden wir eher auf eine um 3 Grad wärmere Welt zusteuern. Mitteleuropa und anderen Festlandmassen droht demnach bis zum Jahr 2100 eine Erhitzung um bis zu 6 Grad. Und wer wollte mit Blick auf die bislang erzielten Fortschritte ausschließen, dass es nicht sogar noch schlimmer kommen könnte?

Was das bedeutet, scheint in den Köpfen vieler politischer Akteure und breiter Kreise der Bevölkerung noch immer nicht angekommen zu sein. Offenbar, so betonen Wissenschaftlerinnen und Wissenschaftler aus den USA, China und Deutschland in einer aktuellen Studie, »tendieren wir dazu, die heute Lebenden höher zu bewerten als die, die in der Zukunft leben werden«, und seien es unsere eigenen Kinder und Enkel.[8] Dabei spüren wir alle diese Entwicklung schon im Hier und Jetzt. Viele der heute jungen Menschen, und erst recht ihre Nachkommen, werden aber Bedingungen ausgesetzt sein, wie sie nie zuvor in der 300 000-jährigen Geschichte unserer Spezies auf der Erde geherrscht haben.

Drei Grad mehr im globalen Durchschnitt, auf den Kontinenten sogar doppelt so viel – das wird eine Welt sein, in der, hätten wir die Wahl, niemand von uns leben möchte.[9] Weite Teile des Planeten, beinahe der gesamte Tropengürtel, wären für Menschen (und viele andere Lebewesen) nahezu unbewohnbar. Ein Aufenthalt im Freien wäre an vielen Tagen lebensgefährlich, von schwerer körperlicher Arbeit auf Baustellen, Feldern oder Plantagen gar nicht zu reden. Das gilt natürlich im Besonderen für Länder wie Indien, Pakistan oder das äquatoriale Afrika, wo Milliarden von Menschen betroffen wären. Die Auswirkungen wären aber auch in Mitteleuropa zu spüren. Die Augsburger Umweltmedizinerin Claudia Traidl-Hoffmann, die als einzige Ärztin im wissenschaftlichen Beirat »Globale Umweltveränderungen« der Bundesregierung sitzt, hat sich kürzlich unmissverständlich dazu geäußert: »In unseren Städten wäre es im Sommer über längere Perioden regelmäßig bis zu 40 Grad heiß oder mehr«, sagte sie. »Das werden viele Menschen nicht überleben.«[10]

Schmelzende Gletscher und Polkappen, steigender Meeresspiegel, Hitzewellen und andere Extremwetterlagen, Dürren, ein Mittelmeerraum, der zur Wüste tendiert, verheerende Waldbrände, Ökosysteme, die sich drastisch verändern … Sie kennen das alles.[11] Niemand, wirklich niemand wird in 10, 20 oder 50 Jahren behaupten können, sie oder er habe nicht gewusst, was uns blühen würde. Und doch lehnen viele Menschen Klimaschutzmaßnahmen, die sie selbst betreffen würden, ab und bestehen auf grenzenloser Freiheit im Hier und Jetzt.

Immerhin gibt es einen seit Jahren bekannten Lichtblick, der im Trommelfeuer der finsteren Nachrichten über neue Klimaextreme und im immer erbitterter geführten Streit über mögliche Gegenmaßnahmen beinahe untergegangen ist: Wenn wir es schaffen, die CO_2-Emissionen auf null zu reduzieren, werden die Temperaturen nach einer Übergangszeit von wenigen Jahren nicht mehr weiter steigen.[12] Für die prominente, in Oxford arbeitende Klimaforscherin Friederike Otto ist das »eine der wichtigsten Erkenntnisse der Klimatologie der vergangenen Jahre«,[13] denn bisher war man davon ausgegangen, dass es nach einem Emissionsstopp noch jahrzehntelang wärmer werden würde.[14]

Das sollte uns Mut machen. Die immensen Anstrengungen, die nötig sind, um den Ausstoß von Treibhausgasen global zu reduzieren, würden sich lohnen und brächten im Erfolgsfall einen beinahe unmittelbaren Ertrag. Pflanzen und die von ihnen praktizierte Photosynthese könnten auf diesem Weg von großem Nutzen sein.

Doch um das Horrorszenario einer um 3 oder sogar mehr Grad aufgeheizten Welt abzuwenden, reicht das nicht aus. Auch in Zukunft wird es noch Emissionen geben, die aus heutiger Sicht unvermeidlich sind und kompensiert werden müssen, zum Beispiel im Bereich der Landwirtschaft, der Zementindustrie und bei der Müllverbrennung. »Optimistischen« Schätzungen zufolge könnten diese Rest-Emissionen 10 bis 20 Prozent der heutigen Emissionen ausmachen, global gesehen wären das mehrere Milliarden Tonnen.[15] Zusätzlich müsste bereits emittiertes

$CO2$ wieder aus der Atmosphäre entfernt werden, und das in beträchtlichen Mengen. So wird in den Szenarien des IPCC[16] zum 1,5-Grad-Ziel von einer Kohlendioxidentnahme in Höhe von 740 Gigatonnen bis zum Jahr 2100 ausgegangen, etwa dem Zwanzigfachen der momentan jährlich weltweit emittierten CO_2-Menge. Wohlgemerkt: Diese Zahlen sind bereits in die Berechnungen eingeflossen. Erreicht die Weltgemeinschaft dieses Ziel nicht, wird es noch schwerer werden, die gemeinsam beschlossenen Vorgaben einzuhalten.

Wie soll das gehen? Es ist in jedem Fall eine Herkulesaufgabe, die unsere Gesellschaften vor gigantische Herausforderungen stellen und Unmengen an Geld erfordern wird. Elon Musk, der Google-Mutterkonzern Alphabet und andere haben Start-ups, die Technologien zur $CO2$-Rückholung entwickeln, bereits zwei Milliarden US-Dollar zur Verfügung gestellt. Frontier, ein 925 Millionen Dollar Fonds, den unter anderem McKinsey & Co, Meta, Alphabet und Shopify aufgelegt haben, soll Firmen dafür bezahlen, dass sie Kohlendioxid aus der Atmosphäre entfernen. Auch die US-Regierung ist mit viel Geld eingestiegen. In der Branche herrscht Goldgräberstimmung.[17]

Mit dem »XPRIZE Carbon Removal«, der mit insgesamt 100 Millionen US-Dollar lockt, haben Elon Musk und seine Stiftung 2021 zudem den höchstdotierten Anreizwettbewerb ins Leben gerufen, den es je gab. Die Teams, die sich bewerben, müssen eine CO_2-Entfernung in der Größenordnung von 1000 Tonnen pro Jahr nachweisen, sie müssen die Kosten modellieren, die bei einer Kohlendioxidentfernung von einer Million Tonnen pro Jahr anfallen würden, und einen Plan vorlegen, wie sie in Zukunft nachhaltig in den Bereich von Gigatonnen pro Jahr vorstoßen wollen. An 15 der über 1300 Bewerber aus 88 Ländern sind schon je 1 000 000 US-Dollar ausgeschüttet worden. Kurz vor Abschluss dieses Buches sind die 20 Finalisten bekannt gegeben worden. Von einigen Konzepten dieser Teams und Start-ups wird auch auf den folgenden Seiten die Rede sein. Die Gewinner des mit 50 Millionen US-Dollar dotierten Hauptpreises werden Ende 2025 verkündet.[18]

Es geht ja nicht nur darum, den Temperaturanstieg bis Ende des Jahrhunderts zu begrenzen. Die Temperaturen würden nach einem Emissionsstopp – von dem wir, um das noch einmal klar zu sagen, weit entfernt sind – zwar nicht weiter steigen, sie würden aber auch nicht sinken; und je länger der Ausstieg auf sich warten lässt, desto höher liegt das Temperaturniveau, mit dem sich alle Lebewesen der Erde arrangieren müssen. Wenn wir nicht wollen, dass diese für die Menschheit und große Teile der Biosphäre gefährlichen Bedingungen über lange Zeit andauern, muss es unser Bestreben sein, den CO_2-Gehalt der Atmosphäre wieder zu reduzieren, möglichst auf das Niveau der ersten Hälfte des 20. Jahrhunderts oder darunter. Wir müssen versuchen, das Fieber der Welt zu senken, auch wenn das Jahrzehnte oder gar Jahrhunderte dauern sollte.

Das Zauberwort heißt *Carbon Capture and Storage* – Technologien, die CO_2 auf unterschiedliche Weise der Atmosphäre entziehen und klimaneutral deponieren. Mit den kohlendioxidreichen Abgasen aus Industrieschornsteinen klappt das schon ganz gut, aber in der Atmosphäre ist CO_2, in krassem Gegensatz zu seiner Bedeutung für das Weltklima, ein Spurengas, das nicht einmal 0,1 Volumenprozent der Luftgase ausmacht. Es in großen Mengen aus der Luft zu gewinnen, kostet daher viel Energie.

Dass es trotzdem gelingen kann, zeigt zum Beispiel das Schweizer Unternehmen Climeworks der beiden deutschen Ingenieure Jan Wurzbacher und Christoph Gebald, das im Frühjahr 2022 eine Kapitalspritze von 650 Millionen US-Dollar erhalten hat, unter anderem von einer großen Schweizer Versicherungsgruppe und dem Investor Baillie Gifford, der sein Geld früher in Tesla und Amazon anlegte.[19]

Climeworks nennt seine Methode *Direct Air Capture* (DAC): Riesige Ventilatoren saugen Luft an, schicken sie durch Spezialfilter, setzen das daran gebundene CO_2 durch Erhitzen wieder frei und pumpen es dann zusammen mit Wasser in den Untergrund, wo es mit den im Basaltgestein enthaltenen Salzen reagiert, buchstäblich versteinert und für Tausende von Jahren verbleibt.

Nach einer Pilotanlage in der Schweiz arbeitet nun seit 2021 in Hellisheiði, Island, eine erste Großanlage namens »Orca«, die der Atmosphäre bei vollem Betrieb jährlich 4000 Tonnen CO_2 entzieht. Für das Verpressen in den Untergrund sorgt, unter futuristisch anmutenden Kuppeln, der Climeworks-Nachbar CarbFix, ein Tochterunternehmen des isländischen Energieversorgers Orkuveita Reykjavíkur.

4000 Tonnen CO_2, das entspricht den jährlichen Emissionen, die 250 US-Bürger verursachen – nicht mehr als ein Tropfen auf den heißen Stein also. Doch in Sichtweite von »Orca« entsteht bereits »Mammoth«, eine wesentlich größere Anlage, die der Luft jährlich 36 000 Tonnen CO_2 entziehen wird. Und dieses »Up-Scaling« soll weitergehen. Bis zum Jahr 2030 will Climeworks die Megatonnen-, bis 2050 eine Gigatonnenkapazität erreicht haben. Spätestens dann wäre die Vision der Assimilatoren aus *Wenzels Pilz* in Gestalt von riesigen, überall auf der Welt errichteten DAC-Maschinen Wirklichkeit geworden. Fehlen nur noch die Algen, aber auch die werden in Zukunft eine wichtige Rolle spielen. Wir werden darauf zurückkommen (Kap. 6).

Es gibt andere Konzepte als das von Climeworks und CarbFix, mit anderer Methodik, aber dem gleichen Ziel, und eine Forschergruppe um Ryan Hanna von der University of California in San Diego hat nachgerechnet: Das Ganze ist zwar Zukunftsmusik, aber kein Hirngespinst.[20] Bis zum Ende des Jahrhunderts wäre es tatsächlich möglich, auf diese Weise um die 840 Gigatonnen Kohlendioxid pro Jahr aus der Atmosphäre zu entfernen. Die Kosten wären allerdings enorm, denn wir würden viele dieser Anlagen benötigen, Zigtausende. Das würde jährliche Investitionen von 1,2 bis 1,9 Prozent des globalen Bruttoinlandsprodukts erfordern, insgesamt einen Betrag von bis zu 1,38 Billionen US-Dollar. Unklar ist zudem, woher die Energie für alle diese Anlagen kommen soll. Nicht überall stehen in der Nähe emissionsfreie Geothermiekraftwerke zur Verfügung wie auf Island.

Technische Lösungen der Kohlendioxidentnahme wie die von Climeworks müssen in unserem Zusammenhang natürlich erwähnt werden, aber sie sind nicht Thema dieses Buches.

Ich möchte einen anderen Weg erkunden. Man könnte ihn den »sanften« oder »grünen Weg« nennen oder den »biologischen«; es ist ein Weg, der sich auf die Fähigkeiten ausgewiesener Experten der Kohlenstofffixierung stützt – die der Pflanzen. Was die Nutzbarmachung atmosphärischen Kohlendioxids angeht, haben sie einen unerreichbar weiten Erfahrungshorizont aufzuweisen. Zu ihrer Expertise gehört, dass sie die auf diesem Planeten herrschenden Bedingungen vor langer Zeit mehrfach völlig umgekrempelt haben und dass sie seit Hunderten von Millionen Jahren zuverlässig, still, effektiv und erfolgreich ein der Luft entnommenes Kohlenstoffatom an das andere hängen und dabei auch noch Sauerstoff produzieren, das Gas, das für uns überlebenswichtig ist. Sie tun das, um selbst zu wachsen, und schaffen so, gewissermaßen nebenbei, die Existenzgrundlage für Millionen von Tierarten einschließlich des Menschen.

Jeder großtechnischen Lösung haben Pflanzen gleich mehreres voraus, von Ressourcen- und Energieverbrauch sowie ästhetischen Fragen gar nicht zu reden: Indem sie Schatten spenden und kühlend wirken, können Pflanzen uns dabei unterstützen, mit den schon jetzt unvermeidlichen Folgen des Klimawandels fertigzuwerden, vor allem in Städten. Ihre Biomasse sorgt für eine nachhaltige Lebensmittelproduktion, und mit den daraus zu gewinnenden Gasen leisten sie einen Beitrag zur klimaneutralen Energieversorgung, dessen Potenzial wir noch bei Weitem nicht ausgeschöpft haben. Gleichzeitig sind sie entscheidend für die Bewältigung der zweiten großen Zukunftskrise, in der wir uns längst befinden: dem Sterben der Tiere, der Defaunation und dem Schwinden der biologischen Vielfalt. Manche sagen, diese Krise werde uns noch härter treffen.[21]

Welchen Beitrag können Pflanzen für die Lösung unserer Zukunftsprobleme leisten? Dieser Frage will ich auf den folgenden Seiten nachgehen, und vielleicht wird es Ihnen, liebe Leserinnen und Leser, dabei am Ende genauso gehen wie mir: Sie werden überrascht sein über die Vielfalt an Ideen und Ansätzen, die dabei angedacht oder bereits verfolgt werden.

Als ich mit der Arbeit an diesem Buch begann, wusste ich nicht, wie genau das Resultat aussehen würde, und ich habe mir Mühe gegeben, meine Recherchen möglichst ergebnisoffen anzugehen. Es ergibt ja keinen Sinn, Fragen zu stellen, deren Antworten man auch ohne die nötige Fachkenntnis schon vorher zu kennen glaubt, schon gar nicht in einer Situation, in der wir händeringend effektive Bewältigungsstrategien brauchen. Die Gefahr wäre groß, dass dann, wie man so schön sagt, der Wunsch der Vater des Gedankens würde. Denn natürlich hoffte ich, ich würde am Ende ein positives Fazit ziehen können. Ich bin Biologe, grüne, sanfte, natürliche Lösungen sind mir sehr sympathisch – wenn es sie denn gibt.

Wie wahrscheinlich alle meine Leserinnen und Leser habe ich über Jahrzehnte ein für einen Westeuropäer normales Leben geführt. Ich bin geflogen, nicht übermäßig viel, bin Auto gefahren, habe meine Wohnung geheizt, elektrische Geräte benutzt und habe konsumiert, und es macht mir wirklich schwer zu schaffen, dass ich mit diesem Lebensstil, der uns allen selbstverständlich erscheint, mit zu den gewaltigen Problemen beigetragen habe, vor denen die Welt heute steht. Dazu muss man sich den Verlockungen der Moderne nicht einmal besonders exzessiv hingegeben haben. Andere, die viel weniger dazu beigetragen haben als ich, werden infolge des Klimawandels womöglich ihre Heimat verlieren oder nie da gewesenen Extremereignissen ausgesetzt sein.

Das ist die bittere und keineswegs neue Erkenntnis, vor der wir alle stehen und nicht länger davonlaufen können. Wir müssen uns endlich ehrlich machen, aus den Fehlern der Vergangenheit lernen und die riesige träge Flotte unserer Gesellschaften auf einen neuen Kurs bringen – das sind wir denen, die nach uns kommen, schuldig. Wie schwer das wird, erfahren wir tagtäglich aus den Nachrichten.

Können Pflanzen uns dabei helfen? Ich habe nach ehrlichen Antworten auf diese Frage gesucht. Deshalb ist dies keine unreflektierte Lobeshymne auf das, was man heutzutage »naturbasierte Lösungen« nennt. Fehleinschätzungen sind immer möglich. So funktioniert Wissenschaft: Die Kenntnisse von heute werden durch die neuen, tiefergehenden, differenzierteren Einsichten von morgen ersetzt. Das kann im Einzelfall ein anstrengendes Umdenken erfordern.

Wissenschaft fußt zu einem großen Teil auf Erkenntnissen, die in der Vergangenheit gewonnen wurden. Das damalige Hin und Her, der Streit der Meinungen, in den sich mitunter auch außerwissenschaftliche Akteure und Interessen einmischten und der schließlich in allgemein anerkanntes Wissen mündete, liegt hinter uns, ist entschieden und, falls die Öffentlichkeit überhaupt Notiz davon genommen hat, vergessen.

Was jedoch den Klimawandel angeht, so befinden wir uns wie zu Coronazeiten mitten in einem höchst dynamischen Geschehen; der Streit der Meinungen und Konzepte, die Diskussionen und unterschiedlichen Interpretationen werden im Hier und Jetzt und in aller Öffentlichkeit ausgetragen. Wer für jeden Einzelfall bereits gesichertes Wissen erwartet, wird womöglich enttäuscht. Vieles ist im Fluss, es kann gar nicht anders sein. Beispiele dafür werden Sie auch auf den folgenden Seiten kennenlernen.

Für Menschen außerhalb der Expertenkreise ist das nicht immer leicht auszuhalten. Viel zu viele wenden sich verwirrt oder genervt ab, weil sie notwendige Diskussionen und Klärungsprozesse nicht verstehen oder als Nichtwissen und Ratlosigkeit fehlinterpretieren. Im schlimmsten Fall werden sie zu Leugnern und wenden sich vermeintlich einfachen Lösungen von Scharlatanen und Verschwörungsszenarien zu. Sollte diese Haltung um sich greifen, werden wir mit Sicherheit scheitern. Zuversicht und die Bereitschaft zu wirklicher Veränderung sind das Einzige, was uns voranbringt.

Ein Eindruck wäre nach der Lektüre dieses Buches fatal: zu glauben, dass die Pflanzen, die Biologie, die mit dem Klimawandel zusammenhängenden Probleme schon für uns regeln werden und wir uns zurücklehnen und weitermachen können wie bisher.

Nein, um diese beispiellose planetare Herausforderung des Klimawandels zu meistern, werden wir viele unterschiedliche Wege verfolgen müssen. Wir werden Climeworks-Maschinenungetüme genauso nutzen wie das Potenzial der Pflanzen, brauchen die erneuerbaren Energien genauso wie die Reduktion des Fleischkonsums und die Benutzung von Fahrrädern, wo immer es möglich ist. Wir benötigen nicht weniger, sondern netto null Emissionen und werden dafür nach jedem Strohhalm greifen müssen, der sich uns bietet. Vieles spricht aber dafür, dass wir am Ende sagen werden: Ohne die Pflanzen, ohne die »grünen Helfer« als Verbündete hätten wir diese dramatische Phase der Menschheitsgeschichte nicht oder nur mit heftigsten Blessuren überstanden.

Um zu verstehen, wie Pflanzen uns im Kampf gegen den Klimawandel und seine Folgen unterstützen können, sollten wir zunächst ihre überragende Rolle im Naturhaushalt betrachten und uns einen Überblick über die Ausgangssituation und ihre Entstehung verschaffen. Danach werden wir uns damit beschäftigen, was im Einzelnen getan wird oder getan werden könnte.

Vorbemerkung
Über das Gewicht von Luft

In diesem Buch und bei diesem Thema geht es oft um Tonnen oder Gramm, um Masseeinheiten also. Solange die sich auf bekannte Dinge und vertraute Größenordnungen beziehen, ist das für die meisten Menschen kein Problem. Wer gern kocht oder bäckt, weiß, dass ein gehäufter Esslöffel Mehl etwa 20 Gramm wiegt. Bei Tonnen wird es schon schwieriger, aber wenn man hört, dass ein Pkw heute zwischen 1 und 1,8 Tonnen, im Mittel also etwa 1,5 Tonnen wiegt, hat man eine Vorstellung. Ein durchschnittliches Pferd wiegt etwa eine halbe Tonne, ein ausgewachsener Elefantenbulle kann bis zu 6 Tonnen auf die Waage bringen. So weit, so gut.

Aber geht es Ihnen vielleicht so wie mir: Haben Sie auch Schwierigkeiten, sich Tonnen von Luft oder Kohlendioxid vorzustellen? Gase sind doch ... nun ja ... fast nichts. Haben die überhaupt eine Masse?

Das Problem entsteht durch die großen Zahlen, die für die meisten Menschen abstrakte Größen sind, weil sie sie mit keinen konkreten Mengen in Verbindung bringen können. Im Zusammenhang mit den CO_2-Emissionen ist oft von »Gigatonnen« (Gt) oder »Petagramm« (Pg) die Rede. Beides bezeichnet die gleiche Masse, nämlich eine Milliarde (10^9) Tonnen beziehungsweise eine Billiarde (10^{15}) Gramm. Wie kann Gas so unvorstellbar viel wiegen? Oder anders gefragt: Wie viel Gas hat eine derart gigantische Masse? Ich vermute, Sie werden überrascht sein, wie wenig das ist. (Masse und Gewicht setzen wir hier der Einfachheit halber gleich.)

Wie Flüssigkeiten oder Feststoffe bestehen Gase aus Atomen oder Molekülen, sind also, wenn auch meist unsichtbar, Materie und besitzen deshalb eine Masse. So wiegt 1 Kubikmeter Luft etwa 1,3 Kilogramm, nicht viel für ein so großes Volumen, aber weit davon entfernt, nichts zu sein.

Da sich über uns eine gewaltige kilometerhohe Luftsäule auftürmt, sollte demzufolge ein nicht unerhebliches Gewicht auf uns lasten, und das tut es natürlich auch. Es sind ungefähr 17 Tonnen, etwa 1 Kilogramm pro Quadratzentimeter Körperoberfläche. Allerdings spüren wir davon nichts, weil unsere Zellen einen gleich großen Druck entgegensetzen. Wir merken es nur, wenn sich dieses auf uns lastende Gewicht schnell verändert, zum Beispiel wenn wir in einem Flugzeug aufsteigen oder im Meer abtauchen.

Stellen Sie sich nun einen Luftwürfel von 120 Metern Kantenlänge vor, etwa ein Fußballfeld lang, breit und hoch. Ein solcher Würfel würde gut 1,7 Millionen Kubikmeter Luft enthalten, wäre mit mehr als 2200 Tonnen so schwer wie 11 große Blauwale und enthielte, neben anderen Gasen, eine Tonne CO_2. Eine Tonne reines CO_2, darauf beziehen sich die Emissionsangaben, würde einen Würfel von nicht ganz 8 Metern Kantenlänge füllen, grob gesagt: ein kleines Einfamilienhaus. Das ist in etwa die Menge, die wir emittieren, wenn wir mit einem Benzin verbrennenden Auto 5000 Kilometer weit fahren, ungefähr von Hamburg nach Madrid und wieder zurück.

Laut dem *Global Carbon Project* erreichte die von der Menschheit im Jahr 2022 emittierte CO_2-Menge mit 36,6 Gigatonnen einen neuen Höchstwert. In Würfelform besäße diese Menge reinen Kohlendioxids eine Kantenlänge von 2,64 Kilometern. Ein Würfel dieser Größe, bestehend aus den Kohlendioxidemissionen eines einzigen Jahres, würde beispielsweise von der Zugspitze, Deutschlands höchstem Berg, nur um gut 320 Meter überragt werden.

1
Stoffflüsse und Zyklen

Über die Berge hob sich die Sonne, leuchtete in klarer Majestät in ein freundliches, aber enges Tal und weckte zu fröhlichem Leben die Geschöpfe, die geschaffen sind, an der Sonne ihres Lebens sich zu freuen.[1]

So beginnt die berühmte Novelle *Die schwarze Spinne* von Jeremias Gotthelf, erschienen im Jahr 1842 – ein Satz, der ungeachtet der grausigen Geschichte, die der Schweizer Schriftsteller erzählt, sofort Urlaubsgefühle weckt und gute Laune macht.

Aber wer ist hier gemeint? »Geschöpfe, die geschaffen sind, an der Sonne ihres Lebens sich zu freuen« – sind wir das nicht alle? Die Menschen auf jeden Fall, Lichtmangel schlägt uns aufs Gemüt. Aber dieses »wir alle« ist umfassender gemeint. Es schließt alles ein, was kreucht und fleucht, fast die gesamte Tierwelt der Erde.

Pflanzen hatte Gotthelf wohl nicht im Blick; das »fröhliche Leben«, von dem er spricht, ist ihre Sache eher nicht, dabei gilt der Satz für sie im Besonderen. Die im Licht des beginnenden Tages jubilierende Vogelschar, die Fuchsfähe, die in der Morgensonne aufmerksam über das Spiel ihrer Welpen wacht, die Libellen, die pfeilschnell über die im Morgenlicht glitzernde Wasseroberfläche schießen – ohne Pflanzen gäbe es das alles nicht. Sie sind es, die die Strahlung der Sonne als Energiequelle anzapfen und so ein fröhliches Treiben überhaupt erst möglich machen.

Durch das Wunder der Photosynthese. Nur Pflanzen und einige Bakterien sind dazu in der Lage – man kann es gar nicht oft genug betonen.

Strahlung, die nicht genutzt wird, ist für immer verloren, aber die Sonne liefert zuverlässig und unaufhörlich, und dank eines evolutionären Geniestreichs reicht Pflanzen nur 1 Prozent dieser Strahlungsenergie, um mithilfe von chemischen Verbindungen aus Luft und Boden Biomasse aufzubauen, zu wachsen und die eigenen Lebensprozesse zu unterhalten. Sie sind die sogenannten Primärproduzenten, und ihre wichtigsten chemischen Baustoffe sind CO_2 und Wasser.

Man nennt diese Lebensweise »photoautotroph«, was so viel heißt wie: sich mithilfe von Licht selbst ernährend. Entwickelt hat sie sich nicht erst mit den ersten Pflanzenzellen, sondern lange vorher, in einer Zeit, in der auf der Erde ausschließlich Bakterien und Archaeen lebten, einzellige Organismen ohne Zellkern.[2] Die Entdeckung, dass sich die Strahlung der Sonne zur Energiegewinnung nutzen lässt, scheint schon kurz nach der Entstehung des Lebens erfolgt zu sein, vor etwa vier Milliarden Jahren, aber erst eine bis anderthalb Milliarden Jahre später entwickelten die Cyanobakterien eine Form der Photosynthese, bei der Wasser genutzt und Sauerstoff freigesetzt wird, die sogenannte oxygene Photosynthese – eine Innovation mit dramatischen Konsequenzen. Die Entstehung echter Landpflanzen vor etwa 475 Millionen Jahren lag da noch in ferner Zukunft.

Schon Cyanobakterien, die überwiegend im Wasser leben, begannen, an Land mikrobielle Matten zu bilden, und veränderten so das Erscheinungsbild der Erde. Viel drastischere Effekte bewirkte aber der von ihnen zu Lande und zu Wasser produzierte Sauerstoff. Es dauerte sehr lange, bis er in der Atmosphäre ankam und sich dort anreicherte. Irgendwann wurde aber eine kritische Schwelle überschritten, und dieses für uns so lebenswichtige Gas stürzte die Welt in ein beispielloses Chaos, und zwar in die »Große Sauerstoffkatastrophe« (*great oxygenation event*, GOE) vor etwa 2,4 Milliarden Jahren. Einzellige Organismen, die seit Urzeiten an eine sauerstofffreie Umwelt gewöhnt waren, sahen sich mit stetig steigenden Konzentrationen eines reaktiven und für sie giftigen Stoffes konfrontiert, der völlig neue Bedingungen schuf. Die Folge war nicht nur das wahrscheinlich größte Massenaussterben der Erdgeschichte, der Sauerstoff oxidierte auch das in der Atmosphäre viel höher als heute konzentrierte Methan, ein potentes Treibhausgas. Da damals auch die vulkanischen Aktivitäten nachließen und dadurch keine größeren Mengen an Kohlendioxid mehr in die Atmosphäre gelangten, fiel langsam die Temperatur, und die Erde erstarrte in einer Folge von Kaltzeiten, die als »huronische Vereisung« bekannt sind. Die Gletscher reichten mindestens bis in die Subtropen. Gleichzeitig begann ein vollkommen neues Kapitel in der Geschichte des Lebens. So viel zur Macht der Photosynthese.

Ihre Biomasse machte Pflanzen selbst zu einer interessanten Ressource, zur Nahrung und nachwachsenden Energie- und Kohlenstoffquelle für Lebensformen, die nicht zur photosynthetischen Selbstversorgung fähig sind: für Tiere. Zweifellos wären Pflanzen auch weiterhin ohne diese Plagegeister zurechtgekommen, doch die Evolution fragt nicht um Erlaubnis, bevor sie Neues schafft. Sie belohnt diejenigen, die sich ungenutzte Ressourcen erschließen. Was ohne Tiere aus den friedlichen Urpflanzen geworden wäre, mag sich ausmalen, wer will. In jedem Fall hätten ihre Nachfahren wohl nie bunte Blüten, süßen Nektar, betörende Düfte und schmackhafte Früchte hervorgebracht, um Bestäuber und Samenverteiler anzulocken.

Seitdem es Tiere gibt, fließt also ein Teil des von Pflanzen aufgenommenen und mithilfe des Sonnenlichts in ihren Geweben gespeicherten Kohlenstoffs in die Mäuler, Darmschlingen und schließlich die Gewebe dieser Konsumenten, der Pflanzenfresser oder Phytophagen.[3] Wie viel das ist, hängt von den jeweiligen Ökosystemen ab. In den Ozeanen vertilgen Tiere mitunter bis zu 80 Prozent der pflanzlichen Biomasse, an Land erheblich weniger, in nordischen Wäldern sind es nur 1 bis 3 Prozent.

Obwohl Pflanzen nur einen winzigen Bruchteil der einfallenden Strahlungsenergie nutzen, reicht noch viel weniger, nämlich nur ein bis drei Hundertstel dieser in Kohlenstoffverbindungen gebundenen Energie, um ein Riesenheer an Pflanzenfressern zu unterhalten. Es sind Tiere, die auf organische Verbindungen angewiesen sind, die andere – die Produzenten – aufgebaut haben. Enzyme in ihrem Darm zerlegen die Pflanzenstoffe in kleinere Moleküle, aus denen die Phytophagen ihre eigenen Körper aufbauen. Einen Teil »veratmen« sie mithilfe von Sauerstoff und setzen so die darin gebundene Energie wieder frei. Unverdauliches wird ausgeschieden und von Spezialisten weiterverarbeitet, von Pilzen, Mikroben und allerlei Klein- und Kleinstgetier. Am Ende der Kette entsteht immer das, was auch an ihrem Anfang stand: Kohlendioxid und Wasser. Von der Energie, die sie aufgenommen haben, ist in den Körpern der Pflanzenfresser nur noch ein Zehntel übrig geblieben. Ein erheblicher Teil ist als Wärme verloren gegangen, den Rest verbrauchen die Vegetarier unter den Tieren für ihre Bewegung und zur Aufrechterhaltung ihrer Körperfunktionen.

Übrigens – das wird oft vergessen: Auch Pflanzen atmen. Natürlich! Sie erzeugen Sauerstoff nicht nur, sie verbrauchen ihn auch. Pflanzen produzieren die energiereichen Verbindungen ja nicht, damit Tiere sich mit ihnen die Bäuche vollschlagen, sondern um ihre eigenen Lebensprozesse zu unterhalten. Der Verbrauch fällt besonders nachts auf, wenn mangels Licht keine Photosynthese stattfinden kann. Unter dem Strich fällt die pflanzliche Sauerstoffbilanz aber deutlich positiv aus.

Daran – noch eine gute Nachricht – wird sich wohl auch in einer wärmeren Welt nichts Wesentliches ändern. Lange Zeit befürchtete man, dass die pflanzliche CO_2-Produktion durch Atmung mit steigenden Temperaturen stark zunehmen würde. Sie übertrifft die menschlichen Emissionen pro Jahr deutlich, sodass eine Zunahme dramatische Effekte hätte und den Klimawandel weiter antreiben würde. Mehrjährige und aufwendige Untersuchungen in Minnesota, USA, gaben jedoch Entwarnung. Erstmals wurden dort an 1200 jungen Bäumen aus zehn nordamerikanischen Arten, die künstlich einer 3,4 °C höheren Temperatur ausgesetzt wurden, über mehrere Jahre hinweg genaue Messungen durchgeführt. Das Ergebnis: Die Bäume passten sich an. Zwar erzeugten sie tatsächlich 5 Prozent mehr CO_2 als Bäume, die bei kühleren Umgebungstemperaturen wuchsen. Aufgrund des bisherigen Kenntnisstands hatten die Forscherinnen und Forscher aber mit einer deutlich höheren Mehrproduktion von über 20 Prozent gerechnet.[4]

In den Körpern durchschnittlicher Pflanzenfresser bleibt von der auf die Erde treffenden Strahlungsenergie nur noch 0,01 Prozent übrig. Das klingt nach wenig, ist aber mehr als genug, um die Existenz einer weiteren großen Gruppe von Lebewesen zu garantieren – jener Tiere, die ihrerseits Pflanzenfresser verzehren, der Raubtiere oder Prädatoren also. Es gibt und gab sie in allen Lebensräumen und in den verschiedensten Größen und Gestalten, vom Marienkäfer bis zum T. rex, vom Stichling bis zum Riesenhai Megalodon, vom Rotkehlchen bis zum Terrorvogel Diatryma.

Doch die Weitergabe der in organische Kohlenstoffverbindungen konvertierten Lichtenergie ist hier noch nicht am Ende angekommen. Indem ein Vogel, der gerade ein räuberisches Insekt aufgepickt hat, selbst in den Fängen eines Wiesels landen kann und das wiederum im Schnabel eines Uhus, baut sich auf den Phytophagen ein mehr oder weniger kompliziertes Netz von Konsumenten zweiter, dritter, selten sogar vierter und fünfter Ordnung auf. Von Stufe zu Stufe dieses Energieflusses geht ein beträchtlicher und wachsender Teil als Wärme verloren, nimmt die Körpermasse der Konsumenten zu, wachsen die Gebiete, die die Tiere durchstreifen müssen, um ausreichend Beute zu machen, und sinkt die Zahl der Individuen, die auf diese Weise noch auf ihre Kosten kommen. Ein Superräuber, der sich von Topprädatoren ernährt, ist energetisch unmöglich.

Die Vielfalt des Lebens auf diesem Planeten hängt von der Energie der Sonnenstrahlung ab und von der Fähigkeit der Pflanzen, sich diese Energie nutzbar zu machen, sie unter Verbrauch von CO_2 in energiereichen chemischen Verbindungen zu speichern. Sie wird – mit großen Verlusten – von Stufe zu Stufe weitergegeben, bis sie mit Tod und Zersetzung der Organismen endgültig in Wärme aufgeht und auf Nimmerwiedersehen verschwindet. Das dabei frei werdende Kohlendioxid ist bereit für einen neuen Zyklus.

Leben, wie wir es kennen, basiert auf Kohlenstoff, der, verglichen mit anderen Elementen, auf der Erde eher selten ist. Sein Anteil an der Gesamtmasse des Planeten beträgt nur 0,01 Prozent, was etwa 75 Millionen Gigatonnen entspricht, die zum weitaus überwiegenden Teil als Karbonate dauerhaft in den Gesteinen der Erdkruste gespeichert sind. Dagegen fallen die etwa 40 000 Gigatonnen Kohlenstoff, die in den Ozeanen und dort vor allem in der Tiefsee gespeichert sind, kaum ins Gewicht.[5]

Der kleinste, in unserem Zusammenhang aber bedeutsamste Teil des irdischen Kohlenstoffvorrats befindet sich in der Atmosphäre – vor allem in Form von Kohlendioxid[6] – und in der toten und lebenden Biomasse von Organismen. Atmosphäre und Biosphäre stehen dabei in regem Austausch. Während Landvegetation und Meerespflanzen im Zuge der Photosynthese CO_2 aus der Atmosphäre aufnehmen und verbrauchen (etwa 120 bzw. 90 Gt pro Jahr), geben es alle lebenden Organismen durch ihre Atmung in etwa gleicher Größenordnung wieder ab; jedenfalls war das in den letzten fast 12 000 Jahren so, dem Holozän, in dem sich die gesamte Zivilisationsgeschichte der Menschheit abspielte. Die CO_2-Konzentration der Atmosphäre blieb weitgehend konstant und das Klima bemerkenswert stabil.

Die Zusammensetzung der Atmosphäre dieser Zeit kann anhand von winzigen Lufteinschlüssen im Gletschereis direkt gemessen werden. Da aus der Antarktis mittlerweile mehrere Eisbohrkerne vorliegen, die an verschiedenen Standorten mit jeweils unterschiedlichen Bedingungen gewonnen wurden, lassen sich die Ergebnisse auch gut absichern und gelten als sehr zuverlässig. Im Rahmen des *European Project for Ice Coring in Antarctica* (EPICA) wurde eine Bohrung (»Dome C«) tiefer als 3000 Meter ins Eis getrieben und endete nur wenige Meter über dem Grund. Der gewonnene Eiskern enthält wertvolle Informationen über die Klimageschichte der letzten 800 000 Jahre und somit über mindestens acht Eiszeitzyklen.[7]

Daher wissen wir, dass der CO_2-Gehalt der Atmosphäre während der Kaltzeiten bei 180 bis 210 *parts per million* (ppm) lag und in den warmen Zwischeneiszeiten auf 280 bis 300 ppm anstieg. Ausgelöst wurde dieses großklimatische Hin und Her durch regelmäßig auftretende Schwankungen der Erdbahn, die sogenannten Milanković-Zyklen, also nicht durch die steigenden Kohlendioxidkonzentrationen. Diese folgten den Temperaturen erst im Abstand von einigen Jahrhunderten,[8] weil Wärme CO_2-produzierende Lebensprozesse wie die Atmung oder die Zersetzung von organischem Material ankurbelt. Der wachsende CO_2-Gehalt der Atmosphäre wirkte sich dann aber verstärkend aus und trieb die Temperaturen durch den Treibhauseffekt weiter in die Höhe – ein klassischer positiver Rückkopplungseffekt.[9]

Genauso verhält es sich übrigens mit dem wichtigsten aller Treibhausgase: dem Wasserdampf. Je mehr sich die Erde erwärmt, desto höher ist der Wasserdampfgehalt der Atmosphäre und desto stärker der davon ausgehende Treibhauseffekt. Beeinflussen können wir diese Prozesse nicht, deshalb konzentrieren wir uns auf das CO_2.

Gut 280 ppm betrug die Kohlendioxidkonzentration auch vor dem Beginn der Industrialisierung in der Mitte des 19. Jahrhunderts. Dann entfachten die Menschen ihre von fossilen Energien genährten Feuer und sorgten innerhalb eines erdgeschichtlichen Wimpernschlags für einen Anstieg, der in den letzten 66 Millionen Jahren, also seit dem Aussterben der Dinosaurier, ohne Beispiel ist.[10] Diesmal ist es das von Menschen freigesetzte CO_2, das die Temperaturen in die Höhe treibt – daran kann nach den Erkenntnissen der Klimaforschung kaum noch ein Zweifel bestehen. Möglicherweise sind wir im 19. Jahrhundert vor Beginn der Industrialisierung knapp am Beginn einer neuen Kaltzeit vorbeigeschrammt, weil die Bedingungen dafür ungünstig waren, und jetzt ist der Effekt der emittierten Treibhausgase so stark, dass wohl auch die nächste Kaltzeit, die in etwa 50 000 Jahren fällig wäre, entfällt oder weit in die Zukunft verschoben wird.[11] Heute enthält die Luft mehr als 420 ppm Kohlendioxid: ein Anstieg um 50 Prozent gegenüber der vorindustriellen Zeit, und noch immer kommen weitere Gigatonnen hinzu, steigt der Kohlendioxidgehalt der Atmosphäre jedes Jahr um weitere 2 bis 3 ppm …

2 Luftdünger

Moment – steigende Kohlendioxidkonzentrationen? Könnten Pflanzen davon nicht profitieren? CO_2 ist der wichtigste Ausgangsstoff für ihre Photosynthese. Wenn es nun durch die Emissionen der Menschen immer mehr davon gibt, ist das nicht Wasser auf ihre Mühlen? Können sie dadurch nicht mehr energiereiche Kohlenhydrate produzieren und mehr Biomasse aufbauen, und hätte das nicht wiederum zur Folge, dass sie noch mehr Kohlendioxid aufnehmen und daher den steigenden Temperaturen und dem Klimawandel entgegenwirken? Gleichsam als unsere »grünen Helfer«?

Tatsächlich gibt es diese Düngewirkung, und sie wird auch so genannt: »CO_2-Düngungseffekt« (*CO_2 fertilization effect,* CFE).

Etwa ein Viertel der Kohlendioxidemissionen der Menschheit ist nicht in der Atmosphäre verblieben, sondern von den Landmassen und ihrer Vegetation aufgenommen worden. Der überwiegende Teil davon ging auf das Konto dieser CO_2-Düngung: ein Beispiel für eine negative Rückkopplung.

Die Größenordnung solcher – positiven wie negativen – Rückkopplungseffekte korrekt einzuschätzen, stellt die Forschung vor enorme Herausforderungen. Es geht um Prozesse, die über riesige Gebiete und lange Zeiträume hinweg wirksam sind. Außerdem haben Veränderungen der Pflanzendecke natürlich mehr als nur eine Ursache, und sie vollziehen sich in den Tropen anders als in einer Agrarlandschaft oder der arktischen Tundra. Es gibt nicht nur die steigenden Treibhausgaskonzentrationen und demzufolge höhere Temperaturen und den Klimawandel; auch Landnutzung, Niederschläge sowie Stickstoffzufuhr können sich verändern. Und alle diese Prozesse und noch mehr wirken sich auf das Pflanzenwachstum aus und beeinflussen sich gegenseitig – ein Gewirr von Faktoren, das nur schwer aufzudröseln ist. Das System Erde kann aber nur dann korrekt im Computer modelliert werden, wenn derartige Rückkopplungseffekte in die Berechnungen mit einfließen.[1]

Die CO_2-Konzentration der Atmosphäre folgt – bei insgesamt deutlich steigender Tendenz – einem Jahresgang mit einem Maximum im Winter, da in dieser Zeit der Energieverbrauch und damit die Emissionen besonders hoch sind, und einem Minimum im Sommer, das auf einen geringeren Energiebedarf und vor allem die pflanzliche Photosynthese zurückgeht. Dieser Jahresgang ist besonders ausgeprägt, wenn man nur die Nord- oder Südhalbkugel betrachtet, er ist aber auch in der berühmten Keeling-Kurve deutlich zu erkennen, die auf Messungen am Mauna Loa auf Hawaii beruht. Das liegt daran, dass sich auf der Nordhalbkugel wesentlich mehr Landmassen und Vegetation befinden als auf der Südhälfte des Erdballs und dass die jahreszeitlichen Veränderungen, die sich auf Letzterer abspielen, von denen in der Nordhälfte mehr als überdeckt werden.

In den 1990er-Jahren deuteten Satellitendaten erstmals auf ein Ergrünen der Erdoberfläche hin.[2] Die Messungen, die damals von Forscherinnen und Forschern der NASA und einiger US-amerikanischer Universitäten ausgewertet wurden, waren ein Maß für die Photosyntheseaktivität der Erdoberfläche. Auch sie ergaben eine Wellenkurve, in der sich der Zyklus der Jahreszeiten widerspiegelte, gewissermaßen ein Spiegelbild der CO_2-Kurve. Anstelle des sommerlichen Minimums war ein Maximum an photosynthetischer Aktivität zu sehen, und die Kurvenminima im Winter fielen mit den höchsten CO_2-Werten zusammen. Die Daten stammten aus den Jahren 1981 bis 1991, und es war offensichtlich, dass die Amplitude der Welle, also der Abstand zwischen (nord-)winterlichem Minimum der Photosynthese-aktivität und sommerlichem Maximum in diesen zehn Jahren stetig größer geworden war. Außerdem hatte der Anstieg der Kurve tendenziell immer früher begonnen, während der Abfall später erfolgt war. Dafür gab es nur eine Erklärung: Die Satelliten hatten erstmals »eine Zunahme des Pflanzenwachstums in Verbindung mit einer Verlängerung der aktiven Wachstumsphase« registriert,[3] insbesondere in den höheren nördlichen Breiten zwischen dem 40. und dem 70. Breitengrad. In Europa entspricht das dem Raum zwischen Palma de Mallorca und Nordskandinavien.

Doch was war der Grund dafür? Der atmosphärische CO_2-Gehalt hatte seit den frühen 1970er-Jahren um 20 Prozent zugenommen, und dass erhöhte Kohlendioxidkonzentrationen die Photosynthese stimulieren, belegten schon die sogenannten FACE-Experimente, bei denen Pflanzen im Freiland höheren Kohlendioxidkonzentrationen ausgesetzt wurden.[4] Zeigten die Satellitendaten also tatsächlich die Auswirkungen einer Düngung durch das von Menschen in die Luft geblasene Kohlendioxid? In dem betrachteten Zeitraum waren auch die Temperaturen deutlich gestiegen und die Schneedecken früher abgeschmolzen. Die Verlängerung der Vegetationsperiode wurde für die 1980er-Jahre auf zwölf plus/minus vier Tage taxiert – ein Trend, der sich seitdem noch beschleunigt hat. In Bayern[5] ist infolge der steigenden Temperaturen die Zeitspanne vom Beginn der Haselblüte im zeitigen Frühjahr bis zum Blattfall im Herbst seit 1961 um fast einen ganzen Monat länger geworden. Wenn Pflanzen so viel mehr Zeit zur Verfügung steht, ist ein stärkeres Wachstum nur die logische Folge.

Tatsächlich spricht in der Rückschau vieles dafür, dass das erstmals in den 1980er-Jahren per Satellit beobachtete Ergrünen der nördlichen Hemisphäre vor allem auf diese verlängerte Wachstumsphase und die gestiegenen Temperaturen zurückging und nur zu einem geringen Teil auf einen CO_2-Düngungseffekt. Besonders deutlich wurde das, als die durch den Ausbruch des philippinischen Vulkans Pinatubo im Juni 1991 hervorgerufene globale Abkühlung in den Folgejahren zu einem Einbruch der Vegetationszuwächse führte, obwohl die CO_2-Konzentration weiter anstieg.[6] Auch das in den 1980er- und 1990er-Jahren per Satellit beobachtete Ergrünen der afrikanischen Sahelzone wird nicht in erster Linie auf eine Düngung durch das vom Menschen emittierte CO_2, sondern auf leicht gestiegene Niederschlagsmengen, also einen Klimaeffekt, zurückgeführt.[7]

Die Zusammenhänge sind komplex, und diese Fälle zeigten, wie vorsichtig man bei der Interpretation der Daten sein muss. Ein möglicher Düngungseffekt war damit aber keineswegs vom Tisch, im Gegenteil. Mit immer besserer Satellitentechnik und leistungsfähigeren Computern wurden die Fernerkundung und die Vermessung der Erdoberfläche fortgesetzt, und heute kann kein Zweifel mehr daran bestehen, dass unser Planet in den letzten Jahrzehnten tatsächlich erheblich grüner geworden ist – und das nicht nur in den höheren Breiten der Nordhalbkugel. Neben der Erwärmung, dem steigenden Meeresspiegel und schwindenden Meereis gehört das Ergrünen der Erdoberfläche zu den sichtbarsten und deutlichsten Spuren, die der menschengemachte Klimawandel[8] bislang auf unserem Planeten hinterlassen hat. Ein Drittel der mit Pflanzen bewachsenen Festlandfläche zeigt eine Vegetationszunahme (*greening*), nur auf 5 Prozent ist ein Rückgang (*browning*) zu verzeichnen.[9]

Dahinter kann aber alles Mögliche stecken: eine Vergrößerung der Blätter, der Blattzahl pro Pflanze oder der Pflanzendichte, Veränderungen der Artenzusammensetzung oder auch pures Menschenwerk wie die Erhöhung der Zahl der Feldfrüchte, die innerhalb eines Jahres angebaut werden.[10]

Unter dem Strich läuft es aber auf eine Vergrößerung der photosynthetisch aktiven Blattfläche hinaus, und die hat, allein zwischen 2000 und 2017, global um unglaubliche 5,4 Millionen Quadratkilometer zugenommen – eine Fläche, die der Größe des gesamten Amazonasregenwalds entspricht.[11] Computerprogramme können sogar die Größenordnung der davon ausgehenden negativen Rückkopplung berechnen: Seit 1982 hat dieser enorme Zuwachs eine zusätzliche Temperaturerhöhung um 0,09 plus/minus 0,02 °C verhindert. Das entspricht einer Abschwächung der globalen Erwärmung um 12 Prozent, vor allem durch die kühlende Wirkung der auf größerer Blattfläche erfolgten Wasserverdunstung.[12]

Global betrachtet, scheint der CO_2-Düngungseffekt tatsächlich der wichtigste Faktor zu sein, der zu diesem erstaunlichen Ergrünen der Erdoberfläche beigetragen hat, aber er ist keineswegs der einzige. Lokal und regional zeigen sich deutliche Unterschiede, und über die Entwicklungen in den Tropen gibt es noch erhebliche Unsicherheiten, da die verwendeten Methoden bei extrem dichter Vegetation an ihre Grenzen stoßen und Wolken sowie Aerosole die Messungen erschweren. So ist nicht einmal klar, ob die Wälder Amazoniens infolge der Dürren der letzten Jahre nun ein *greening* oder *browning* erfahren haben.[13]

Eine wichtige Rolle spielen die steigenden Temperaturen, die sich vor allem in höheren Breiten, also in borealen und arktischen Gebieten, positiv auf das Pflanzenwachstum auswirken. Nicht jedes Ergrünen ist jedoch mit einer ökologisch sinnvollen und wünschenswerten Entwicklung gleichzusetzen. Im Falle der Tundra ist ein Ergrünen leider allzu oft gleichbedeutend mit deren Verschwinden. Seit Jahren wird dort eine zunehmende Verbuschung beobachtet. Baum- und Buscharten dringen immer weiter nach Norden vor und sorgen mit ihrem Laubfall für eine weitere Anreicherung mit Nährstoffen. Der Charakter der Tundra geht verloren.[14] In den Tropen hat die Erwärmung den gegenteiligen Effekt. Da die dortigen Temperaturen schon dicht am Optimum vieler Pflanzenarten liegen, führt eine weitere Erhöhung schnell zu einer Verschlechterung der Lebensbedingungen.

Ein Drittel des Zuwachses an globaler Blattfläche seit der Jahrtausendwende geht allein auf eine Intensivierung der Landwirtschaft zurück. Dabei ragen China und Indien heraus. Beide Länder haben ihre Nahrungsmittelproduktion seit dem Jahr 2000 um 35 Prozent erhöht. »Die grüne Revolution«, schreiben Chi Chen von der Universität Boston und Kollegen in einer Studie aus dem Jahr 2019, »ist auf schnell wachsende Hybridsorten, Mehrfachanbau, Bewässerung, Düngemitteleinsatz, Schädlingsbekämpfung, besseres Saatgut, Mechanisierung der Landwirtschaft, Kreditverfügbarkeit, Ernteversicherungsprogramme usw. zurückzuführen«, und damit nicht auf eine CO_2-Düngung, sondern direkt auf das Handeln der Menschen.[15]

In China, das nur über knapp 7 Prozent der weltweit mit Vegetation bewachsenen Landfläche verfügt, wurden allein 25 Prozent des globalen Zuwachses an Blattfläche gemessen. Neben den schon erwähnten Veränderungen in der Landwirtschaft ist dies vor allem auf ehrgeizige Aufforstungsprogramme zurückzuführen, die die Auswirkungen von Bodenerosion, Luftverschmutzung und Klimawandel verringern sollen und die Waldfläche des Landes innerhalb eines Jahrzehnts um fast 20 Prozent vergrößert haben. Ein Drittel von Chinas Waldbestand wird heute von Plantagen gebildet, deren Bäume jünger als 40 Jahre sind.[16]

Doch die Maßnahmen sind umstritten, denn sie haben weitreichende Konsequenzen für den Wasserkreislauf.[17] Die den Klimawandel dämpfende Wirkung des *greening* beruht ja vor allem auf der erheblich vergrößerten Blattfläche und, damit verbunden, auf einer erhöhten Verdunstung von Wasser, das die Pflanzen natürlich dem Boden entziehen, in dem sie wurzeln. Allerdings ist bekannt, dass Pflanzen in Reaktion auf steigende CO_2-Werte die Spaltöffnungen schließen, um im Blatt eine konstante Kohlendioxidkonzentration zu erhalten und gleichzeitig den Wasserverlust zu begrenzen.[18] Mehr oder größere Blätter schützen den Boden vor Austrocknung; andererseits wird bei Regen die Verdunstung direkt von den Blattoberflächen erhöht, sodass dieses Wasser nie den Boden erreicht.

Wieder haben wir es mit mehreren Prozessen zu tun, die den Ausgang des Ganzen, in diesem Fall des Wasseraustauschs zwischen Atmosphäre und Boden, mal in die eine, mal in die andere Richtung beeinflussen. Unter dem Strich hat die Evapotranspiration, also die Verdunstung aus Boden- und Wasserflächen sowie von Pflanzen und Tieren, innerhalb der letzten vier Jahrzehnte deutlich zugenommen, und mehr als die Hälfte dieser Zunahme ist eine Folge der vergrößerten Blattfläche, also des *greening*. Der Wasserkreislauf wird intensiviert.[19] Für Trockengebiete etwa in China kann das zum Problem werden. Wir werden darauf noch einmal zurückkommen.

Vom großen Beitrag der Landwirtschaft zum globalen *greening* war schon die Rede. Er ist keine Folge der CO_2-Düngung, sondern das Ergebnis von agrarischer Intensivierung und verbesserten Anbaumethoden. Immer wieder wird aber, nicht selten als Silberstreif in einer ansonsten düsteren Zukunft, die Hoffnung oder gar Erwartung geäußert, der Düngungseffekt werde zu einer Ertragssteigerung in der Landwirtschaft führen. Motto: »CO_2 ist Pflanzennahrung«.[20]

Bei Getreide führen erhöhte CO_2-Konzentrationen tatsächlich zu verstärktem Wachstum, das zeigten schon die bereits erwähnten FACE-Experimente. Das Design dieser Versuchsanordnungen war gegenüber früheren Untersuchungen ein großer Fortschritt, denn es erlaubte, die Reaktion der Pflanzen nahezu unter Freilandbedingungen zu verfolgen. Weder Wurzeln noch oberirdische Pflanzenteile befinden sich in einem Behältnis, das sie in irgendeiner Weise einengt. Moderne FACE-Anlagen sind ringartige achteckige Konstruktionen mit einem Durchmesser von bis zu 30 Metern, die mit CO_2 angereicherte Luft oder reines CO_2 aus zahlreichen feinen Öffnungen auf die in ihrem Inneren wachsende Vegetation pusten. Das können junge Laub- und Nadelwaldpflanzungen sein, Grünlandflächen oder auch verschiedene landwirtschaftliche Kulturen.[21]

Dabei zeigte sich, dass höhere CO_2-Konzentrationen von bis zu 600 ppm – zur Erinnerung: Wir liegen heute bei etwa 420 ppm – über den CO_2-Düngungseffekt zwar das Wachstum der Pflanzen ankurbeln, gleichzeitig aber deren Gehalt an Proteinen, Mikronährstoffen und B-Vitaminen reduzieren. Das betrifft Weizen genauso wie Soja, Erbsen, Mais und vor allem Reis, wobei die Unterschiede zwischen einzelnen Sorten enorm sind. Viele verlieren bei hohen CO_2-Werten 10 bis 20 Prozent ihres Proteingehalts, bei den B-Vitaminen können die Einbußen noch höher liegen.[22] Schon jetzt leiden weltweit etwa zwei Milliarden Menschen unter einem Mangel an Zink oder Eisen, die wie Proteine vor allem über pflanzliche Nahrung aufgenommen werden, und nach Berechnungen von Forschenden der Harvard University könnten in den nächsten Jahrzehnten wegen der abnehmenden Qualität ihrer Nahrung 175 Millionen dazukommen, weitere 122 Millionen Menschen könnten unter Eiweißmangel leiden. Betroffen werden vor allem die ärmsten Länder Asiens und Afrikas sein.[23]

Immerhin bietet die Tatsache, dass sich die Sorten in ihren Reaktionen so stark unterscheiden, eine Perspektive. Man hat damit genügend Variabilität zur Hand, um zum Beispiel Reissorten zu züchten, die ihre gewohnte Qualität auch bei hohen CO_2-Konzentrationen beibehalten. Aber das braucht natürlich Zeit.

So erfreulich die den Klimawandel abschwächende Wirkung der CO_2-Düngung ist – es spricht einiges dafür, dass dieser Effekt zunehmend an seine Grenzen stößt. Schon in den FACE-Experimenten zeigte sich bei steigendem CO_2 ein gewisser Gewöhnungseffekt der untersuchten Pflanzen. Mittlerweile deuten Satellitendaten in Studien von Wissenschaftlerinnen und Wissenschaftlern aller Kontinente ebenfalls darauf hin, dass der CO_2-Düngungseffekt abnimmt.[24]

Auch Pflanzen leben eben nicht von Licht und Luft allein, das ist bisher in unserer Darstellung zu kurz gekommen. Es kann noch so viel Kohlendioxid zur Verfügung stehen – wenn nicht gleichzeitig für ausreichend Wasser gesorgt ist, können die Pflanze und ihre Photosynthese nicht davon profitieren. In der Fachsprache heißt das: Die Wasserversorgung limitiert den CO_2-Düngungseffekt.[25] Das Gleiche gilt für Stickstoff und Phosphor. Wo welche Stoffe für welche Pflanzen limitierend wirken, ist sehr unterschiedlich. Klar ist aber: Steigende CO_2-Konzentrationen garantieren noch lange kein unbegrenztes Pflanzenwachstum; auch die anderen benötigten Stoffe müssen in ausreichendem Maß zur Verfügung stehen. Und genau das scheint mehr und mehr zum Problem zu werden.

Trotz aller Unsicherheit im Detail: Die Fachwelt ist sich einig, dass es den CO_2-Düngungseffekt gibt, dass er von erheblicher Größenordnung ist und dass er den Temperaturanstieg in einer negativen Rückkopplung gebremst hat. Wenn Sie also das nächste Mal im Wald spazieren gehen und in den Baldachin der Baumkronen hinaufschauen, denken Sie daran, dass das Blätterdach seit vielen Jahren wie ein Schutzschirm wirkt, und zwar nicht nur, indem es kühlt und Schatten spendet. Ohne die Vegetation enthielte die Atmosphäre heute noch erheblich mehr Kohlendioxid, mit allen Konsequenzen, die sich daraus ergeben würden.

Die »grünen Helfer« sind schon im Dauereinsatz, seit Langem, still und effektiv, wie es ihre Art ist. Sie haben beträchtlich zugelegt, haben getan und umgesetzt, was möglich war, das Problem aber nicht lösen können. Dazu ist der Kohlendioxidausstoß der Menschheit zu massiv und erfolgt in zu kurzer Zeit. Da der CO_2-Düngungseffekt infolge von Wasser- oder Nährstoffmangel schwächer zu werden scheint, ist von ihm auch in Zukunft zwar Hilfe und Unterstützung, aber keine Rettung zu erwarten. Es wäre ja auch zu schön gewesen.

3
Neue Wälder braucht die Welt

Schutz und Erhalt

Jede einzelne lebende Pflanze hilft, denn sie betreibt Photosynthese und fixiert Kohlenstoff, und natürlich gilt das besonders für große, langlebige Pflanzen, für Bäume, und deren komplexe Gemeinschaften, die Wälder. In den vergangenen Jahrzehnten haben Vegetation und Böden der Erde ein Viertel der CO_2-Emissionen der Menschheit aufgenommen, mehr, viel mehr, als irgendeine von Menschen ergriffene Maßnahme bisher bewirkt hat.

Zwei Folgerungen liegen deshalb auf der Hand. Wir müssen die Natur bewahren, die es noch gibt, und zusätzlich neue Naturräume schaffen oder alte, verschwundene wieder zum Leben erwecken.

Klimaschutz beginnt beim Naturschutz. Die Vegetation und die biologische Vielfalt des Planeten zu erhalten und zu schützen, muss bei allem, was wir tun, oberste Priorität genießen. Nur gesunde, vielfältige Ökosysteme sind in der Lage, die Veränderungen, denen sie ausgesetzt sind, auszuhalten, abzufedern und zu überstehen – und trotzdem die kostenlosen Güter bereitstellen, die für uns lebenswichtig sind: saubere Luft, sauberes Wasser, gesunde Böden, Ruhe- und Erholungsräume, Erosionsschutz, Sauerstoff, Nahrung, Holz.

Ich habe an anderer Stelle darüber geschrieben und will mich hier nicht wiederholen.[1] Dies ist kein Buch über Naturschutz –

oder vielleicht doch? Eines muss an dieser Stelle klar und deutlich gesagt werden: Ohne den Schutz der Natur, die uns noch geblieben ist, ergibt all das, worum es auf diesen Seiten geht, keinen Sinn. Gewachsene, zum Teil uralte intakte Ökosysteme wie tropischer Primärwald oder Korallenriffe sind unersetzlich. Es ist viel schwieriger (wenn nicht gar unmöglich), sie nach einer Zerstörung wieder in ihren ursprünglichen Zustand zurückzuversetzen, als sie zu schützen und zu erhalten, solange es sie noch gibt.

Was diese Natur zu leisten imstande ist, haben wir gerade gehört. Aber sie schrumpft. Oder besser gesagt: Sie wird beseitigt. Momentan sind wir in der fast schon paradoxen Situation, dass die Menschheit beispiellos große Mengen an CO_2 ausstößt und gleichzeitig in erschreckendem Ausmaß intakte Wälder und Ökosysteme zerstört. Allein die Entwaldung hat erheblich zum CO_2-Ausstoß während der letzten 150 Jahre beigetragen – je nach verwendeter Messmethode kursieren Zahlen von 17 bis 30 Prozent –, denn fast jeder gefällte Baum landet früher oder später in einem Feuer, entweder direkt vor Ort, in einem der immer verheerender wütenden Waldbrände, als Feuerholz oder über den Umweg der holzverarbeitenden Industrie.

Natur- und Klimaschutz müssen zusammengedacht werden. Das milliardenfache Sterben, das heute unter der Überschrift »Biologische Auslöschung« (*biological annihilation*) oder »Defaunation« fast jeden Lebensraum der Erde erreicht hat, beseitigt letztlich genau das, was Pflanzen- und Tierarten in Zeiten eines Klimawandels das Überleben sichern könnte: ihre genetische Vielfalt. Seit 1950 ist die Zahl der Seevögel um fast 70 Prozent zurückgegangen. Die Hälfte aller noch vorhandenen Regenwälder der Erde sind sogenannte *empty forests*, weil in ihnen durch Jagd und Wilderei praktisch keine größeren Säugetiere mehr leben. Besonders dramatisch ist die Situation in Südamerika und der Karibik. Von den noch 1970 dort lebenden Wirbeltieren – Vögeln, Säugetieren, Amphibien, Reptilien und Fischen – sind laut *Living Planet Report 2020* des WWF und der Zoologischen Gesellschaft von London nur ganze 6 Prozent übrig geblieben. Mehr als 90 Prozent der Individuen sind unwiederbringlich verschwunden, im Rest der Welt sind es zwei Drittel – ausgelöscht.[2] Gerade hat eine neue Untersuchung auch für Europa ein deutlich düstereres Bild gezeichnet als bisher gedacht: 27 Prozent aller Pflanzen- und fast ein Viertel der wirbellosen Tierarten sind vom Aussterben bedroht.[3]

Wir haben das zu verantworten. »Es ist unsere Spezies, die in ihrem blinden Raubbau an der Natur geistesgestört zu sein scheint«, schreibt die US-amerikanisch-kanadische Schriftstellerin Annie Proulx in ihrem eindringlichen Plädoyer für die Moore und Feuchtgebiete dieser Welt.[4] Das Sterben von Tieren und Pflanzen ist das Ergebnis unserer zerstörerischen Landnutzung, unserer Gewehre und Gifte.

Wie lange soll das noch so weitergehen? Bis eine Null vor dem Komma steht? Degradierte, instabile Lebensräume sind das Letzte, was wir jetzt gebrauchen können. Erwarten wir im Ernst, dass sich derart verarmte Tier- und Pflanzengemeinschaften gegenüber einem galoppierenden Klimawandel behaupten, uns womöglich sogar helfen, ihn oder wenigstens seine schlimmsten Auswüchse abzuwenden? Das mutet an wie ein Heer von zu Krüppeln geschlagenen Soldaten, denen man medizinische Hilfe versagt und die man dann gegen eine angreifende Supermacht in den Krieg schickt.

Doch es gibt ermutigende Zeichen, die hoffen lassen, dass dieser Wahnsinn ein Ende finden könnte, dass der Ernst der Lage endlich gesehen und verstanden wird. Ich will hier nur drei erwähnen: den Rückgang der Regenwaldabholzung nach dem Wahlsieg Lula da Silvas in Brasilien sowie dessen Ankündigung, die Waldvernichtung bis 2030 ganz zu stoppen, den Beschluss der Europäischen Union, 20 Prozent ihres Land- und Seeterritoriums zu renaturieren,[5] und den im Dezember 2022 in Kunming (China) und Montreal (Kanada) verabschiedeten »Globalen Biodiversitätsrahmen« (*Kunming-Montreal Global Biodiversity Framework*). Die fast 200 Vertragsstaaten verpflichten sich darin, 30 Prozent der weltweiten Land-, Süßwasser- und Meeresökosysteme bis 2030 unter Schutz zu stellen.

Bäume

Die zweite Folgerung ist fast schon ein alter Hut: Wenn Pflanzen als Kohlenstoffkonsumenten derart wirkungsvoll sind, brauchen wir dann nicht mehr davon? So viele wie nur möglich?

Sie kennen das: Als Sie gerade im Begriff sind, einen größeren CO_2-Fußabdruck zu hinterlassen, etwa einen Ferienflug für sich und die Familie zu buchen, werden Sie dazu aufgefordert, die damit verbundene Emission durch einen vergleichsweise kleinen Geldbetrag zu kompensieren. Der soll irgendwo in der Welt in ein Aufforstungsprogramm fließen. Obwohl dieser Kompensationshandel in jüngerer Zeit in Misskredit[6] geraten ist – Stichwort »Greenwashing« – und viele Umweltverbände ihn ablehnen, ist das Pflanzen von Bäumen, neben der Vermeidung weiterer Emissionen, wahrscheinlich das, was den meisten Menschen als Erstes einfällt, wenn sie nach möglichen Maßnahmen zur Bekämpfung des Klimawandels gefragt werden. Wir müssen in großem Maßstab aufforsten, schnell, wo immer es geht und je mehr, desto besser – das scheint Konsens zu sein.

Das Potenzial ist tatsächlich groß. Forscherinnen und Forscher der ETH Zürich versuchten vor ein paar Jahren, es zu quantifizieren, und erregten mit ihrer in *Science* veröffentlichten Studie[7] sowohl in Fachkreisen als auch in der internationalen Presse große Aufmerksamkeit. Die Untersuchung erschien 2019, in einem sehr warmen Jahr mit dem heißesten bis dahin gemessenen Sommer. In Mitteleuropa herrschte schon das zweite Jahr in Folge Dürre, die die Wälder großflächig und massiver denn je in Mitleidenschaft zog. Das Schlagwort vom »Waldsterben 2.0« machte die Runde. In Brasilien, unter dem damaligen Präsidenten Jair Bolsonaro, erreichte die Regenwaldzerstörung beunruhigende Ausmaße. Überall brannte es, in Bolivien, Indonesien, im Kongo, aber auch in Sibirien, Kanada, Alaska und in den Kiefernbeständen direkt vor den Toren der deutschen Hauptstadt. Wälder waren in aller Munde, und egal, wohin man blickte, es schien ihnen nicht gut zu gehen. Die Züricher Studie brachte vor diesem Hintergrund in Erinnerung, dass sie doch eigentlich Teil der Lösung sein sollten.

»Aufforstung wäre effektivster Klimaschutz«, meldete das Nachrichtenflaggschiff des öffentlich-rechtlichen Fernsehens, die *Tagesschau*, und berief sich dabei auf den Leiter der Studie, den Britten Tom Crowther, der das Pflanzen von Bäumen als die »mit Abstand effektivste Klimaschutz-Option, die wir haben«, bezeichnete.

»Diese Maßnahme zur Rettung des Klimas« klinge ja »ganz einfach«, stellte *Die Welt* ungläubig fest; die *Süddeutsche Zeitung* spuckte schon in die Hände: Auf geht's! »Lasst uns Milliarden Bäume pflanzen«.[8]

Nur die *Frankfurter Allgemeine Zeitung*, die etwas länger brauchte, um zu reagieren, kratzte sich nachdenklich am Kopf: »Ist hier noch Platz für eine Billion Bäume?«[9]

Eintausend Milliarden Bäume – in diesen Größenordnungen bewegte sich das, was die Gruppe um Tom Crowther herausgefunden hatte, tatsächlich. Anhand von fast 80 000 Satellitenaufnahmen weltweiter Schutzgebiete wurde ermittelt, wie Klima, Boden und Topografie natürlicherweise den Baumbestand beeinflussen. Mithilfe eines daraufhin entwickelten lernfähigen Computermodells übertrugen die Forschenden die Daten auf sämtliche Erdteile gemäß den jeweils herrschenden Klima- und Bodenverhältnissen und erstellten so eine Karte der potenziellen Waldbedeckung des Planeten – eine weitgehend von menschlichen Einflüssen freie Version der Erde. Diese Darstellung zeigt nicht nur alle heute tatsächlich existierenden Wälder, sondern offenbart auch jene zurzeit waldlosen Flächen, auf denen aufgrund der dort herrschenden Bedingungen durchaus Wald wachsen könnte.

Ein Wald, so die Welternährungsorganisation FAO, ist eine mindestens einen halben Hektar große Landfläche, die zu mindestens 10 Prozent von Bäumen bedeckt ist.[10] Legt man diese Definition zugrunde, könnten 8,7 Milliarden Hektar der irdischen Landmasse von Wald bedeckt sein, das sind 3,2 Milliarden Hektar mehr, als aktuell tatsächlich bewaldet sind. Ungefähr 1,4 Milliarden Hektar davon werden derzeit landwirtschaftlich genutzt, auf einem verschwindend kleinen Teil befinden sich Städte und Siedlungen. Bleiben 1,7 bis 1,8 Milliarden Hektar potenzielles Waldland in Gegenden, die heute »von spärlicher Vegetation, Grasland und degradierten nackten Böden dominiert werden« – eine Fläche, größer als die USA.[11]

Um das 1,5-Grad-Ziel zu erreichen, hatte das IPCC ein Jahr zuvor das Ziel von einer Milliarde Hektar Aufforstungsfläche ausgegeben.[12] Wenn die Studie der Züricher Forscherinnen und Forscher zuträfe, läge das absolut im Bereich des Möglichen, sogar wenn man noch eine großzügig bemessene Reserve für die zukünftige Ausweitung urbaner Gebiete sowie landwirtschaftlich genutzter Flächen abzöge. Mehr als die Hälfte der potenziellen Waldflächen befindet sich zudem in Ländern, die sich eine solche Maßnahme leisten könnten: in Russland, den USA, Kanada, Australien, Brasilien und China. Auch der schwindenden Artenvielfalt würde man damit einen guten Dienst erweisen.

Die vielleicht verblüffendste Botschaft der Schweizer, die auch die größte mediale Aufmerksamkeit auf sich zog, betraf die Menge an CO_2, die dabei verbraucht würde. Ließe sich dieses Megaaufforstungsprogramm realisieren, so ihre Rechnung, würde der neu gewachsene Wald zwei Drittel des durch den Menschen in die Atmosphäre gelangten Kohlenstoffs binden; es wäre also eine Klimaschutzmaßnahme der Superlative. Sogar der deutsche Finanzminister ließ sich mitreißen. »Durch globale Anstrengung für mehr Bewaldung wäre Begrenzung der Erderwärmung auf 1,5 Grad möglich«, schrieb Christian Lindner im Juli 2019 auf X, vormals Twitter. »Guter Vorschlag aus der Wissenschaft, der schnelles Handeln voraussetzt.«[13]

Klingt fast zu schön, um wahr zu sein. Würde es wirklich reichen, massenhaft Bäume zu pflanzen, um die Atmosphäre wieder in einen Zustand zu versetzen, wie er Mitte des 20. Jahrhunderts geherrscht hat? Einen abgeschwächten Klimawandel gäbe es dann zwar weiterhin, die aktuellen Emissionen sowieso, der CO_2-Gehalt der Atmosphäre läge noch immer erheblich über dem der vorindustriellen Zeit, doch insgesamt wäre die Situation deutlich entspannter. Wir hätten wertvolle Zeit gewonnen.

Es dauerte nicht lange, dann hagelte es Kritik. Sie ließ kaum ein gutes Haar an den Darlegungen der Schweizer. *Science* sah sich gezwungen, fünf Kommentare kritischer Wissenschaftlergruppen abzudrucken, die den Kernaussagen der Studie widersprachen, dazu eine Antwort der Autorinnen und Autoren, die ihre Kritiker kaum überzeugt haben dürfte. Niemand hatte etwas gegen das Pflanzen von Bäumen. Was den Unmut der Kollegenschaft erregt hatte, war vor allem die Behauptung, Aufforstung sei die effektivste Maßnahme gegen den Klimawandel und sie allein könne zwei Drittel des von Menschen emittierten Kohlenstoffs aus der Atmosphäre entfernen. Weder gebe es dafür Belege, sagten die Kritiker, noch stimmten die zugrunde liegenden Berechnungen. Zudem seien solche Ankündigungen gefährlich, denn sie führten zu Nachlässigkeit bei der Einhaltung der Klimaschutzziele, die sich die Staaten der Welt gesetzt hatten.

»Natürlich wurde sie [die Studie] umgehend begrüßt von jenen, die von Klimaschutz träumen, der niemandem weh tut«, schrieb auch Stefan Rahmstorf vom Potsdam-Institut für Klimafolgenforschung,[14] einer der prominentesten deutschen Klimatologen und ein unermüdlicher Kämpfer gegen Klima-Fake-News und Ignoranz. Wie andere Wissenschaftler[15] stellte auch er in seinem Kommentar klar, dass die Entfernung einer bestimmten, in diesem Fall gewaltig großen Menge Kohlenstoff aus der Atmosphäre nicht bedeute, dass ihr Kohlenstoffgehalt dann auch um diesen Betrag abnehmen würde. Und zwar aus dem Grund, weil Ozeane und Wälder dies »abpuffern« würden, schrieb Rahmstorf.[16] Er meinte damit die schon erwähnte Tatsache, dass etwa die Hälfte des emittierten Kohlenstoffs nicht in der Atmosphäre verblieben ist, sondern – glücklicherweise – von Land und Meer aufgenommen wurde. Umgekehrt würden Wälder und Ozeane CO_2 abgeben, wenn man es der Atmosphäre, wie im Falle der maximalen globalen Aufforstung, in großem Maßstab entziehen würde. Die Kohlenstoffreduktion und damit die Verringerung des Treibhauseffekts fielen also in Wirklichkeit wesentlich geringer aus.

Doch damit nicht genug. In manchen Weltgegenden, besonders im hohen Norden, könnte sich eine Aufforstung im Sinne des Klimaschutzes sogar kontraproduktiv auswirken. Wälder, gerade immergrüne Nadelwälder, sind dunkler als der Boden und erst recht als eine winterliche Schneedecke. Sie reduzieren demnach die Albedo, reflektieren also weniger Wärmestrahlung und tragen zur weiteren Aufheizung des Planeten bei.

Viele Kritiker warfen der Studie vor, sowohl das Potenzial möglicher Aufforstungen als auch die damit einhergehende Kohlenstoffbindung bei Weitem zu überschätzen. Würde es zum Beispiel tatsächlich gelingen, arktische Tundra trotz Permafrost großflächig in Wald zu verwandeln, könnte man den dafür verbrauchten Kohlenstoff nicht zu 100 Prozent dem Wald zurechnen, wie es in der Studie getan werde, sondern nur die Differenz zur vorher dort existierenden Tundra, und die betrage nur etwa 15 Prozent. In anderen Gegenden der Welt enthalte das dort jetzt existierende Grasland genauso viel Kohlenstoff wie ein möglicher Wald, sodass durch eine Aufforstung unter dem Strich gar nichts gewonnen wäre.[17] Bonner Wissenschaftler und Wissenschaftlerinnen monierten, in der Studie werde potenzielles Waldland ausgewiesen, wo eine Aufforstung gar nicht möglich sei. Dazu zählten zum Beispiel Savannen, wertvolle Weideflächen und sogar ein Gebiet, in dem die drittgrößte Metropolregion Afrikas liege, Kinshasa, die Hauptstadt der Demokratischen Republik Kongo. Insgesamt, so die Kritik, lebten in den angeblich zur Aufforstung geeigneten Flächen derzeit etwa 2,5 Milliarden Menschen.[18]

Ein Team um die Israelin Shani Rohatyn vom Israel Institute of Technology in Haifa nahm kürzlich speziell die globalen Trockengebiete unter die Lupe und berücksichtigte dabei die beiden wichtigen Kritikpunkte an der Züricher Studie: die Vernachlässigung des Albedoeffekts und die Kohlenstoffbindung der Ökosysteme, die durch Wald ersetzt werden sollen. Im Endergebnis fällt der berechnete Kohlenstoffverbrauch durch eine mögliche Aufforstung wesentlich geringer aus als in der Züricher Studie. Bevor man sich in einem Gebiet auf das Abenteuer Aufforstung einlasse, empfehlen Shani Rohatyn und Kollegen, sollte man sehr genau hinschauen, sonst könnte der erhoffte Effekt nur minimal ausfallen oder gar ins Gegenteil umschlagen.[19]

Aufforstung in China

Wären Aufforstungen in der Größenordnung, wie die Züricher Studie sie nahelegt, überhaupt zu stemmen? Martin Lukac, Professor für Ökosystemwissenschaften an der University of Reading, ist der *Süddeutschen Zeitung* zufolge skeptisch. Bis heute habe es nur drei Arten einer beträchtlichen Vergrößerung von Wäldern durch den Menschen gegeben: infolge einer Bevölkerungsreduktion in Russland, einer Produktivitätssteigerung der industriellen Landwirtschaft im Westen und eines Erlasses einer autoritären Regierung in China. »Keine dieser Aktivitäten sieht im globalen Maßstab annähernd machbar oder nachhaltig aus.«[20]

Von den ehrgeizigen Aufforstungsprojekten der Volksrepublik China war schon die Rede.[21] Auslöser dafür war nicht der Klimawandel, sondern vor allem zwei sich zuspitzende und sehr gegensätzliche Entwicklungen: die wiederkehrenden Überschwemmungen entlang des Flusses Jangtse, die Schäden in Milliardenhöhe verursachten und in den letzten 100 Jahren Millionen Menschen das Leben kosteten, sowie die Wüstenbildung im Norden des Landes. Ersteres adressiert das *Grain for Green Programme*, das größte Projekt dieser Art weltweit, das nach den katastrophalen Überflutungen im Jahr 1998 gestartet wurde. Dabei werden landwirtschaftlich genutzte Flächen an steilen Hängen in Wald transformiert, um die Erosion zu bekämpfen und den Wald als Wasserspeicher und Holzlieferanten zu nutzen.

Bekannter ist die bereits 1978 begonnene »Große Grüne Mauer«, das, wie es offiziell heißt, »Drei-Norden-Schutzwald-Projekt«, das sich parallel zur berühmten »Großen Mauer« durch drei nördliche chinesische Provinzen zieht.

Für diese beiden und andere Aufforstungsprojekte hat das Land enorme Summen aufgewendet: allein in den zehn Jahren vor 2017 mehr als 100 Milliarden US-Dollar. Und weitere milliardenschwere Investitionen sind geplant. In die Milliarden geht auch die Zahl der im Laufe von Jahrzehnten gepflanzten Bäume.

Die »Große Grüne Mauer« richtet sich gegen die rasant fortschreitende Desertifikation im Norden des Riesenlandes, die bedrohliche Ausmaße angenommen hat und von der heute jeder dritte Chinese betroffen ist. Früher fegten immer häufiger verheerende Sandstürme über das Land, »gelbe Drachen« genannt. Mehrmals im Jahr hüllten sie auch die Hauptstadt Peking in dichte Staubwolken und erreichten sogar Japan und Korea. Fast 30 Prozent des Riesenlandes sind Wüste, eine sieben Mal so große Fläche wie Deutschland, und jedes Jahr kamen Tausende Quadratkilometer dazu.

Ein grünes Band gewaltiger Ausdehnung soll sich dieser Entwicklung entgegenstellen, 4500 Kilometer lang und mehrere Hundert Kilometer breit. Zusätzlich gilt in den gefährdeten Gebieten ein totales Weideverbot. Viele Tausend Menschen wurden umgesiedelt, und die, die geblieben sind, dürfen keine neuen Brunnen mehr graben. Bis 2016 wurden hier 60 Milliarden Bäume gepflanzt, auch mit finanzieller Hilfe der Bundesrepublik Deutschland. Mittlerweile sind über 200 000 Quadratkilometer »bewaldet«. Und tatsächlich berichten die Chinesen von ersten Erfolgen. Die Häufigkeit wie auch Sandlast der Stürme scheint nachzulassen, die neu desertifizierte Fläche nicht mehr zuzunehmen.[22] Anlässlich des 2011 von den Vereinten Nationen ausgerufenen »Internationalen Jahres der Wälder« wurde China

»gefeiert wie ein Superstar, weil es den lang andauernden Waldverlust in ganz Asien gestoppt und in einen Nettogewinn überführt hat«.[23]

Chinas Baumpflanzungen dienten, wie gesagt, nicht dem Klimaschutz, obwohl sie sich heute natürlich auch in diesem Zusammenhang gut verkaufen lassen. Sie bieten aber wichtige Hinweise auf die Probleme und Schwierigkeiten, die generell mit solchen Maßnahmen verbunden sind, und sie zeigen, was alles schiefgehen kann, wenn man überstürzt und ohne ausgeprägten ökologischen Sachverstand vorgeht.

Wie groß die Erfolge der Aufforstung wirklich sind, ist schwer nachzuprüfen. Es gibt kaum öffentlich zugängliche Daten über die räumliche Ausdehnung und Verteilung der Pflanzungen und wenig systematische Erfolgskontrolle. In vielen Äußerungen internationaler Experten wimmelt es deshalb von Konjunktiven, und die Skepsis ist unüberhörbar. Auch chinesische Wissenschaftler äußern sich kritisch. »Chinas neue Wälder sind nicht so grün, wie sie scheinen« lautet die Überschrift eines Meinungsartikels in *Nature* von Jianchu Xu, der sich selbst als »Ökologe und Praktiker der Agroforstwirtschaft« bezeichnet.[24] Er ist Professor am Institut für Botanik der Chinesischen Akademie der Wissenschaften in Kunmin und leitet dort eine eigene Arbeitsgruppe.

Die Frage, wo eine Wüste eigentlich beginnt oder endet, ist keineswegs trivial und hat auch hinsichtlich der Südgrenze der Sahara zu Verwirrung geführt. Stimmt es überhaupt, dass die Wüste Gobi, eine der größten Wüsten der Welt, wächst? Das war die Prämisse, die dem Beschluss zur Errichtung der »Großen Grünen Mauer« zugrunde lag.

Satellitendaten legen überraschenderweise das Gegenteil nahe. In Abhängigkeit von den Niederschlägen dehnt sich die Gobi mal aus, mal zieht sie sich zurück. Folgt man den Daten zur Vegetation, ist die Wüste Gobi in den Jahren 2000 bis 2012 eindeutig geschrumpft,[25] was in eklatantem Widerspruch zu den dramatischen Problemen steht, die von dort berichtet werden und die Chinas Regierung zu milliardenschweren Gegenmaßnahmen veranlasst haben. Der Verdacht liegt nahe, dass diese Probleme nur zum Teil durch die natürliche Fluktuation der Wüste entstanden und zu einem anderen Teil menschengemacht sind. »Regierungsprogramme in der Gobi wurden oft unter begrenzter Berücksichtigung potenzieller Umwelteinschränkungen umgesetzt«, stellen Troy Sternberg und Kollegen von der Universität Oxford fest. »Ein Beispiel hierfür ist die Zuwanderung von Millionen Bauern in die Gobi Ende des 20. Jahrhunderts trotz begrenzter Wasserressourcen, ein Prozess, der zu einer deutlichen Degradation führte.« Dazu kommen massive Überweidung, ein Bergbauboom und Urbanisierung. Die staatlichen Programme, einschließlich der »Grünen Mauer« und des *Grain-for-Green*-Projekts »betonen zwar die Verbesserung der Landbedingungen, könnten aber zu einer Verschlechterung der Umwelt geführt haben«.[26] Auch Jianchu Xu spricht im Zusammenhang mit der Privatisierung von 100 Millionen Hektar Wald aus Staatsbesitz vom »Fehlen jeglicher Management-Vorgaben«, mit dem Ergebnis, dass, »um schnell Einnahmen zu generieren«, weiterhin Reste des natürlichen chinesischen Waldbestandes gefällt und durch »Monokulturen von Forstbäumen als Langzeitinvestition« ersetzt würden.[27] Chinas Aufforstungspolitik scheint vor allem Masse und wenig Klasse produziert zu haben.

Wer über Chinas Waldpolitik spricht, muss auch die massive Abholzung vor allem in den Bergregionen erwähnen, die den Aufforstungen vorausging und noch heute andauert. Das Land beherbergt etwa ein Zehntel aller Baumarten und war früher eines der waldreichsten der Erde, doch zwei Drittel davon sind verloren gegangen – mehr als in jedem anderen Land mit großem

Waldbestand.[28] Im klimatisch gemäßigten Osten des Landes waren die Verluste am größten, dort, wo heute die meisten Menschen leben und wo sich Landwirtschaft und urbane Zentren konzentrieren.[29]

Der Druck auf den Wald ist weiterhin groß, denn Chinas Holzbedarf ist immens und übersteigt die eigene Produktion bei Weitem. Zwischen 2000 und 2013 stiegen die Holzimporte um 192 Prozent. Etwa jeder dritte Festmeter Holz, der global exportiert wird, geht nach China, bei Tropenhölzern sind es sogar zwei von drei. Ein großer Teil des in Deutschland während der letzten Dürrejahre angefallenen Käferholzes wurde nach Fernost verschifft. Wie es um den chinesischen Wald steht, ist daher von globaler Bedeutung, denn kein Land der Welt führt mehr Holz ein und gibt gleichzeitig so viel Geld für Aufforstungsprojekte aus.

China verfügt heute über die größten aufgeforsteten Waldgebiete weltweit. Die Zahlen, die von offizieller Seite genannt werden, sind imposant, und die gewaltigen Anstrengungen, die damit verbunden waren, werden international durchaus anerkannt, aber man möchte es doch gern etwas genauer wissen. Was China unter »Wald« versteht, ist mehrfach korrigiert worden. Galt früher noch eine Kronenbedeckung des Bodens von 30 Prozent als Kriterium, wurde dies 1994 auf 20 Prozent herabgesetzt, ohne Angaben zur Wuchshöhe. Ein großer Teil der gemeldeten Erfolge bezieht sich zudem auf Buschpflanzungen, die seit 2004 als sogenannte *special purpose scrubs* ebenfalls zum Wald gezählt werden.

»Chinas Investitionen in die Eindämmung und Umkehrung des Verlusts von Baumbeständen haben eindeutig mildernde Auswirkungen, und ohne diese würde sich die Situation wahrscheinlich schnell verschlechtern. Zweifelsfrei nehmen Chinas Biomasse und damit auch seine Kohlenstoffsenken zu. Die derzeit besten verfügbaren Erkenntnisse deuten, wenn auch mit einer gewissen Unsicherheit, darauf hin, dass die Zuwächse an Baumbeständen in China zu einem großen Teil aus Pflanzen geringer Wuchshöhe in spärlichen und/oder verstreuten Plantagen bestehen könnten.«[30]

Wohlgemerkt: »könnten« – »mit einer gewissen Unsicherheit«. Sich wirklich einen Überblick über Erfolg oder Misserfolg dieser großflächigen landschaftlichen Umgestaltung zu verschaffen, scheint auch für chinesische Wissenschaftler nicht einfach zu sein. Vier von ihnen, darunter auch Jianchu Xu, allesamt Forscher an renommierten Institutionen wie der Chinesischen Akademie für Agrarwissenschaften oder dem World Agroforestry Centre (East and Central Asia), haben in der eben zitierten Studie zusammen mit europäischen Expertinnen und Experten versucht, eine Art Bilanz zu ziehen, sich dabei aber nicht auf amtliche Statistiken oder eigene Untersuchungen gestützt, sondern auf Fernaufklärung und diverse globale Datensätze.

Jianchu Xu beklagt, dass sich lokale Regierungen gezwungen sähen, der »nationalen Forderung nach größerer Waldbedeckung zu folgen und schnell wachsende Baumarten zu pflanzen«, um gleichzeitig auch »die größtmöglichen lokalen ökonomischen Vorteile zu erzielen«.[31] Oft sind das nicht einheimische und auch nicht standortgemäße Arten wie der australische Eukalyptus, der brasilianische Kautschukbaum und die aus Nordamerika stammende Robinie. »Im Hochland von Tibet habe ich massive Baumplantagen in Gegenden gesehen, wo nie zuvor Wald gewachsen ist«, berichtet Xu.[32] Die Bäume werden zumeist in Monokulturen gepflanzt, dicht in Reih und Glied. In der Mehrzahl sind sie heute noch jung und keine 5 Meter hoch.

Für die Tierwelt sind diese Monokulturen nur von geringem Wert. Verglichen mit natürlichem einheimischen Wald, der trotz der vielen Neupflanzungen weiter schrumpft, leben dort nur etwa halb so viele Vogel- und bis zu 90 Prozent weniger Bienenarten. Sogar die Agrarflächen, von denen zahlreiche durch die Monokulturen ersetzt wurden, beherbergen deutlich mehr Tierarten.[33]

Baumplantagen sind aber nicht nur ökologisch problematisch und eine vertane Chance, sie sind auch anfällig für Krankheiten und Schädlinge. In den 1980er-Jahren befiel ein Käfer in der Ningxia-Region im Nordwesten Chinas 90 Prozent der dort gepflanzten Pappeln: 80 Millionen mussten gefällt werden, die Arbeit von zwei Jahrzehnten war zerstört.

All das listet China unter neu entstandenem Wald auf, aber »das Pflanzen von Bäumen ist nicht mit dem Gewinnen von Wäldern gleichzusetzen«, schreiben Antje Ahrends, die Erstautorin der Übersichtsstudie, und ihre europäischen und chinesischen Kollegen.[34] Sie kommen bei ihren Auswertungen auf eine wesentlich geringere Waldbedeckung als offiziell angegeben, denn viele Plantagen sind noch so jung, dass sie auf Satellitenaufnahmen nur schlecht zu erkennen sind.

Die Überlebensrate der neu gepflanzten Bäume wird mit 24 Prozent angegeben, nur einer von vier überlebt. Aber auch wenn die Anpflanzung gelingt, bleibt eine Vielzahl von Problemen, die die Situation eher verschlimmern. Dazu gehören eine stärkere Austrocknung und Verwundbarkeit des Oberbodens wegen der hohen Verdunstungsrate der Bäume, ihres tief in den Boden dringenden Wurzelsystems und der Verschattung, die das Aufkommen von Gräsern verhindert. Im Ergebnis führt das paradoxerweise auch zu Staub- und Sandstürmen, genau zu dem Desaster also, das die »Große Grüne Mauer« eigentlich verhindern sollte.

Im zentralchinesischen Lössplateau kam es infolge von Baumpflanzungen zu Problemen mit der Wasserversorgung. Nordamerikanische Robinien, die erst Anfang des 20. Jahrhunderts nach China importiert wurden, stellen dort mehr als 90 Prozent aller Plantagenbäume. Aus vergleichenden Untersuchungen in Robinienpflanzungen und natürlichem Grasland weiß man, dass bei durchschnittlichen Regenmengen unter den Bäumen praktisch kein Wasser versickert. Obwohl auch im Grasland viel Wasser verdunstet, landet doch deutlich mehr im Boden. Der hohe Wasserverbrauch der Robinien und vor allem ihres Unterwuchses hat maßgeblich dazu beigetragen, dass die Wasserabflüsse aus dem Plateau in das Becken des Gelben Flusses erheblich abgenommen haben.[35]

Gerade in jüngerer Zeit erfährt die Welt aber auch von positiven Beispielen, wie den Pflanzungen, an denen die Münchner Arbeitsgruppe um Reinhard Mosandl beteiligt war. Im Jahr 2007 wurden stillgelegte landwirtschaftliche Flächen in China mit einheimischen Kiefern, Korkeichen, Spitzahorn und chinesischer Pistazie aufgeforstet. Mittlerweile ist ein dichter Mischwald herangewachsen, der nicht nur die Erosion weitgehend gestoppt hat, sondern auch wertvolles Holz, Pflanzenöle und Rohstoffe für die pharmazeutische Industrie liefert und damit zur Existenzsicherung der Landbevölkerung beiträgt. Letzteres sei entscheidend, betont Mosandl, wenn man für derartige Maßnahmen die Akzeptanz der Menschen erringen wolle.[36]

Es gibt in China eben auch die andere Seite. Importe und Plantagenholz nehmen den Druck von den noch existierenden einheimischen Wäldern, Schutzgebiete wurden massiv ausgeweitet. Nachdem der Erhalt der biologischen Vielfalt und Nachhaltigkeitsgedanken in den ersten Jahrzehnten der chinesischen Aufforstungsoffensive nur eine untergeordnete Rolle spielten, haben China und seine Fachleute dazugelernt. Die Verwendung einheimischer und ökologisch geeigneter Arten nimmt zu und damit auch die Überlebensrate der neu gepflanzten Bäume. Der

Forstpraktiker Jianchu Xu hofft, dass das heute verfügbare Wissen in Zukunft noch mehr Eingang in Chinas forstliche Praxis finden wird. Seiner Meinung nach sollten Gelder nur noch in »natürlichen oder regenerierten Wald mit erwiesenem biologischen und ökologischen Wert« investiert werden. Sein Land brauche aber beides, eine nach neuesten Erkenntnissen gemanagte Plantagenproduktion, um den enormen Bedarf an Holz zu befriedigen, und gleichzeitig die Erholung und den Erhalt der natürlichen Wälder – ein Weg, der vermutlich nicht nur in China beschritten werden wird.[37]

Quer durch Afrika

Auch in Afrika soll eine »Große Grüne Mauer« entstehen, im Sahel, der Übergangszone zwischen der Sahara im Norden und den Savannen im Süden, und auch hier sollte primär nicht dem Klimawandel entgegengewirkt, sondern ein Schutzwall aus Pflanzen gegen die große Wüste errichtet werden. Schon aus der Namensgebung wird deutlich, dass China dabei als Vorbild diente.

Einmal quer durch den afrikanischen Kontinent sollte sie verlaufen, fast 8000 Kilometer lang, von Dakar, der Hauptstadt des Senegal, bis nach Dschibuti am Südausgang des Rotes Meeres, und das Gebiet zwischen den Isohyeten (imaginäre Linien, die Orte mit gleicher Niederschlagsmenge verbinden) für 100 Millimeter und 400 Millimeter Jahresniederschlag umfassen.

Die Idee stammte ursprünglich von dem britischen Biologen und frühen Umweltaktivisten Richard St. Barbe Baker (1889–1982), der sich als Aufforstungsspezialist bereits in vielen Ländern einen Namen gemacht hatte. Er entwickelte das Konzept nach einer Expedition durch 24 afrikanische Staaten in seinem Buch *Sahara Challenge* (1954). Fünfzig Jahre später fielen St. Barbe

Bakers Schriften dem damaligen Präsidenten Nigerias Olusegun Obasanjo in die Hände. Er war fasziniert und schlug das Projekt der Afrikanischen Union und Abdoulaye Wade vor, dem damaligen Präsidenten des Senegal, der sich ebenfalls zu einem vehementen Fürsprecher entwickelte. Im Jahr 2007 wurde es dann von der Afrikanischen Union tatsächlich auf den Weg gebracht.

An der »Initiative Große Grüne Mauer der Sahara und des Sahel« (*Great Green Wall of the Sahara and the Sahel Initiative*, GGWSSI) waren anfangs elf Länder beteiligt: die Sahel-Staaten Senegal, Mauretanien, Mali, Burkina Faso, Niger, Nigeria, Tschad, Sudan, Eritrea, Äthiopien and Dschibuti. Später schlossen sich weitere Länder an, die außerhalb der eigentlichen Interventionszone liegen, darunter Ägypten, Algerien und Ghana. Heute wird die Initiative von 21 afrikanischen Staaten getragen. Wichtigster Partner sind die UN mit dem »Übereinkommen der Vereinten Nationen zur Bekämpfung der Wüstenbildung« (UNCCD) von 1994.

Ursprünglich war die afrikanische Version der »Großen Grünen Mauer« tatsächlich als breites Band von Baumpflanzungen gedacht, weshalb sie hier Erwähnung finden muss. Doch das Konzept hat sich verändert. Heute sprechen die Verantwortlichen lieber von einem »Mosaik« als einer »Mauer«, zusammengesetzt aus lokalen und regionalen Initiativen und Maßnahmen; Aufforstung ist dabei nur eine von vielen. Recht bald wurde klar, dass ein Afrika in ganzer Breite durchmessender Waldgürtel ohne Rücksicht auf lokale Gegebenheiten und gewachsene Strukturen keine sinnvolle Strategie darstellt, um die dort herrschenden ökologischen und sozialen Probleme zu lösen.

2020 veröffentlichte die UNCCD eine Art Zwischenbericht, verbunden mit einem Ausblick bis ins Jahr 2030,[38] in dem die Initiative ihre ehrgeizigen Ziele erreicht haben will: die Restaurierung, also die Wiederherstellung ökologischer Funktionalität, von 100 Millionen Hektar degradierten Landes, 10 Millionen Jobs – und die Bindung von 250 Millionen Tonnen Kohlenstoff in Vegetation und Boden.

Einige Länder haben auf diesem Weg schon viel erreicht und unter anderem auch Millionen von Bäumen gepflanzt, andere nicht, auch weil versprochene Gelder nur zögerlich oder sehr selektiv und interessengeleitet fließen. Auf immerhin einem Fünftel der Fläche haben sich die Verhältnisse tatsächlich verbessert. Satellitenaufnahmen zeigen, dass die Vegetationsbiomasse seit 2007 um etwa 22 Prozent zugenommen hat. Dieser positive Trend ist bei erheblichen Unterschieden in fast allen Ländern nachzuweisen. »*The Great Green Wall is greening.*«[39]

Hinsichtlich der Zahl der Jobs ist man bislang allerdings mit etwa 350 000 weit unter dem gesetzten Ziel geblieben. »Es fiel dem Projekt auch schwer«, kommentierte *Nature* kürzlich in einem Editorial, »die führenden Politiker Afrikas so zu begeistern wie einst Obasanjo und Wade, die es beide in den frühen Tagen der Afrikanischen Union als etwas ansahen, wodurch sich der Kontinent vereinen könnte. Jetzt birgt es das Risiko, dass die Große Grüne Mauer des Kontinents zu seinem Großen Grünen Mauergarten wird – einem Netzwerk isolierter Aktivitäten in einer relativ kleinen Anzahl von Ländern. Es besteht auch die Gefahr, dass die Menschen, die es am meisten brauchen, scheinbar im Stich gelassen werden.«[40]

Wie groß der Beitrag der afrikanischen »Großen Grünen Mauer« für den globalen Klimaschutz sein wird, ist noch nicht abzusehen. Der beobachtete Vegetationszuwachs, zu dem nicht nur Baumpflanzungen, sondern auch Schutzgebiete und landwirtschaftlich genutzte Flächen beigetragen haben, hat zweifellos atmosphärisches Kohlendioxid gebunden – man sollte die Erwartungen aber nicht zu hoch schrauben.

Auch über den Sahel hinaus gilt Afrika als ein Kontinent mit großem Potenzial für Aufforstung und Wiederbewaldung.

William J. Bond, ein südafrikanischer Savannenexperte von der Universität Kapstadt, sieht eine große Gefahr: »Die Karten«, die wie in der Züricher Studie potenzielle Waldstandorte ausweisen, »gehen fälschlicherweise davon aus, niedrige Baumbestände in Klimazonen, in denen Wälder wachsen können, seien ›entwaldet‹ und ›degradiert‹.«[41] Das trägt überaus »bizarre« Blüten. So weisen manche dieser Karten sogar die Serengeti – Bernhard Grzimek würde sich im Grabe umdrehen – und den Kruger-Nationalpark als degradiert und somit mögliches Aufforstungsgebiet aus. Die Baumbedeckung ist dort gering, nicht weil Menschen sie zerstört haben, sondern weil Elefanten, Antilopen und zahllose Buschbrände eine stärkere Bewaldung verhindern – Feuer übrigens, die durch die Anpflanzung von leicht entflammbaren gebietsfremden Plantagenbäumen wie Kiefern oder Eukalyptus zum Inferno gesteigert werden könnten. Die Schäden solcher Brände könnten die Kosten der Bepflanzung bei Weitem übertreffen, und der Nutzen würde sich in Rauch und CO_2 auflösen. In Graslandgebieten liegt das Gros der Biomasse dagegen unter der Erde, übersteht die Buschfeuer, und die Pflanzen treiben danach wieder aus. William Bond und seine langjährige, heute an der Universität Oxford tätige Mitarbeiterin Nicola Stevens fordern deshalb, dass die Anpflanzung dieser Baumarten so lange verboten bleiben müsse, bis für solche Plantagen effektive und langfristig angelegte Brandschutzkonzepte zur Verfügung stünden.[42]

Eine vielleicht gut gemeinte, aber letztlich aus ihrer Sicht doch unrühmliche Rolle bei den kritisierten Aufforstungsvisionen weisen Bond, Stevens und andere einem Ableger der sogenannten »Bonn Challenge«[43] zu. 28 afrikanische Staaten haben sich unter dem Titel »AFR100« zusammengeschlossen, um mit einer von Deutschland, der Weltbank und anderen Geldgebern zugesagten Milliarde US-Dollar innerhalb von zehn Jahren 100 Millionen Hektar zu bewalden. Kamerun will ein Viertel der Landesfläche in Baumplantagen umwandeln, in Nigeria sollen es 32 Prozent, in Burundi sogar 72 Prozent sein. Die versprochene Geldspritze ist für die Regierungen verlockend, damit lassen sich Jobs und Infrastrukturen schaffen. Aber das Land, um das es geht, sei, so die Kritiker, vor allem – Savanne.[44]

Mit Blick auf die massive Kritik an der Züricher Studie weisen Bond und seine CO-Autoren darauf hin, dass Aufforstung als effektives Mittel gegen die steigende CO_2-Konzentration umstritten sei. Savanne ist hell, heller als Wälder. Wieder funkt der Albedoeffekt dazwischen. Was der Atmosphäre an CO_2 entzogen würde, könnte den Aufwand nicht lohnen. Die bepflanzten Flächen aber seien auf lange Zeit verloren.

Sie rechnen vor, wie viel mehr mit der Reduzierung der Emissionen zu erreichen ist. Großbritannien hat den Kohleanteil seiner Stromerzeugung reduziert und innerhalb eines Jahres (2016/17) 12 Millionen Tonnen CO_2 weniger ausgestoßen. Um denselben Effekt durch Bepflanzen zu erzielen, müsste man 3,3 Millionen Hektar offener Ökosysteme in Plantagen umwandeln. Angesichts dieser Zahlen, der dramatischen Landnutzungsänderungen auf riesigen Flächen, die über Jahrzehnte anhalten und nur geringe Fortschritte bei der CO_2-Reduzierung mit sich bringen, fällt es William Bond und seinen Mitstreitern »schwer zu verstehen, warum die Aufforstung so viel Unterstützung findet«.[45]

Nichts sei gegen die Restaurierung bestehender Wälder einzuwenden, nichts gegen eine Wiederaufforstung dort, wo es früher einmal Wald gegeben habe. Im Gegenteil. Aber: »Afrika ist der grasreichste Kontinent. Die Gräser ernähren Afrikas großes Naturgut, die verbliebenen Herden der pleistozänen Megafauna. Afrikas Grasbiome sind reich an dem Wald abgeneigten Vögeln, Reptilien, Pflanzen und Insekten. Sie waren die Wiege unserer hominiden Vorfahren und beherbergen heute über 300 Millionen Menschen.«[46] Es kann nicht sein, dass wertvolle jahrtausendealte Savannenlandschaften geopfert oder beschädigt werden, um mit öden Holzplantagen ein paar Tonnen CO_2 zu binden.

Bäume können auch anders

Hm … haben Sie sich das auch leichter vorgestellt? Die Sache mit der Aufforstung ist komplizierter als gedacht. Dabei haben wir noch gar nicht alle vorgebrachten Bedenken erwähnt.

Betrachtet man nur die CO_2-Bilanz, ist das Pflanzen eines Baumes eine sinnvolle Sache. In einer 23 Meter hohen Buche, deren Stamm in 1,30 Meter Höhe einen Durchmesser von 30 Zentimetern besitzt, ist eine Tonne Kohlendioxid gebunden. Der Baum benötigt allerdings 80 Jahre, um diese Größe zu erreichen, verbraucht also pro Jahr im Durchschnitt nur 12,5 Kilogramm CO_2.[47] Als junge Pflanze bindet er viel weniger, erst mit zunehmendem Alter steigt dieser Wert. Aufforstung ist also mit Sicherheit kein schneller Weg zur CO_2-Reduktion. Jahrzehnte müssen vergehen, bevor es zu einem deutlichen Effekt kommt; auch deswegen ist die Erhaltung der alten Wälder so wichtig. Und das Ganze lohnt sich nur, wenn vorher keine Stürme, Schädlinge oder Waldbrände zugeschlagen und das Baumleben vorzeitig beendet haben, sodass man wieder von vorn beginnen muss. Da all dies aber geschehen kann und nicht selten tatsächlich geschieht, erreichen Wälder so gut wie nie die Werte an Kohlenstoffbindung, die an einem Standort mit idealen Bedingungen maximal möglich wären.

Die Autoren der Züricher Studie um Tom Crowther hatten den Mund ziemlich voll genommen. Vielleicht hatte die Heftigkeit der Kritik, die sie auf sich zogen, aber auch mit der Tatsache zu tun, dass es in Fachkreisen schon vor Erscheinen der Schweizer Studie eine erregte Debatte um Sinn oder Unsinn großflächiger Aufforstungen gab. Nicht wenige Forscherinnen und Forscher waren nämlich durchaus skeptisch, ob das Aufforsten im großen Stil wirklich so segensreich im Sinne des Klimaschutzes wäre. Wenn sie diese Skepsis öffentlich äußerten, bekamen sie es nicht selten mit heftigem Gegenwind zu tun.

Nadine Unger kann ein Lied davon singen.[48] Sie ist Atmosphärenchemikerin und erforschte in den 2010er-Jahren an der Yale University in New Haven, Connecticut, flüchtige organische Verbindungen, die sogenannten VOCs (*volatile organic compounds*), die von Bäumen in großer Menge produziert und freigesetzt werden. Der harzig-aromatische Geruch, zu dem auch der Boden und die auflagernde Streuschicht beitragen, ist einer der Gründe, warum wir so gern im Wald spazieren gehen.

Zu diesen Verbindungen gehört auch Isopren, ein Stoff, der zur Erwärmung der Erde beitragen kann, weil er zum einen an der Bildung von Ozon beteiligt ist und zum anderen Methan stabilisieren kann – beides sind wirksame Treibhausgase. Über die Bildung von Aerosolen kann Isopren aber auch kühlend wirken. Sowohl in den Tropen als auch in gemäßigten Zonen setzen Bäume Unmengen dieses Stoffes frei, und es hängt von den Standorten ab, in welche Richtung sich die Dinge entwickeln. Isopren ist aber nur eine Verbindung von vielen, und die Wirkung dieses von Bäumen produzierten Stoffcocktails wird in keinem Computermodell berücksichtigt.

Weitere veröffentlichte Ergebnisse gaben noch mehr zu denken. So maßen die Ökologin Sunitha Pangala und ihre Kolleginnen und Kollegen an Bäumen im tropischen Amazonasgebiet überraschend hohe Methankonzentrationen. Bäume, so das unerwartete Resultat ihrer Messungen an über 2300 Stämmen, sind für mehr als die Hälfte der Methanemissionen in Überschwemmungswäldern des Amazonas verantwortlich. Kristofer Covey vom Skidmore College in Saratoga Springs stieß auch in Wäldern gemäßigter Zonen auf solche Methanquellen. »Das ist eine wirklich schmerzliche Nachricht«, kommentierte er. Will sagen: Es ist hart, wenn man mit der Tatsache konfrontiert wird, dass Hoffnungsträger wie die Bäume nicht überall und unter allen Umständen als unsere Freunde auftreten.[49]

Um zu beurteilen und zu bewerten, wie die Folgen einer konkreten Aufforstungsmaßnahme aussehen werden, kann die Menge an gebundenem CO_2 nicht das einzige Kriterium sein. Es geht um viel mehr. Bäume, als Individuen und erst recht in Vielzahl als Wald, verändern die Albedo, die chemische Zusammensetzung der Atmosphäre und des Bodens, und vor allem etablieren sie um sich herum eine, im Vergleich zur offenen Situation zuvor, völlig andere Lebensgemeinschaft. All das gilt es bei der Prognose und der Abwägung, wie verfahren werden soll, zu berücksichtigen, und das nicht nur für einen Waldtyp, sondern für viele, mit unterschiedlichen Baumprotagonisten und in unterschiedlichen Klimaten.

Nadine Unger plädierte deshalb für Vorsicht: Erst forschen, dann pflanzen. Die Ergebnisse anderer Untersuchungen waren widersprüchlich. Manche bestätigten Ungers Resultate, andere widersprachen ihnen. Man wisse eben einfach zu wenig über diese Vorgänge, und bevor die Gesellschaft viel Geld und Mühe in riesige Aufforstungsprogramme investiere, deren Effekt und Ausgang ungewiss seien, solle man doch erst einmal versuchen, mehr über die dabei ablaufenden Prozesse zu erfahren.

Sicher, einen Wald zu pflanzen oder entstandene Baumlücken aufzufüllen, kann wohl nie ganz falsch sein und dient eben nicht »nur« Klimaschutzzielen. Aber die Zeit läuft uns davon, und unsere Ressourcen sind begrenzt. Wir sollten uns gut überlegen, wo und wie wir sie investieren.

Unger, heute Professorin an der University of Exeter, vertrat ihre Auffassung nicht nur in ihren Fachaufsätzen, sondern auch in einem Meinungsartikel, der im Jahr 2014 wenige Tage vor dem *UN Climate Summit* und der jährlichen Generalversammlung der Vereinten Nationen in der *New York Times* erschien. Die Blattmacher, nicht die Autorin, hatten ihm den provokanten Titel »To Save the Planet, Don't Plant Trees« gegeben.[50] Der Aufsatz schloss mit den Worten:

»Das Pflanzen von Bäumen und die Vermeidung von Abholzung bieten eindeutig Vorteile für die Artenvielfalt und viele Lebensformen. Aber sich auf die Forstwirtschaft zu verlassen, um die globale Erwärmung zu verlangsamen oder umzukehren, ist eine ganz andere Sache.

Die Wissenschaft sagt, dass es ein hohes Risiko darstelle, wertvolle Dollars für die Eindämmung des Klimawandels in der Forstwirtschaft auszugeben: Wir wissen nicht, ob dies den Planeten abkühlen würde, und wir haben guten Grund zu der Befürchtung, dass es genau den gegenteiligen Effekt haben könnte. Mehr Mittel für die Forstwirtschaft mögen wie ein verlockender, leichter Sieg für die Weltführer bei den Vereinten Nationen erscheinen, aber es ist eine schlechte Wahl.«[51]

Aufzuforsten wäre eine schlechte Wahl?

Das war zweifellos eine verkürzte und zugespitzte Aussage und für manche Menschen offenbar zu viel. Die Auseinandersetzungen werden in diesen Fragen mittlerweile so emotional und unsachlich geführt, dass ein solcher Standpunkt, auch wenn er aus gewissenhaft durchgeführten Untersuchungen zahlreicher Forschungsgruppen abgeleitet wurde, als Widerstand gegen einen effektiven Klimaschutz missverstanden wird, was Nadine Unger sicher weit von sich weisen würde. Nach Erscheinen des Artikels erhielt sie Todesdrohungen, Kollegen und Kolleginnen gingen ihr aus dem Weg und redeten nicht mehr mit ihr.

Und nicht nur Nadine Unger steckt in einem Dilemma. Weil es um so viel geht, stehen alle, die mit derartigen Themen beschäftigt sind, zunehmend unter Stress. Ungeduld macht sich breit. Angesichts der Dringlichkeit des Problems dürfe man über bestimmte grundsätzliche Fragen – hier: Aufforstung ja oder nein – nicht mehr streiten, sagen viele, sondern müsse endlich, endlich ins Handeln kommen. Der Ökologe Christopher Williams diktierte *Nature* den schier unglaublichen Satz: »Ich habe Wissenschaftler sagen hören, dass sie es nicht veröffentlichen würden, wenn sie feststellten, dass Waldverlust den Planeten abgekühlt hat.«[52] Manche weigern sich, den Albedoeffekt zu berücksichtigen, bezweifeln gar seine Existenz. Kann nicht sein, was nicht sein darf, sogar in der Wissenschaft?

»Die Leute wollen Antworten«, sagte ein Geowissenschaftler des National Center for Atmospheric Research in Boulder. »Sie wollen sagen können: Das sollten wir tun.« Dass Aufforstungen gut seien, neben der Dekarbonisierung des Energiesektors ein, wenn nicht *das* Mittel der Wahl im Klimaschutz, galt vielen Menschen lange Zeit als eine solche Antwort, als eine der wenigen Gewissheiten in dieser komplizierten Gemengelage. Aber »wenn es um Wälder geht und ihre Fähigkeit, das Klima zu kühlen, gibt es viele Fehldarstellungen oder Übertreibungen dessen, was getan werden kann«.[53]

»Ja«, stimmte sein Kollege Myles Allen, Geowissenschaftler an der University of Oxford, zu, »heroische Aufforstung kann helfen, aber es ist an der Zeit, damit aufzuhören, so zu tun, als gäbe es eine ›natürliche Lösung‹ für die weitere Nutzung fossiler Brennstoffe. Die gibt es nicht. Tut mir leid.«[54]

Auf eine der größten Unwägbarkeiten im Zusammenhang mit eigentlich allen Aufforstungsmaßnahmen weist schon die Züricher Studie[55] hin: Die Bedingungen verändern sich. Vielerorts wird es trockener, und überall auf der Welt verschieben sich die Verbreitungsgebiete von Tier- und Pflanzenarten in Richtung der Pole – eine auch aufgrund von Fossilfunden bekannte Überlebensstrategie in Zeiten eines Klimawandels. Organismen reagieren auf Temperaturänderungen sofort. Das gilt auch für Bäume. Starke Temperaturschwankungen innerhalb weniger Jahre kurz nach der letzten Eiszeit haben in Seesedimenten Pollen hinterlassen, die eine rasche, fast unmittelbare Veränderung der umliegenden Wälder belegen.[56]

Bei Baumpflanzungen ist es meistens ohnehin nicht damit getan, Samen oder Setzlinge in den Boden zu stecken und sie dann sich selbst zu überlassen. »Erfolgreiche Baumpflanzprojekte erfordern ein mehrjähriges Engagement für die Erhaltung der Bäume, eine Überwachung, ob die Projektziele erreicht wurden, und die Bereitstellung von Mitteln für Korrekturmaßnahmen, falls dies nicht der Fall ist«, erläutern die kalifornische Renaturierungsexpertin Karen D. Holl und ihr brasilianischer Kollege Pedro Brancalion. »Verzichtet man darauf, ist es wahrscheinlich, dass die umfangreichen menschlichen Energie- und Finanzressourcen, die in das Pflanzen von Bäumen investiert werden, verschwendet sind und unerwünschte Folgen haben.«[57]

Das galt schon unter »normalen« Umständen, in Zeiten, in denen die Menschen einigermaßen sicher sein konnten, dass die Verhältnisse in 20 oder 50 Jahren genauso sein würden wie im Jahr der Pflanzung. Die Gewissheit, von der wir mittlerweile ausgehen müssen, ist aber eine ganz andere, denn wir pflanzen die Bäume in einen grassierenden Klimawandel hinein, der uns zukünftig mit an Sicherheit grenzender Wahrscheinlichkeit andere klimatische Bedingungen als heute bescheren wird. Pflanzen können sich aber nicht wie Tiere von der Stelle bewegen, um für sie günstigere Standorte aufzusuchen. Neue Lebensräume erreichen sie nur über die Verteilung ihrer Samen, die in einer wärmeren Welt plötzlich an Orten keimen und gedeihen, an denen das vorher unmöglich oder die Konkurrenz übermächtig war. Wie sehr die globalen Wälder schon heute unter Klimastress stehen, zeigen die verheerenden Waldbrände, die überall aufflammen, ob in Australien, in Süd- und Nordamerika, in Sibirien oder im mediterranen Raum. Gleichzeitig fallen geschwächte Bäume zu Milliarden millimetergroßen Käfern zum Opfer. Das wird in den kommenden Jahrzehnten nicht besser werden.

Wie anders dieses Klima von morgen sein wird, hängt wesentlich davon ab, wie schnell die Emissionen nach unten gefahren werden und wie viel CO_2 wir aus der Atmosphäre entfernen. Zwar liefern uns die Klimamodelle, die die Entwicklung der letzten Jahrzehnte weitgehend korrekt vorhergesagt haben, für die Zukunft Prognosen, auch im regionalen Maßstab, aber das können nur mögliche Zukunftspfade sein, die jeweils unterschiedliche Ausstiegsszenarien zugrunde legen, wie die Berichte des Weltklimarats das seit Jahren tun.

Das Ausmaß der Klimaveränderung liegt in unserer Hand, aber noch ist unklar, wann genau das Zeitalter der fossilen Energien enden wird. Auch bei der letzten großen Klimakonferenz in Dubai (»COP 28«) ist dieser Ausstieg zwar angekündigt, aber eben nicht bindend beschlossen worden.

Unabhängig von den bereits erwähnten Problemen sind wir gezwungen, Bäume für eine mehr oder weniger ungewisse Zukunft zu pflanzen. Das will in jedem Einzelfall gut überlegt sein, und die Gefahr ist groß, dass es nicht immer gut gehen wird.

Aufforsten – wenn das so einfach wäre

Wenn man all das hört – ist ausgerechnet der Wald, oder besser: das großflächige Pflanzen zukünftiger Wälder als Klimaschutzmaßnahme aus dem Spiel? Nein, aber anstatt in pauschale Lobeshymnen zu verfallen, werden wir differenzieren müssen (was, wenn es um Lebewesen geht, immer eine gute Idee ist). Wald ist nicht gleich Wald, eine Binsenweisheit, und Aufforstung ist nicht gleich Aufforstung.

Es müssen resiliente Wälder entstehen, wenn Arbeit und finanzielle Aufwendungen nicht verschwendet sein sollen – salopp formuliert: Wälder, die etwas aushalten, nämlich das Klima der Zukunft mit deutlich höheren Temperaturen sowie einer anderen Verteilung der Niederschläge im Jahresverlauf und dadurch langen Phasen der Dürre. Über die Frage, ob Plantagen dem besser gewachsen sind als artenreiche, naturnahe Wälder, kann es eigentlich keine zwei Meinungen geben. Junge Mischwälder binden auch deutlich mehr CO_2 als Monokulturen am gleichen Standort.[58] Was Jianchu Xu für China fordert, gilt für die ganze Welt.

Trotzdem werden Plantagen noch immer im großen Maßstab gepflanzt, und weitere sind in Planung. Wir sollten uns allerdings davor hüten, darüber die Nase zu rümpfen. Wer die deutschen Kiefern- oder Fichtenforste kennt, weiß, dass wir es 200 Jahre lang auf großen Flächen nicht anders gemacht haben. Der deutsche und mitteleuropäische Wald ist weitgehend gepflanzt, vorzugsweise und vielerorts ausschließlich mit Fichten, die zwar schnell wachsen, für Standorte im Flachland aber eigentlich ungeeignet sind; die katastrophalen Folgen der letzten Dürrejahre haben uns das noch einmal drastisch vor Augen geführt. »Das Erscheinungsbild der heutigen Landschaft ist (…) nicht dadurch entstanden, daß große Wälder gerodet wurden und Dörfer mit ihren Feldern inmitten von ›Rodungsinseln‹ entstanden«, schreibt der bekannte Pflanzenökologe Hansjörg Küster in seiner *Geschichte des Waldes*. »Vielmehr wurden die Ausdehnungen der Fluren reduziert und Flächen aufgeforstet.«

Vor allem Fichten wurden dort gepflanzt, wo sich Landwirtschaft nicht mehr lohnte. »Der Wald verhinderte die Bodenerosion, wirkte sich positiv auf den Grundwasserspiegel aus und filterte die Luft, war aber nicht Inbegriff von Natur, als den ihn die Deutschen immer wieder so gerne gesehen hätten; dies ist der grundsätzliche Irrtum, dem man in Deutschland im Verhältnis zum Wald immer wieder erlegen ist – bis auf den heutigen Tag.«[59]

Natürliche, vom Menschen weitgehend unbeeinflusste Wälder sind nicht nur in China, sondern auch bei uns Seltenheiten. Um sie zu erhalten oder wiederherzustellen, wurden sie oft zu Nationalparks erklärt. Monokulturen sind vor allem Holzlieferanten. Das ist ihr Daseinszweck, ihr biologischer und ökologischer Wert ist vergleichsweise gering.

In Biologenkreisen herrscht diesbezüglich Einigkeit: Ob in China, Afrika, Mitteleuropa oder irgendwo sonst in der Welt – natürliche oder naturnahe Mischwälder sind widerstandsfähiger und stabiler und ein Gewinn für die Artenvielfalt. In diese Richtung gehen deshalb auch die Bemühungen in Deutschland. Gerade hat zum Beispiel das Umweltministerium des Bundeslandes Brandenburg sein Waldzukunftskonzept erläutert. Bis 2050 sollen die landeseigenen, vorwiegend mit Kiefern bestandenen Waldflächen in Mischwälder umgewandelt werden. Etwa die Hälfte der 270 000 Hektar gilt schon jetzt als naturnah. Ab 2032 wird das Tempo des Umbaus noch einmal angezogen: auf 1700 Hektar im Jahr.

Wir müssen differenzieren, und es stellen sich viele Fragen, vor allem: Wo in der Welt soll oder kann aufgeforstet werden, um einen möglichst großen Klimaeffekt zu erzielen, und mit welchen Baumarten soll dies geschehen? Dabei kann es nicht nur darum gehen, »industrielle Arbeitstiere« heranzuziehen, wie es Peter Clark formuliert hat.[60] Die Ansprüche an den Wald sind vielfältig. Wie er in Zukunft aussehen soll, ist daher eine Frage, die schon in der Vergangenheit, auch ohne jeden Bezug zum Klimawandel, immer wieder für Streit gesorgt hat.

Was wir wissen, muss ernst genommen werden, auch die eher unbequemen Tatsachen. Dazu gehört, dass Baumpflanzungen in nördlichen Breiten problematisch sind. In Alaska, Kanada, Sibirien und Finnland, wo Tom Crowther und sein Team riesige Gebiete als potenzielle Waldflächen ausgemacht haben, droht die Schwächung der Wärmeabstrahlung durch die dunklen Baumkronen den positiven kühlenden Effekt der Pflanzen aufzuheben und vielleicht sogar zu übertreffen.

Auch in ariden Gebieten ist Vorsicht geboten. Man wird sie im Vorfeld genau analysieren müssen, denn es sollten dafür keine wertvollen Offenlandbiotope wie Savannen geopfert werden, und die Verminderung des Albedoeffekts könnte letztlich auch hier zu stark sein. Die benötigten Flächen wären zu groß, und womöglich würde man sich Probleme mit der Wasserversorgung einhandeln, weil Bäume viel Wasser verbrauchen.[61]

Bleiben die gemäßigten Zonen und die Tropen und Subtropen, die auch der tropenerfahrene Münchner Forstwissenschaftler Reinhard Mosandl favorisiert. Dort gibt es die höchste Produktivität, sodass sich schon in relativ kurzer Zeit etwas erreichen ließe, und da in diesen Regionen seit Jahren die größte Waldzerstörung stattfindet, stünden riesige Flächen für eine Wiederbewaldung zur Verfügung.[62]

Generell sollte dabei folgende Prioritätenliste gelten:

1. Bestehenden Wald erhalten bzw. klimaresilienter gestalten.[63]
2. Natürlichen Wald renaturieren und wiederherstellen, wo er verloren ging. In Deutschland ist die Wiederaufforstung sogar Pflicht. Paragraf 11 des Bundeswaldgesetzes vom 2. Mai 1975 schreibt unter der Überschrift »Bewirtschaftung des Waldes« vor: »Durch Landesgesetz ist mindestens die Ver-

pflichtung für alle Waldbesitzer zu regeln, kahlgeschlagene Waldflächen oder verlichtete Waldbestände in angemessener Frist 1. wieder aufzuforsten oder 2. zu ergänzen, soweit die natürliche Wiederbestockung unvollständig bleibt (…).«[64]

3. Nach vorsichtiger Abwägung und unter Berücksichtigung regionaler und lokaler Gegebenheiten möglichst vielfältige Wälder mit klimaangepassten Arten neu pflanzen.

Ginge man so vor, würde das im Verlauf von Jahrzehnten viel CO_2 binden, aber wohl nicht genug, um allein damit den Klimawandel aufzuhalten oder gar die Erde zu kühlen. Ohne eine drastische Reduzierung der Emissionen wird es nicht gehen.[65] Aber es wäre ein wichtiger Baustein des Klimaschutzes, unverzichtbar und mit großem Potenzial, und würde gleichzeitig einen wertvollen Beitrag zum Erhalt der globalen Biodiversität leisten.

Kommen wir noch zu der scheinbar banalsten Voraussetzung jeder Aufforstung: Wer Bäume pflanzen will, braucht Baumsamen. Viele Baumsamen.

Beispiel USA. Das Land hat nicht nur aus Klimaschutzgründen ehrgeizige Aufforstungsprogramme beschlossen, für die allein in den stark bewaldeten nördlich-zentralen und nordöstlichen Bundesstaaten 22,5 Milliarden Baumsetzlinge benötigt werden.

Wissenschaftlerinnen und Wissenschaftler der University of Vermont sowie weiterer Forschungseinrichtungen fragten bei den mehr als 605 Baumschulen in den fraglichen 20 Bundesstaaten nach und waren regelrecht bestürzt, als sie dabei vor allem eines feststellten: »überwältigenden Mangel«.[66] Schon die benötigte Zahl an Setzlingen zu beschaffen, wäre eine echte Herausforderung. »Aber die Samen für die nötige Artenvielfalt zu finden, die wir brauchen, um ökologisch komplexe Wälder wiederherzustellen – und nicht nur ein paar industrielle Arbeitstiere wie die Weißkiefer, die üblicherweise für den Holzhandel verwendet werden –, ist ein noch größeres Problem.«[67] Die seit Jahren durch Klimawandel, Schädlingsbefall und Kahlschlag bedrohte Rotfichte hatten zum Beispiel nur drei Baumschulen im Angebot. Die dort vorhandenen 800 Setzlinge hätten gerade einmal für einen Hektar gereicht.

Zugespitzt formuliert: Gedankenspiele über gigantische Aufforstungsprojekte sind momentan, sogar in einem Land wie den Vereinigten Staaten, kaum mehr als Hirngespinste. Es gibt bei Weitem nicht genug Samen, und die, die es gibt, weisen nicht annähernd die erforderliche Vielfalt auf, weder hinsichtlich der Zahl der Baumarten noch in Bezug auf die genetische Vielfalt innerhalb einer Art. Der Wald muss mit den klimatischen Bedingungen der Zukunft zurechtkommen, das stellt hohe Anforderungen an die Auswahl des Saatguts. Peter Clark und sein Kollegenkreis schlagen deshalb zahlreiche Maßnahmen vor, um die Setzlingsproduktion besser auf die großen Herausforderungen der Zukunft auszurichten. Dafür sind ein gewisser Vorlauf und sorgfältige koordinierte Planung vonnöten. Und sie fordern massive staatliche Investitionen, denn welches Unternehmen kann mit der Produktion von vielen Millionen Baumsetzlingen in Vorleistung gehen, wenn die Abnahme nicht garantiert wird? »Die Menschen wollen Billionen Bäume«, sagt Peter Clark, »aber oft ist es ein alter Bauer, der vor Ort herumläuft, um Eicheln zu sammeln. Es gibt da eine massive Diskrepanz.«[68]

Wie groß ist wohl die Chance, dass es in Russland, Kanada, China, Australien und Brasilien, den anderen Ländern mit großem Aufforstungspotenzial, besser aussieht?

In Deutschland gibt es zu diesem Zweck seit Anfang des Jahrtausends ein Gesetz, das nur Fachleuten bekannt sein dürfte: das »Forstvermehrungsgutgesetz«. Es soll laut Paragraf 1 dafür sorgen,

»den Wald mit seinen vielfältigen positiven Wirkungen durch die Bereitstellung von hochwertigem und identitätsgesichertem forstlichen Vermehrungsgut in seiner genetischen Vielfalt zu erhalten und zu verbessern«.[69]

Die Formulierung lässt erahnen, dass das Pflanzen von Wäldern nur wenig mit der Aussaat von Blattsalat oder Mohrrüben im eigenen Garten zu tun hat. Nicht umsonst gibt es ein traditionsreiches Fachgebiet namens »Forstwissenschaften«, das in Deutschland begründet wurde.[70] Heute ist es hochgradig interdisziplinär ausgerichtet und spiegelt damit die multiplen Funktionen wider, die Wälder zu erfüllen haben. Hinter dem simplen Wort »Aufforstung« steckt ein komplexes Geschehen, das viel Wissen, Erfahrung, Organisationsarbeit und eine aufwendige Infrastruktur erfordert, deren Existenz und Umfang kaum jemand kennt, der nicht mit Wald und Bäumen zu tun hat. Oder wüssten Sie, was eine Darre ist und warum man Baumsamen klengen muss?

»Hören Sie etwas?«

Wir haben den Raum im obersten Stockwerk des Darrgebäudes betreten. Es ist warm. Unten im Erdgeschoss brennt in einem Ofen ein Holzfeuer, ein Lüftungssystem leitet die Wärme durch die Stockwerke bis nach oben.

»Ein Maschinengeräusch?«, antworte ich unsicher. Der Gesichtsausdruck der Forstwirtin und Waldpädagogin Carola Kohls verrät sofort, dass ich danebenliege. Wahrscheinlich hat mich das Rauschen der Lüftung getäuscht.

»Sonst hören Sie nichts?«

Wir treten nah an zwei in den Boden eingelassene große Trichter voller Kiefernzapfen heran. Plötzlich weiß ich, was sie meint.

»Das Knistern.«

»Genau, das Knistern.« Sie lächelt zufrieden. »Das ist das Klengen.«

Das Geräusch – kleng! – entsteht, wenn die Zapfen sich im warmen Luftstrom öffnen und die Samenhülsen aufplatzen. Es hat der ganzen Einrichtung ihren Namen gegeben. Samenklengen oder -darren (aus dem Mittelhochdeutschen für »dörren, trocknen«) sind forstliche Einrichtungen, die Baumsamen fachgerecht ernten, lagern, trocknen und aufarbeiten. Bei -1 bis -12 °C wird das am Ende gewonnene reine Saatgut gelagert, um es dann an die Forstämter weiterzugeben oder an private Forstbaumschulen und Saatguthändler zu verkaufen. Die Lagerzeit ist von Baumart zu Baumart unterschiedlich.

Die größte der acht in Deutschland betriebenen Forstsamendarren steht in Jatznick im östlichen Mecklenburg-Vorpommern. ein technisches Denkmal und eine Schaumanufaktur inklusive Museum, in der Besucher wie ich den dort tätigen Fachkräften bei der Arbeit über die Schulter schauen können.

Die mit den knisternden Zapfen gefüllten Trichter dienen nur der ersten von drei unterschiedlichen Trocknungsstufen, der Vordarre. Nach 24 Stunden werden sie geöffnet, und die Zapfen fallen hinab auf die Hordendarre, einen Rost im darunter liegenden Stockwerk, wo sie wieder einen Tag lang im warmen Luftstrom verbleiben. Schließlich gelangen sie für weitere 24 Stunden in eine große, sich drehende Trommeldarre. Hier endlich rieseln die Samen heraus und werden aufgelesen.

Bevor die Zapfen diesen mehrstufigen Trocknungsprozess in der eigentlichen Darre durchlaufen, werden sie im mehrstöckigen Nachbargebäude, dem imposanten Zapfenspeicher, gelagert und vorgetrocknet.

Eicheln werden im Wald per Hand aufgesammelt, Bucheckern mit unter den Bäumen ausgebreiteten Netzen aufgefangen. Doch bei Nadelbäumen, den »Brotbäumen« in vielen deutschen Forsten, versagt die Sammelmethode, denn die Zapfen, die von Kiefern, Fichten, Lärchen und Tannen herunterfallen, sind bereits geöffnet, die kleinen Samen sind herausgefallen und vom Wind großräumig verteilt worden. Sie am Boden zu finden, ist praktisch unmöglich; außerdem hätte man keine Kontrolle darüber, von welchen Bäumen die Samen stammen.

Also bleibt nichts anderes übrig, als hoch in die Baumwipfel zu steigen und die Zapfen zu ernten, solange sie noch geschlossen sind. Die Entwicklungszeit der Zapfen am Baum unterscheidet sich von Art zu Art. So blüht die Douglasie im Frühjahr und entwickelt bis zum Spätsommer reife Zapfen. Bei der Kiefer dauert dieser Prozess drei Jahre. Wann geerntet wird, hängt von der Witterung ab: Die Saison beginnt im Spätsommer oder Herbst mit der Douglasie und endet spätestens im Februar mit der Kiefer. Was früher Gelegenheits- und Saisonarbeiter übernahmen, die dabei nicht selten Kopf und Kragen riskierten, erledigen heute professionelle Baumsteiger per Seilklettertechnik oder mit Steigeisen. In bestimmten behördlich ausgewiesenen Baumbeständen holen sie die Zapfen gleich tonnenweise von den Bäumen. Manchmal erfolgt die Ernte auch am liegenden Stamm. Die Bäume, die eine besonders reiche Samenernte versprechen, werden von Förstern ausgewählt und dann gefällt. Zur Darre in Jatznick gehören 1800 Hektar solcher Saatgutbestände; dazu kommen noch 18 Hektar Samenplantagen, die extra zum Zweck der Samengewinnung mit ausgesuchten, besonders hochwertigen Baumindividuen angelegt wurden. In Jatznick können die Samen von über 90 Baum- und Straucharten aufbereitet werden.

Die angelieferten Zapfen stammen also frisch vom Baum. Ließe man sie einfach in großen Haufen liegen, würden sie schnell schimmeln und unbrauchbar werden. Deshalb werden sie über einen spektakulären offenen Fahrstuhl mit Loren in das vierte Stockwerk des Zapfenspeichers gefahren, wo sie erst auf dem

Boden ausgebreitet und dann in große hölzerne Trichter gefüllt werden, die rechts und links vom Mittelgang einer neben dem anderen das ganze Gebäude durchziehen. An beiden Längsfronten des Speichers sorgen Lamellenfenster für gute Durchlüftung.

Die frischen, feuchten Zapfen müssen bewegt werden, deshalb dauert der Aufenthalt in den Trichtern des vierten Stocks nur einen Tag. Dann wird ein Hebel betätigt, der Trichterboden öffnet sich, und die ganze Ladung purzelt einen Stock tiefer in den nächsten Trichter. Diese Prozedur wiederholt sich noch zweimal, bis die Zapfen am vierten Tag unten in einer Lore landen und für eine weitere Rutschpartie über den Fahrstuhl wieder hoch in den vierten Stock transportiert werden. So geht das sechs Wochen lang, wobei streng darauf geachtet wird, dass Zapfen unterschiedlicher Herkunft nicht durcheinandergeraten. Erst dann sind sie trocken genug, damit nebenan mit dem eigentlichen Darren oder Klengen begonnen werden kann.

Mit den schließlich aus der Trommeldarre rieselnden Samen ist der Aufbereitungsprozess jedoch noch nicht beendet, denn die Samen sind mit anderthalb Zentimeter langen Flügeln versehen, die für ihre Verbreitung durch den Wind sorgen sollen, bei maschineller Aussaat aber die Maschinen verstopfen. Immerhin ist die Masse, mit der man es zu tun hat, drastisch geschrumpft. Aus Tonnen von Zapfen sind einige Kilo geflügelter Samen geworden, die von Angestellten der Darre per Hand in eine weitere Trommel gefüllt werden können, den Nockenentflügler. Dessen zentrale, sich schnell drehende Achse ist mit zahlreichen fingerlangen Holzzähnen gespickt, die die Flügel von den Samen schlagen.

Da sind sie nun endlich, die kugeligen kleinen Samenkerne, nur Millimeter groß. Doch wer versuchte, sie auszusäen, würde eine herbe Enttäuschung erleben. Viele, sehr viele der Samen sind hohl. Die hoch oben in den Baumwipfeln sitzenden weiblichen Zapfen werden mithilfe des Windes bestäubt, und bei

Weitem nicht jede Eizelle wird dabei befruchtet. Was aus dem Nockenentflügler kommt, muss also noch eine Sortiermaschine durchlaufen. Carola Kohls zeigt mir das Resultat des Vorgangs in zwei Holzkästen, etwa doppelt so groß wie Schuhkartons: Der eine ist zu zwei Dritteln, der andere gerade zwei Fingerbreit gefüllt. In welchem sind wohl die keimfähigen Samen?

Als Faustregel gilt das Verhältnis 100 zu 1, das heißt, aus 100 Kilogramm Zapfen gewinnt man nach der wochenlangen Trocknungs- und Aufbereitungsprozedur nur etwa 1 Kilogramm reinen Samen, das je nach Baumart etliche Hundert oder, wie im Fall der Douglasie, deutlich über 1000 Euro kostet.

Im Kühlraum stehen wir dann endlich vor den Resultaten der Darrarbeit, einem Regal mit großen samengefüllten Glasflaschen und Säcken, sortiert nach Baumart und mit genauer Herkunftsangabe. Angesichts der Dimensionen der Anlage scheint das Ergebnis fast bescheiden, aber in jedem der hier gelagerten Gefäße steckt ein potenzieller Wald mit Zehntausenden von Bäumen, und jeder einzelne besitzt gewissermaßen einen Stammbaum von forstamtlich gesicherter Qualität.

Man kann sich den Frust der Forstleute im 18. und 19. Jahrhundert lebhaft vorstellen. Damals gab es lediglich kleine und kleinste privat betriebene Samendarren, die nur geringe Mengen verarbeiten konnten. Lagerung und Trocknung, die für die Qualität des Saatmaterials entscheidend sind, waren alles andere als optimal. Zum Teil wurden die Zapfen einfach im Ofen getrocknet. Da der Holzverbrauch während der Industrialisierung zunächst stark zugenommen hatte und große Kahlschläge wieder aufgeforstet werden sollten, wurde die schlechte Samenqualität zunehmend zum Ärgernis.[71] Zudem schlugen betrügerische Firmen aus der Notlage Kapital, indem sie mit gefälschtem Saatgut handelten.

Nach dem Ersten Weltkrieg wurde das Problem noch drängender, da Deutschland im Rahmen der Reparationszahlungen große Mengen Holz an Frankreich und Belgien zu liefern hatte. Ganze Wälder wurden gefällt und mussten wieder aufgeforstet werden. Mit minderwertigem Saatgut war das nahezu unmöglich. Die Lösung bestand darin, dass der Staat die Bereitstellung qualitativ hochwertiger Baumsamen durch seine Forstbehörden selbst in die Hand nahm und alle Schritte, von der Auswahl der Saatgutbestände über die Aufbereitung bis zur Weitergabe der Samen, streng kontrollierte.

Alle in Deutschland existierenden Samendarren stammen deshalb etwa aus dieser Zeit. Die älteste, die Landesdarre Sachsen-Anhalt in Annaburg, wurde in den Jahren 1897–1905 erbaut. Die Anlage in Jatznick entstand 1923. Heute stellen diese Einrichtungen eine große Vielfalt an Baum- und Strauchsamen bereit, damals waren es vorwiegend Nadelholzsamen. Angepflanzt wurden vor allem schnell wachsende Fichten und Kiefern, die heute zunehmend zum Problemfall werden. Die entstandenen Lücken sollten schnell geschlossen und gleichzeitig sollte Holz für die Zukunft produziert werden. Außerdem waren diese Nadelbäume gegen den Verbiss durch Rehe und andere Tiere gefeit. Während um junge Laubbäume und Tannen, die für das Wild wahre Leckerbissen sind, Zäune gezogen werden mussten, verschmähten die Tiere die harzreicheren Jungkiefern und -fichten. Um Diversität und Resilienz der neu gepflanzten Wälder ging es damals nicht. Obwohl der Klimawandel im Grunde schon begonnen hatte, sollte es noch drei, vier Menschengenerationen dauern, bis seine Auswirkungen den Nadelwäldern großflächig zum Verhängnis wurden.

Im Verbreitungsgebiet von Baumarten – die Buche wächst zum Beispiel in fast ganz Europa, von Südskandinavien bis in den

Norden Siziliens – gibt es eine große Zahl von unterschiedlichen Standort- und Klimabedingungen, an die sich die dort wachsenden Pflanzen angepasst haben. Oder anders formuliert: An jedem Standort haben sich die Individuen durchgesetzt, die an die dort herrschenden Bedingungen am besten angepasst sind. Dies gilt insbesondere, wenn die Bäume über mehrere Generationen hinweg durch Naturverjüngungen entstanden sind und nicht von Menschen gepflanzt wurden. Alle lokalen Populationen bilden zusammen den Genpool einer Baumart.

Bei der Auswahl von Saatgutbeständen, die diese Vielfalt repräsentieren sollen, achten die Fachleute jeweils auf individuelle Merkmale, auf besonders kräftigen, geraden Wuchs zum Beispiel, auf Feinästigkeit und Gesundheitszustand. Schließlich geht es darum, einmal wertvolles Holz zu ernten. Resistenzen gegen Krankheitserreger wie im Fall des Eschentriebsterbens spielen eine Rolle, die Widerstandskraft gegen Schädlinge und anderes mehr. Begutachtet werden auch die benachbarten Bäume, um sicherzugehen, dass sich über den Pollenflug keine unerwünschten Gene unter die guten mischen konnten. Bestimmte Bäume oder Populationen mit besonders wertvollen Eigenschaften werden von Menschen gezielt vermehrt und als Klone in Samenplantagen angepflanzt. Das Vermehrungsgut wird dann nach strengen Kriterien kategorisiert und gilt zum Beispiel als »quellengesichert«, wenn es aus einem speziellen Herkunftsgebiet stammt, oder als »geprüft«, wenn »die Überlegenheit des Vermehrungsgutes durch Nachkommenschaftsprüfungen oder durch Prüfungen der Bestandteile des Ausgangsmaterials nachgewiesen wurde«.[72] Das Ausgangsmaterial der Samenproduktion bedarf in jedem Fall der Zulassung durch amtliche Stellen.

Die den lokalen Anpassungen und Eigenschaften zugrunde liegende genetische Vielfalt gilt es unbedingt zu erhalten und bei Neu- oder Wiederaufforstungen zu berücksichtigen und zu nutzen. Bäume zu pflanzen, heißt, sich für Jahrzehnte festzulegen. Fehler, Ausfälle zeigen sich womöglich erst nach Jahren. Um nachhaltigen Erfolg zu garantieren, ist es daher ausschlaggebend, vor der Pflanzung die richtigen Entscheidungen zu treffen. Sollen Buchen in der brandenburgischen Schorfheide gepflanzt werden, wird möglichst Samen verwendet, der aus der Region stammt, von Bäumen, die gut in märkischem Sandboden gedeihen, nicht an sauerländischen Mittelgebirgshängen oder gar in Südfrankreich. Möchte man dagegen gezielt neue Eigenschaften einbringen, zum Beispiel eine größere Trockenheitsresistenz, um den Wald für die Zukunft widerstandsfähiger zu machen, wäre Letzteres vielleicht eine Option. Pflanzen mit *dem* Allroundgenom, das überall und unter allen Bedingungen optimales Wachstum gewährleistet, gibt es nicht.

Deshalb ist es so wichtig, dass die Samen während der Aufbereitung in der Samendarre strikt getrennt nach Herkunftsgebieten behandelt und am Ende genau gekennzeichnet werden.

Aufforstungen haben in Deutschland eine lange Tradition. Das zeigt sich nicht zuletzt in der dafür geschaffenen Infrastruktur. Ähnliches gilt auch für Deutschlands Nachbarländer, zum Beispiel für Polen und Österreich. Andernorts, wo ebenfalls in großem Stil Wälder gerodet wurden, wundert man sich über die Waldverrücktheit der Deutschen. »Die Anlage von Forsten, die Aufforstung und die Protestaktionen gegen das Entfernen von Wäldern und das Waldsterben empfindet man in Frankreich oder England als typisch deutsch, in Ländern also, in denen es keine oder nur unwesentliche Aufforstungen gab«, schreibt Hansjörg Küster in seiner *Geschichte der Landschaft in Mitteleuropa*. »Diese Länder sind daher ausgesprochen arm an Wäldern.«[73]

So sind die berühmten schottischen Highlands das Produkt einer radikalen Entwaldung, die ihren Höhepunkt in den sogenannten *Highland Clearances* während des 19. Jahrhunderts erreichte, der Vertreibung der dort lebenden Bevölkerung durch einige Gutsherren und der praktisch flächendeckenden Einführung der Schafzucht. Großbritannien leidet heute mangels eigener Wälder unter eklatantem Holzmangel und ist nach China der zweitgrößte Holzimporteur der Welt.

Doch mittlerweile hat auch das Vereinigte Königreich begonnen, wieder aufzuforsten. Bis 2025 sollen jedes Jahr 30 000 Hektar an neuem Wald gepflanzt werden, vor allem in Schottland. In mühevoller wochenlanger Arbeit versucht dort ein Team der Umweltorganisation Trees for Life, sich in kleinen Urwaldresten mit Samen der ursprünglich im Hochland wachsenden Bäume auszustatten. Auch hier wird also sorgfältig auf die Herkunft des Pflanzmaterials geachtet. Inzwischen gelten strenge Umweltstandards. »Schon Samen aus Glasgow wären bei uns nicht mehr erlaubt«, sagte Stephanie Kiel, eine deutsche Biologin, die das Projekt leitet. In einer eigenen Baumschule in der Nähe des legendären Loch Ness wird aus diesen kostbaren Samen hochlandtauglicher Baumnachwuchs aufgezogen.[74]

Wie wir gesehen haben, steht die Aufforstung neuer Wälder heute in vielen Ländern ganz oben auf der Klimaschutzagenda, und (fast) überall hat man mit denselben Schwierigkeiten zu kämpfen. Auf Nachfrage bei 156 Aufforstungsprojekten auf allen Kontinenten antworteten viele, dass es Probleme mit der Verfügbarkeit und Qualität der Baumsamen gebe. Das könnte »potenziell schädliche Folgen für die Vitalität, Produktivität und den langfristigen Bestand wiederhergestellter Baumpopulationen« haben.[75] Auch Reinhard Mosandl, Professor für Waldbau an der TU München, spricht im Zusammenhang mit einem deutsch-chinesischen Aufforstungsprojekt im Qin-Ling-Gebirge in Zentralchina von »großen Schwierigkeiten, geeignetes

Pflanzmaterial zu erwerben«. Das sei ein »weltweit zu beobachtendes Problem«. In vielen Ländern müsse »für größere Aufforstungsmaßnahmen erst noch eine ausreichende Anzahl geprüfter Ressourcen für forstliches Saatgut ausgewiesen und ein durchgehendes Prüfwesen aufgebaut werden«.[76]

Holzbau

Bliebe die Möglichkeit, den Wald der Zukunft einfach wachsen, entstehen zu lassen. Keine aufwendige Samenaufbereitung, keine Setzlinge – Naturverjüngung, aber selbstverständlich nur, wenn der Wildbestand es zulässt. Für manche wäre das ohnehin die beste Variante.

Wie auch immer, irgendwann stünde er dann da, der neue Wald, gewachsen über viele Jahre mithilfe der einzigartigen Fähigkeit der Pflanzen, gasförmiges CO_2 in feste organische Substanz umzuwandeln, in Holz, Blätter, Wurzelmasse und Unmengen von Samen. Mit jedem einzelnen Kohlendioxidmolekül, das der Atmosphäre entzogen und in Pflanzengewebe verwandelt wurde, haben wir den Treibhauseffekt geschwächt, sind wir unserem Ziel, dem Klimawandel Wucht und Kraft zu nehmen, ein winziges Stück näher gekommen. Hans Joachim Schellnhuber, Gründer und langjähriger Direktor des Potsdam-Instituts für Klimafolgenforschung, formuliert es so: »Bildlich gesprochen müssen wir den mächtigsten aller Flaschengeister« – den Kohlenstoff – »wieder in ein sicheres Gefäß zurücklocken.«[77] Erfüllt der Wald diese Aufgabe? Ist er ein sicheres Gefäß?

Fest verschlossen ist dieses Behältnis jedenfalls nicht. Wie lange der Kohlenstoff in Ökosystemen gebunden bleibt, die sogenannte Turnover-Zeit, hängt stark von der Temperatur und überraschenderweise auch von der Niederschlagsmenge ab. In tropischen Regenwäldern beträgt sie nur gut 14 Jahre, in den Wäldern unserer gemäßigten Breiten sind es knapp 24, in der arktischen Tundra mehr als 65 Jahre.[78] Dann befindet sich ein durchschnittliches, von den wachsenden Bäumen vor vielen Jahren eingefangenes Kohlenstoffatom wieder da, wo es herkam, in der Atmosphäre.

Neu gepflanzter Wald hilft uns also nur für eine gewisse Zeit, für einige Jahrzehnte. Dann stellt sich das Problem von Neuem. Es sei denn, man findet einen Weg, das Holz der Bäume längerfristig dem Kreislauf zu entziehen.

Hans Joachim Schellnhuber und andere sind davon überzeugt, dass die Lösung im Bauen mit Holz liegt, was die Turnover-Zeit entscheidend um ein paar Hundert Jahre verlängern würde. Die »gebaute Umwelt« solle »zu einer mächtigen Kohlenstoffsenke« gemacht werden.[79] Große historische Holzbauten, die viele Jahrhunderte, ja sogar tausend Jahre alt sind, wie die 67 Meter hohe Sakyamuni-Holzpagode in China, zeigen, dass dies im Prinzip möglich ist. Schon entstehen in vielen Städten die ersten Hochhäuser in Holzbauweise. In den Tropen könnte Bambus eine wichtige Rolle übernehmen. Riesenbambus ist eine der am schnellsten wachsenden Pflanzen der Welt, bindet deshalb in relativ kurzer Zeit viel Kohlenstoff und erreicht Höhen von 40 Metern und mehr.

Gleichzeitig würde das Bauen mit Holz enorme Mengen an Kohlendioxidemissionen einsparen, die der gesamte Bausektor verursacht, vor allem durch die Herstellung von Zement und Stahl.

Das Thema, so wichtig es ist, führt uns allerdings weit hinaus aus der Biologie hin zu ganz anderen Fragestellungen und Problemen. Deshalb können wir hier nur darauf hinweisen, Neugier wecken und auf die umfangreiche einschlägige Literatur verweisen.[80]

4
Ohne Moore geht es nicht

All will be dry, and we must die.
Aus dem Lied »The Powte's Complaint«, um 1620[1]

Auch wenn sie allein unsere Probleme wohl nicht werden lösen können – wozu Wälder gut sind, muss man niemandem erklären, schon gar nicht in Zeiten des Klimawandels. Der Nutzen von Mooren hingegen wurde lange Zeit und in großen Teilen der Öffentlichkeit nicht erkannt. Über Jahrhunderte galten sie als Unorte, nutzlos, stinkend, unheimlich. *Wasteland* nennen sie die Briten auch, *tierra desolada* die Spanier, *ødemarken* die Dänen, das muss man nicht übersetzen.[2] Moore brüteten Mücken, giftige Gase und Krankheiten aus, und sie verschlangen Tiere und Menschen, nicht einen oder wenige, sondern Tausende. Die Unglücklichen waren dort meist nicht freiwillig hineingeraten, sondern wurden geopfert, hingerichtet oder schlicht beseitigt. Häufig wiesen sie schwere Verletzungen auf, wenn sie nach Hunderten von Jahren in gespenstisch konservierter Form als Moorleichen wieder auftauchten. Moore hatten über lange Phasen unserer Geschichte ein derart verheerendes Image, dass es sich tief ins kollektive Gedächtnis eingegraben hat. Die wenigen Menschen, die dort lebten, galten bei ihren Zeitgenossen in Stadt und Land als ärmlich, schwermütig, verschroben, kränklich und hoffnungslos rückständig – Randexistenzen wie die Moore, die zu ihrem Zuhause wurden.[3]

Dem Ersten der Tod,
dem Zweiten die Not,
dem Dritten das Brot,
und dem Vierten das Boot.

So beschreibt ein alter Spruch das Dasein der Moorbewohner, eine Geschichte von Mensch und Moor in Europa in vier Zeilen. Die vierte stammt allerdings von modernen »Moorklimaschützer*innen«, die den Spruch damit in unsere heutige Zeit und mitten hinein in einen überraschenden Imagewechsel der Moore verlängert haben.[4]

Bei den Siedlern, die Nordamerika westwärts durchquerten, waren Moore verhasst, weil sie zu weiten Umwegen zwangen. Wo immer sie existierten, waren sie im Weg, ein Fortschrittshindernis, und sie wollten sie nur loswerden. Gerade die Europäer waren damit sehr erfolgreich. Nasse, »lebende« Moore, in vielen Fällen Relikte der Eiszeit, gibt es in Deutschland heute noch auf 30 000 von ursprünglich 1,8 Millionen Hektar, die sie einmal eingenommen haben – ganze 2 Prozent der Fläche sind geblieben. Fast alle diese Moorreste stehen unter Schutz. Mit den Mooren sind auch viele der dort lebenden hochspezialisierten Tier- und Pflanzenarten verschwunden oder zu kleinen Restbeständen dezimiert worden: Zierliches Wollgras, Zwergbirke, Sonnentau, Blauer Sumpfstern, Wasserspitzmaus, Sumpfohreule, Seggenrohrsänger, Kleine Moosjungfer, Smaragdlibelle, um nur einige zu nennen. Ihre Namen füllen heute die Roten Listen.

Von der Senke zur Quelle

Im Zusammenhang mit dem Klimawandel sind Moore erst relativ spät in den Blick der breiten Öffentlichkeit geraten, dafür aber umso massiver. Wie sehr sich die Situation innerhalb weniger Jahre verändert hat, erzählt Franziska Tanneberger, Leiterin des Greifswald Moor Centrums, anhand ihrer eigenen Biografie: »Als ich anfing«, in den frühen 2000er-Jahren, »hatte ich keine Ahnung, dass neben Moorblumen und den so schön blühenden Seggen, den Moosen, Moorvögeln und Schmetterlingen auch das große Thema Klimawandel hinzukommen und meine Arbeit sehr verändern würde. Heute hat sich das Fach Moorkunde durch die Klimakrise stark erweitert, wir Forscherinnen und Forscher reden jetzt in jedem zweiten Satz über Treibhausgase und Kohlenstoffsenken. Das Moor ist für alle Menschen existenziell bedeutend geworden.«[5]

Staunend vernimmt man seitdem Zahlen, die die vertrauten Verhältnisse auf den Kopf zu stellen scheinen. Inzwischen ist klar: Mit der seit Jahrhunderten weltweit praktizierten und als fortschrittlich und alternativlos angesehenen Moorentwässerung haben wir nicht nur in großem Stil einmalige Lebensräume vernichtet, sondern auch uns selbst einen Bärendienst erwiesen.

Auf dem Gelände des Instituts für Botanik der Universität Greifswald stehen 108 kreisrunde, tonnenartige und nach oben offene Kunststoffgefäße von einem guten halben Meter Durchmesser, die eindrücklich demonstrieren, warum. Es sind 50 Miniaturmoore, sogenannte Mesokosmen, die unterschiedlich gut mit Wasser versorgt sind, von ganz nass bis trocken. Man könnte auch sagen: Die Versuchsflächen simulieren die Situation von naturnah bis melioriert, den entwässerten Zustand also, in dem sich heute 94 Prozent aller deutschen Moore befinden.[6]

Mitarbeiter des Instituts stülpen eine Art Riesenstaubsauger darüber, dessen Saugkragen genau auf die kreisrunde Öffnung der Behälter passt. Das Gerät misst, wie viel Kohlendioxid die Versuchsmoore freisetzen. Das Ergebnis lässt an Deutlichkeit nichts zu wünschen übrig: Je trockener, desto höher der CO_2-Ausstoß. Aus Kohlenstoffsenken, den nassen, lebenden, Photosynthese betreibenden Mooren, werden nach der Trockenlegung wahre Kohlendioxidschleudern. Rechnet man die gemessenen Werte auf alle trockengelegten deutschen Moore hoch, die zu Grünland (mehr als 50 %), Ackerflächen (19 %) oder Wäldern (15 %)[7] umgewandelt wurden, wird deutlich, welche Hypothek Jahrhunderte der systematischen Moorvernichtung uns Heutigen hinterlassen haben: Meliorierte Moore sind für 6 Prozent der CO_2-Emissionen in Deutschland verantwortlich – das ist mehr, als der gesamte Flugverkehr verursacht. Auf nur 7 Prozent der Agrarfläche des Landes sorgen sie allein für 37 Prozent der Treibhausgasemissionen aus der Landwirtschaft. In anderen europäischen Ländern ist das Verhältnis noch krasser. Etwa in Rumänien: Nur 4 Prozent der Agrarfläche des Landes sind trockengelegte Moore; diese sind verantwortlich für 49 Prozent der Emissionen aus der Landwirtschaft. Lettland: Flächenanteil 6 Prozent, Emissionsanteil 71 Prozent. Finnland: Flächenanteil 12 Prozent, Emissionsanteil 62 Prozent.[8]

Hans Joosten, ehemals Professor für Moorkunde und Paläoökologie an der Universität Greifswald, der für seine jahrelange engagierte Arbeit mit dem Deutschen Umweltpreis und dem Bundesverdienstkreuz ausgezeichnet wurde, rechnet vor: Legt man die Schadenskosten einer Tonne emittierten Kohlendioxids mit 195 Euro zugrunde – das ist der Wert, den das Umweltbundesamt veranschlagt –, ergibt sich in Deutschland ein jährlicher Klimaschaden durch entwässerte Moorböden in Höhe von 10 Milliarden Euro, fast so viel wie die Netto-Wertschöpfung der gesamten deutschen Landwirtschaft. Ein relativ kleiner Teil der genutzten Flächen sorgt somit für einen immensen volkswirtschaftlichen Schaden, der, so Joosten, »weit über dem Wert der erzeugten land- und forstwirtschaftlichen Produkte liegt«.[9]

Franziska Tanneberger, die auch Mitglied des Rats für Nachhaltige Entwicklung ist, präsentierte im wissenschaftlichen Begleitprogramm der Weltklimakonferenz in Dubai (»COP 28«) eine Grafik des finnischen Natural Resources Institute, die sie in ihrem Vortrag als »schockierend« bezeichnete, und das ist sie auch.[10] Sie stellt für mehrere europäische Länder den CO_2-Verbrauch der als Kohlenstoffsenken kostbar gewordenen Wälder den Emissionen der auf den jeweiligen Landesflächen trockengelegten Moore gegenüber. Während sich für Polen und Norwegen in der Summe noch ein Nettokohlenstoffverbrauch ergibt, ist das Verhältnis für Belgien ausgeglichen, für Deutschland und Finnland aber genau umgekehrt. Mit anderen Worten: Deutschlands trockene Moore emittieren auf erheblich kleinerer Fläche deutlich mehr CO_2, als alle Wälder des Landes zusammen verbrauchen.

Mitarbeiterinnen und Mitarbeiter der Thünen-Institute für Agrarklimaschutz, Waldökosysteme und Holzforschung haben ermittelt, dass dieses Verhältnis seit 1990 starken Schwankungen unterlag.[11] Sie betrachteten dabei allerdings nicht nur Wälder und organische Moorböden, sondern auch Siedlungen, Feuchtgebiete, Biomasse und Holzprodukte, also Kategorien der Forstwirtschaft und unterschiedlicher Landnutzung. Es geht dabei nicht um die Emissionen durch Verbrennung fossiler Energieträger, sondern nur um die Veränderungen der Kohlenstoffspeicher in den Böden, in ober- und unterirdischer Biomasse sowie Totholz und Streuauflage. Berücksichtigt werden zudem die Emissionen und Biomasseverluste durch Brände und industriellen Torfabbau.[12] Auch wenn man alle diese Kategorien zusammen berücksichtigt, ergeben sich für 2020 bis 2022 positive Werte, desgleichen für den Zeitraum von 2002 bis 2007. Es wurden also in Wald, Landwirtschaft, Feuchtgebieten und Siedlungsflächen mehr, zum Teil erheblich mehr Treibhausgase emittiert als verbraucht. Sogar in den Naturräumen des Landes existierte in der Summe keine Kohlenstoffsenke, und das, obwohl Deutschland mit 32 Prozent Flächenanteil eines der waldreichsten Länder Europas ist. Wenn doch ein Verbrauchsüberschuss erkennbar war, wie in den 2010er-Jahren, fiel er gering aus. Die starken Schwankungen gingen fast ausschließlich auf die Wälder zurück, deren Biomasse sowohl von der Nachfrage nach Holz und dessen Preis als auch von Schädlingsbefall und Extremereignissen wie der Dürre der letzten Jahre beeinflusst wird.

Wie ein monolithischer Block wirken dagegen die massiven Treibhausgasemissionen der organischen Böden trockengelegter Moore, die seit Jahrzehnten konstant bei etwa 50 Millionen Tonnen pro Jahr liegen.[13] Deutschland gehört damit weltweit zu den Ländern mit den höchsten durch Moortrockenlegung bedingten Emissionen, nur übertroffen von den USA, Belarus, der Mongolei, China, Russland, Malaysia und Indonesien.[14]

Franziska Tanneberger ist es wichtig, den Begriff »Moor« nicht nur auf die wenigen intakten Reste zu beziehen, sondern auch auf die trockengelegten Flächen, denn beide haben etwas Entscheidendes gemeinsam: den Torfboden. Er hat definitionsgemäß eine Torfdicke von mindestens 30 Zentimetern und einen organischen Anteil von mehr als 30 Prozent.[15] Dieser organische Boden verhält sich jedoch ganz unterschiedlich, je nachdem, ob er kontinuierlich mit Wasser bedeckt ist oder eben trockengelegt wurde. Wasser verhindert durch Luftabschluss weitgehend den Abbau der organischen Substanz, sodass diese sich in nassen Mooren anreichert und im Laufe von Jahrtausenden mächtige meterdicke Torfschichten bildet. Bleiben Moore ungestört, wird der beim Aufbau dieser Pflanzenmasse verbrauchte Kohlenstoff der Atmosphäre für Hunderte oder gar Tausende von Jahren entzogen. Sie besitzen daher genau die Eigenschaft, die wir heute so dringend benötigen. Torf besteht übrigens keineswegs nur aus den berühmten Torfmoosen, der Gattung *Sphagnum*, die für Hochmoore typisch ist. Zur Torfbildung können viele Pflanzenarten beitragen, solange sie einen dauerhaft hohen Wasserstand ertragen und praktisch im Wasser wachsen können. Sogar Bäume, wie die Erlen, gehören dazu.

Wasser ist das Lebenselixier der Moore. Fehlt es, kommen Luft und insbesondere Sauerstoff in Kontakt mit den zuvor unter Wasser konservierten Pflanzenresten, und es beginnt sofort der mikrobielle Abbau, der Kohlendioxid und Methan freisetzt. Das Moor wird von einer Kohlenstoffsenke zur -quelle.

Weiden und Getreidefeldern sieht man nicht an, ob die darauf wachsenden Pflanzen in mineralischen oder organischen Böden wurzeln, aber diese scheinbare Gleichförmigkeit ist trügerisch. Kohlendioxid ist farblos. Man sieht und riecht es nicht. Wäre es giftgelb wie Chlor und besäße es einen vergleichbar stechenden Geruch, würde über großen Teilen Norddeutschlands (und der Niederlande, Polens usw.) eine abschreckende gelbe Nebelwolke schweben, und niemand, weder Mensch noch Kuh, würde sich wohl auf diese Flächen wagen, geschweige denn die dort wachsenden Pflanzen konsumieren. Für das Klima sind diese »Ausdünstungen« tatsächlich Gift.

Abgesackt und abgebrannt

In den ersten Jahren bringen meliorierte Moorböden hohe Erträge, aber die Produktivität sinkt mit der Zeit. Der Boden wird pulverig, nimmt nur noch schlecht Wasser auf und ist erosionsgefährdet, denn Regen kann kaum noch eindringen, sondern läuft oberflächlich ab. Infolge des Wasserentzugs und des kontinuierlichen Verlusts an organischer Substanz, die sich durch den mikrobiellen Abbau buchstäblich in Luft auflöst, kommt es zu Verdichtungen und sogenannten Torfsackungen, die bedrohliche Ausmaße annehmen können.

Hans Joosten beschreibt die dramatischen Folgen am Beispiel seiner Heimat Niederlande: 26 Prozent des Landes liegen heute unterhalb des Meeresspiegels. Weite Gebiete sind um mehr als 8 Meter abgesunken. Das Küstentiefland, das den Meeresspiegel früher knapp überragte, liegt mittlerweile durchschnittlich 1,3 Meter darunter.[16] »Finanziell belaufen sich die Schäden an Straßen und Abwasserinfrastruktur auf rund 200 Millionen Euro pro Jahr.« Dazu kommen Schätzungen zufolge bis Mitte des Jahrhunderts Sackungsschäden an Gebäuden in zweistelliger Milliardenhöhe.[17]

In einer detaillierten Studie über die Folgen der 1000 Jahre währenden Moorentwässerung in der Küstenebene der Niederlande formulieren Utrechter Kollegen von Joosten unter der Überschrift »Double trouble« eine »eindringliche Warnung«: »Die Kultivierung von Küstenmooren bringt zwangsläufig doppelte Probleme mit sich, auch ohne Torfabbau. Dadurch werden riesige Kohlenstoffsenken zu Kohlenstoffquellen, und die Belastung, die durch die Eindämmung eines ständig steigenden Überschwemmungsrisikos aufgrund von Bodensenkungen entsteht, wird irgendwann nicht mehr tragbar sein.«[18] Es ist klar, was das heißt, zumal in Zeiten steigenden Meeresspiegels: Eines gar nicht so fernen Tages wird die Nordsee das Land überfluten, weil es sich der Staat nicht mehr leisten kann, es zu schützen.

Auch in Deutschland haben Moorsackungen zu dramatischen Situationen geführt. Die um den Galenbecker See im östlichen Mecklenburg-Vorpommern gelegenen Moorflächen, einst entstanden, weil überschüssiges Wasser aus dem See ablief und sich auf den umliegenden leicht abschüssigen Flächen, der Friedländer Großen Wiese, ein Durchströmungsmoor bildete, sackten infolge der Melioration der 1960er- und 1970er-Jahre so stark ab, dass der ohnehin flache, fast 6 Quadratkilometer große See auszulaufen drohte. Um ihn, ein wertvolles Vogelschutzgebiet, zu retten, wurden 2005 umfangreiche Baumaßnahmen begonnen, die mittlerweile abgeschlossen sind. Große Teile der ehemaligen Moorfläche wurden geflutet, um ein weiteres Absacken zu verhindern.

Moore in ihren verschiedenen Erscheinungsformen machen weltweit zwar nur 3 bis 4 Prozent der Landfläche aus (500 Millionen Hektar), speichern durch die kompakte Lagerung aber fast doppelt so viel Kohlenstoff wie alle Wälder des Planeten zusammengenommen[19] – Zahlen, die belegen, wie wichtig ein effektiver Moorschutz sein sollte. Leider folgten und folgen viele Länder jedoch dem unrühmlichen Beispiel der Europäer. Ein Zehntel der gesamten Moorfläche ist bereits zerstört, und Jahr für Jahr gehen weitere 500 000 Hektar verloren, in jüngerer Zeit vor allem in den Tropen. Indonesien und Malaysia haben über die Hälfte ihrer Moorwälder gefällt und trockengelegt, Moore mit mächtigen Torfschichten, die im Durchschnitt mehr als 5 Meter dick sind und nun immer weiter absinken.[20] Angesichts der dramatischen Folgen ist Indonesien allerdings umgeschwenkt und setzt nun seit einigen Jahren »einen ambitionierten Moorschutz um, der seinesgleichen sucht«.[21] Für große Teile der küstennahen Moore kommt dies allerdings zu spät. Sie werden in den kommenden Jahrzehnten so weit absacken, dass sie vom Meer überflutet werden – von den enormen Emissionen (66 Tonnen CO_2 pro Hektar und Jahr) auf dem Weg dahin und den Verlusten der Wälder mit ihrer Tier- und Pflanzenwelt gar nicht zu reden.[22]

Von trockenen Mooren geht noch eine weitere nicht zu unterschätzende Gefahr aus: Torfbrände. Trockener Torf kann sich relativ leicht entzünden, dann drohen Schwelbrände, die nicht nur

Unmengen von Kohlendioxid freisetzen, sondern auch einen gesundheitsgefährdenden Rauchdunst (*haze*) erzeugen, der sich über riesige Gebiete ausdehnen kann. Solche Feuer sind nur schwer zu löschen, weil Löschwasser nicht bis zu den Glutnestern im Boden gelangt. Im Sommer 2010 sorgten als Folge einer Hitzewelle Hunderte von Wald- und Torfbränden in Moskau für Sichtweiten von 50 Metern. Offiziell starben 50 Menschen, wobei Hilfsorganisationen von deutlich höheren Opferzahlen ausgingen. Raketentests der Bundeswehr entzündeten 2018 Moorflächen in der Umgebung von Meppen in Deutschland, die für Wochen vor sich hin kokelten und Bundeswehr, Technisches Hilfswerk und die Feuerwehr in Atem hielten.[23]

Von ganz anderer Dimension waren die Brände in Indonesien mit Zehntausenden von Toten. 2015 musste eine halbe Million Menschen in Krankenhäusern behandelt werden. Feuer, die vor der Entwässerung der Torfwälder in Indonesien eher seltene Ereignisse waren, haben nach den großflächigen Trockenlegungen stark zugenommen. Allein die sechs größten Brände in den Jahren 2004 bis 2015 verursachten ökonomische Verluste in Höhe von fast 100 Milliarden US-Dollar: durch die Vernichtung von Wald, von landwirtschaftlichen Gütern und Flächen und die medizinische Versorgung der betroffenen Bevölkerung. Die von diesen Feuern ausgehenden Emissionen erreichten in der Spitze Dimensionen, wie man sie sonst nur von Industriestaaten kennt.[24]

Was folgt aus alldem für den Klimaschutz? Zuallererst das Gleiche wie im Fall der natürlichen Wälder. Noch sind 80 Prozent der globalen Moore in einem guten Zustand, vor allem im hohen Norden, in Russland, Kanada und Alaska, aber auch in Zentralafrika und Südostasien. Ihre weitere Vernichtung muss sofort beendet werden.

Für die indonesische Regierung waren die katastrophalen Brände der Anlass, über die Trockenlegungen der Moorwälder ein Moratorium zu verhängen und im Jahr 2016 eine Peat Restoration Agency[25] zu gründen, die ein ehrgeiziges Wiederherstellungsprogramm in Angriff nahm. Um die Feuergefahr und die Emissionen zu mindern, ist der Wasserstand in riesigen Gebieten angehoben worden; in Ölpalmplantagen darf er nicht tiefer als 40 Zentimeter unter der Oberfläche liegen.[26] Für Franziska Tanneberger und ihre Moorforscherkollegen ist Indonesien »aktuell das wichtigste Land, wenn man nach Vorbildern und Beispielen für großflächige Wiedervernässungsprojekte sucht«.[27] Die abgeholzten alten Wälder sind jedoch unwiederbringlich verloren.

Auf einem anderen Kontinent, in Afrika, bahnt sich seit Jahren ein neues Drama unter ähnlichen Vorzeichen an. Diesmal geht es nicht um Plantagen, sondern vor allem um Öl und Gas, die unter einem der größten Moorgebiete der Welt vermutet werden, der »Cuvette Centrale« im Becken des Kongo. Erst 2017 hat ein internationales Team um Simon Lewis und Greta Dargie ermittelt,[28] welch ein Moorschatz hier im Herzen Afrikas liegt: Moorwälder und Feuchtgebiete mit meterdicken Torfschichten, deren Bildung vor ungefähr 11 000 Jahren begann und die viele Milliarden Tonnen Kohlenstoff speichern.[29] Noch ist das schwer zugängliche Gebiet, das auf den Territorien der Demokratischen Republik Kongo und der Republik Kongo liegt, nahezu unberührt. Es verbraucht Kohlenstoff und ist Lebensraum von unzähligen Tier- und Pflanzenarten, darunter auch Bonobos und Flachlandgorillas.

Doch im Juli 2022 bot die Regierung der Demokratischen Republik Kongo immense Flächen zur Versteigerung an. Durch Lizenzen zur Öl- und Gasförderung erhofft sie sich Einnahmen in Höhe von 600 Millionen US-Dollar, die in Bildung und Infrastruktur fließen sollen. Besonders die Randbereiche der Cuvette Centrale sind in großer Gefahr. Auch NGOs oder die Staatengemeinschaft könnten diese Lizenzen erwerben, um die Moore dann in Ruhe zu lassen und mit den dort lebenden Menschen nachhaltige Nutzungskonzepte zu entwickeln. Noch ist dieser Kampf nicht entschieden, aber wer sind wir Europäer, dass wir anderen untersagen wollten, was wir selbst über Jahrhunderte praktiziert haben? »Entwässerungsweltmeister«, so Franziska Tanneberger, die auf ihrem Kontinent kaum einen Torfflecken unberührt gelassen hätten. Mittlerweile mögen wir einiges über Moore gelernt haben, unter dem Strich seien wir aber »vor allem ein Beispiel dafür, wie man mit Mooren besser nicht umgehen sollte«.[30]

Unabhängig vom Ausgang dieses nicht nur in Afrika tobenden Kampfes zwischen (zum Teil legitimen) wirtschaftlichen Interessen und Schutzbemühungen könnte die Cuvette Centrale möglicherweise noch aus einer anderen Richtung unter Druck geraten: durch den Klimawandel. Untersuchungen der meterdicken Torfschichten haben ergeben, dass das Gebiet vor einigen Tausend Jahren deutlich trockeneren Bedingungen ausgesetzt war als heute, erkennbar am Zersetzungsgrad des in jenem Zeitraum abgelagerten organischen Materials. Die Dürre dauerte etwa 3000 Jahre. Bis irgendwann genug Regen fiel, um das Moor wieder mit Wasser zu bedecken, und neuer Torf gebildet wurde, eine Art natürliche Wiedervernässung. Es kann sein, dass sich die Cuvette Centrale dicht an einem kritischen Schwellenwert befindet. Wird dieser durch den sich aktuell vollziehenden Klimawandel überschritten, könnte erneut eine längere Phase der Dürre bevorstehen, und die Austrocknung eines der größten Moore der Welt würde die Klimakrise durch massive Treibhausgasemissionen weiter antreiben – eine der berüchtigten positiven Rückkopplungen.[31]

Die noch existierenden »lebenden« Moore zu erhalten, wird also schwer, nicht nur im Fall der Cuvette Centrale, und doch, da sind sich im Grunde alle Fachleute einig, müsste ihr Schutz Vorrang vor allen anderen Maßnahmen haben. Moore leisten seit langer Zeit genau das, was manche sich von riesigen, erst noch zu pflanzenden Wäldern in der Zukunft erhoffen oder was menschliche Ingenieure wie die von Climeworks zu entwickeln versuchen: Sie entziehen der Atmosphäre Kohlenstoff und deponieren ihn für Jahrtausende. Weiterhin in großem Stil Torf abzubauen oder Moorflächen zu entwässern, beseitigt nicht nur bedeutende Kohlenstoffsenken, es schafft im Gegenteil neue Kohlenstoffquellen.

Wie diese von trockenen Mooren ausgehenden Treibhausgasemissionen gestoppt werden können, ist im Grunde klar; man muss dazu nicht ins ferne Indonesien schauen. Zwar gab es tatsächlich Überlegungen, solche Flächen abzudecken oder sie mit schwerem Gerät tiefgründig umzugraben und buchstäblich das Unterste zuoberst zu kehren, um die Emissionen zu unterbinden, aber das wäre nichts anderes als der Versuch, die Probleme von heute und morgen mit den Methoden von vorgestern zu lösen.

Moor muss nass

Den einzigen wirklich Erfolg versprechenden Weg hat Hans Joosten in dem schönen Satz »Moor muss nass!« auf den Punkt gebracht.[32] Die Wiedervernässung von trockenen Mooren wird bereits seit vielen Jahren praktiziert. Sie funktioniert in Deutschland auf 4 Prozent (70 000 Hektar) der Moorfläche, was immerhin dem Doppelten der noch existierenden Restmoore entspricht.

Sobald das Moor wieder nass ist, versiegt die Kohlenstoffquelle: Die CO_2-Emissionen sinken auf null, sofort. Würde es tatsächlich gelingen, alle trockenen Moore in Deutschland wieder zu vernässen – Franziska Tanneberger, Hans Joosten und viele ihrer Kolleginnen und Kollegen haben dazu detaillierte Szenarien und Übergangspfade entworfen[33] –, würden wir pro Jahr 40 Millionen Tonnen CO_2 weniger ausstoßen, etwa die Hälfte der Emissionen der gesamten deutschen Industrie. Es geht hier also nicht um »Peanuts«.

Nur: Den biologischen Reichtum alter Moore erhält man damit noch nicht zurück, jedenfalls nicht auf die Schnelle. Was will man nach Jahrzehnten der Zerstörung erwarten? Viele Moore sind tiefgründig entwässert, der Torf wurde abgebaut, oder er ist ausgetrocknet, zerbröselt, durch schwere Maschinen komprimiert und infolge Wasserentzugs zusammengesackt. Auch durch mikrobiellen Abbau sind große Teile unwiederbringlich verschwunden. Die Fähigkeit, sich durch Aufnahme und Abgabe großer Wassermengen wie ein Schwamm auszudehnen und wieder zu schrumpfen, ist verloren gegangen. Moore sind kein Schaumgummiball, der sich nach dem Zusammendrücken rasch wieder zu voller Größe entfaltet. Franziska Tanneberger und Hans Joosten vermeiden deshalb den Begriff »Renaturierung«.

Statt vieler verschiedener Moose und unzähliger kleiner Pflanzen im naturbelassenen Moor dominieren nach der Wiedervernässung in der Regel großwüchsige Gräser wie Seggen und Schilf – eine Folge der Nährstoffmobilisierung in den organischen Böden und der hohen Stickstoffeinträge über die Luft. Zwar steigt die Zahl der moortypischen Pflanzen- und Tierarten, aber viele können sich nur durch Eingriffe des Menschen, vor allem durch regelmäßige Mahd, dauerhaft ansiedeln, weil die Pflanzendecke sonst zu dicht ist. Bis sich echte neue Torfschichten bilden, können Jahrzehnte vergehen.

Das mag im ersten Moment enttäuschend klingen, wäre aber auf großer Fläche trotzdem ein bedeutender Schritt in die richtige Richtung. Denn grundlegende Ökosystemdienstleistungen würden funktionieren, der CO_2-Ausstoß wäre gestoppt. Noch steht die Erforschung der mit der Wiedervernässung eingeleiteten Metamorphose am Anfang, und kein Moor ist wie das andere. Die dabei auftretenden biologischen Prozesse und Veränderungen müssen aufmerksam verfolgt und gegebenenfalls von gezielten Steuerungsmaßnahmen begleitet werden. Wohin die Reise im Einzelfall gehen wird, ob die Moore wieder zu dem werden können, was sie einmal waren, ist noch nicht klar; in vielen Fällen dürfte es unmöglich sein. Doch es besteht Anlass zur Hoffnung, und nutzen ließen sich wiedervernässte Moore in jedem Fall – wir werden gleich darauf zurückkommen.

Was ist mit den Menschen? Sie wären erst Leidtragende und würden später mit Mut, Durchhaltevermögen, ein wenig Glück und flankierender Unterstützung durch Staat und Gesellschaft zu Nutznießern. Aber einen derart langen Atem hat nicht jeder. Wie bringt man den Menschen bei, die seit Jahren, sogar Jahrzehnten auf diesen trockenen Moorflächen wirtschaften, die dort ihr Vieh grasen lassen und Kartoffeln anbauen, dass nun alles ganz anders werden soll? Wie gewinnt man sie dafür, bei einer ziemlich beispiellosen Transformation mitzumachen, die ihnen einiges an Veränderungswillen und -toleranz abverlangen würde? Zu Hunderten donnern gerade Traktoren durch Berlin, werden Straßen und Autobahnauffahrten von wütenden Bauern blockiert, weil sie gegen die angeblichen und tatsächlichen Zumutungen protestieren, denen sie sich seit Jahren ausgesetzt sehen. Wie werden sie wohl reagieren, wenn man ihnen Flächen in nicht unerheblichem Ausmaß wegnimmt und verlangt, sie in Moore zurückzuverwandeln? Andererseits – gibt es, wenn wir unsere Klimaziele erreichen wollen, überhaupt eine Alternative?

Es hilft nichts, sich in die Tasche zu lügen, denn was vor uns liegt, ist eine Herkulesaufgabe. Um die trockengelegten Moore weltweit kohlenstoffneutral zu machen, müssten nicht einige oder viele, sondern 80 bis 85 Prozent ihrer Fläche renaturiert werden. Sollen sie wieder zu der Kohlenstoffsenke werden, die sie einmal waren, müsste es sogar noch mehr sein.

Hans Joosten hat auch dazu einen denkwürdigen Satz geprägt, der jüngst – sicher nicht zum ersten Mal – im Rahmen der Ökofilmtour in Potsdam fiel: »Wir werden mit den Mooren nicht die Welt retten, aber ohne sie schaffen wir es bestimmt nicht.«[34] Für Wälder gilt dieser Satz genauso. Also packen wir es an.

Wiedervernässung

Wiedervernässung ist in gewisser Weise eine Maßnahme durch Unterlassung. Wir müssen aufhören, das Wasser aus den Mooren hinauszubefördern. Das heißt: Wehre schließen, Gräben zuschütten, Dämme einreißen, Rohre entfernen, Pumpen abschalten, Spundwände versetzen oder zurückbauen – das Moor füllt sich dann ganz von allein. Unter Umständen muss mit zusätzlichem Wasser nachgeholfen und manchmal auch aufkommender Baum- und Strauchbewuchs entfernt werden, um das wiederzuerweckende Feuchtgebiet mit ausreichend Licht zu versorgen. Da trockene Moore in der Regel Bodensubstanz verloren haben und abgesackt sind, sammelt sich das Wasser darin wie in einem Trog. Trotzdem ist im Vorfeld zu klären, wohin es im Falle einer Wiedervernässung fließen würde, ob benachbarte Flächen oder gar Gebäude betroffen sein könnten. All diese Maßnahmen erfordern eine sachkundige Planung, Begleitung und Betreuung.

Es braucht Ansprechpartner für die Eigentümer und Pächter solcher Flächen und die Mitarbeiter in den Wasserbehörden, denn bei Wiedervernässungen betreten fast alle Betroffenen Neuland. Jedes Moor ist anders.

In Greifswald, das bis 2050 nahezu klimaneutral sein möchte, gibt es deshalb seit drei Jahren eine Moorklimaschutzmanagerin – die erste in Deutschland. Franziska Tanneberger ist davon überzeugt, dass solche Fachleute überall benötigt werden, wo wiedervernässt werden soll. Auch Einrichtungen nach dem Vorbild der indonesischen Peat Restoration Agency, die dort großartige Arbeit leistet, hält sie für notwendig. Sie müssten die Entwicklung der Moorflächen in größeren Regionen oder ganzen Bundesländern im Blick haben. Obwohl die katastrophale Klimabilanz trockener Moore von Franziska Tanneberger, Hans Joosten und vielen anderen seit Jahren intensiv kommuniziert wird, sind die Probleme vielen Landwirten nicht bewusst, und auch in den zuständigen Behörden gibt es Wassermanager und -managerinnen, die noch nie davon gehört haben. Noch ist also viel grundsätzliche und geduldige Aufklärungsarbeit zu leisten.

Die Politik agiert bislang halbherzig und widersprüchlich, obwohl eine Tendenz zum Besseren zu erkennen ist. Die Ende 2022 von der Bundesregierung beschlossene »Nationale Moorschutzstrategie«[35] sieht zwar eine Reduzierung der aus trockenen Mooren entweichenden Treibhausgasmengen vor, die anvisierten 5 Millionen Tonnen entsprechen aber nur 10 Prozent der jährlichen Emissionen – zu wenig. Während das »Aktionsprogramm Natürlicher Klimaschutz« auch viel Geld für die Wiedervernässung von Mooren bereitstellt, fließen gleichzeitig Fördergelder an auf Moorflächen wirtschaftende Landwirte. Die EU agiert ähnlich widersprüchlich. Bisher wird die Bewirtschaftung wiedervernässter Moore mit den dort erzeugten Produkten noch nicht einmal als landwirtschaftliche Nutzung anerkannt, was die Beantragung von Fördergeldern unnötig und unzeitgemäß erschwert.[36]

Die Menschen, die direkt betroffen und zumeist in einer Kultur der Melioration aufgewachsen sind, machen sich Sorgen: Werden nasse Moorflächen nicht Unmengen an Mücken ausbrüten? Wird dort nicht massenhaft Methan freigesetzt werden? Und wird es in einer trockeneren Zukunft dafür überhaupt genug Wasser geben?

Diese Fragen sind natürlich berechtigt und leider noch nicht endgültig zu beantworten.[37] Die Anzahl der Mücken könnte tatsächlich zunehmen; da ihr Aktivitätsradius klein ist, aber wohl nur im Moor selbst und in seiner unmittelbaren Umgebung. Für die Menschen, die dort arbeiten, hieße das, dass sie sich möglicherweise vor Insektenstichen schützen müssten. Mücken und ihre Larven werden von vielen Tieren gefressen, insofern ist eine gewisse Zunahme sogar erwünscht. Viele Mücken, das bedeutet viele Fische, viele Raubinsekten und Spinnen und viele Vögel. Wie im Fall der Wälder sollte eine »Renaturierung« der Moore auch der arg geschundenen Biodiversität nützen.

Methan entsteht, wenn totes Pflanzenmaterial im Wasser verrottet. Wiedervernässten Mooren wird demnach tatsächlich Methan entweichen, doch die ausbleibenden Kohlendioxidemissionen werden diesen Effekt mehr als kompensieren. In jedem Fall wäre es wohl eine gute Idee, vor der Vernässung zu mähen und möglichst viel pflanzliche Biomasse aus dem Gebiet zu entfernen, um dem biochemischen Prozess der Methanbildung die Grundlage zu entziehen. Trotzdem bleibt hier noch einiges zu klären.

Das gilt auch für die Frage nach dem Wasser. Für die weitaus meisten Standorte dürfte sie sich nicht stellen, da es dort auch in Zukunft nass genug sein wird. Im Osten Deutschlands, vor allem in Brandenburg und der östlichen Hälfte Mecklenburg-Vorpommerns, könnte es örtlich knapp werden. Das Problem geht aber über die Moore hinaus und betrifft das gesamte Wassermanagement. Grundsätzlich wird es in Zukunft von großer Bedeutung sein, das zunehmend im Winter und als Starkregen anfallende Wasser länger in der Landschaft zu halten. Nasse Moore würden dabei helfen.

Moorwirtschaft

Doch das reicht nicht. Landwirte, die seit Jahren und zum großen Teil mit Moorböden leben und arbeiten, können auf die Einkünfte, die sie auf diesen Flächen erzielen, nicht verzichten, ohne für die Verluste irgendeine Form von Ausgleich oder Kompensation zu erhalten. Die wenigsten wollen aber über das bereits bestehende Maß hinaus zu Kostgängern des Staates werden, falls dieser sich das überhaupt leisten könnte.

Man müsste also mit Mooren Geld erwirtschaften können. Was wir in wiedervernässten Mooren bräuchten, wäre eine andere Form der Nutzung, eine völlig neue Art der Landwirtschaft. Und die gibt es tatsächlich. Das Zauberwort heißt »Paludikultur«, eine Wortschöpfung von Hans Joosten, der der neuen Wirtschaftsweise auch sprachlich ein freundliches Gesicht verleihen wollte. Das ist gelungen. Das Wort, von lateinisch *palus* für »Sumpf«, mag den meisten Menschen noch unbekannt sein, hat aber bereits Eingang in viele Sprachen gefunden, bis hin ins ferne Indonesien. *Paludiculture* heißt es im Englischen, *Paludikultura* in Russland.[38] Es klingt fast wie eine Quadratur der Kreises: Erträge erwirtschaften im nassen Moor, ernten, ohne zu zerstören, sogar unter Erhaltung der Torfbildung.

Ein Leben als Paludibauer – auch hier muss man der Realität ins Auge schauen – hätte kaum noch etwas mit dem Leben von im Trockenen wirtschaftenden Landwirten gemein: andere Maschinen, die noch sehr teuer sind oder selbst angepasst werden müssen, andere Produkte, andere Verwertungs- und Vermarktungswege. Vom Bauern zum Moor-Klimawirt – wer wird da mitmachen wollen? »Eine Betriebsumstellung oder -anpassung ist keine einfache Entscheidung«, erklärt der Deutsche Verband für Landschaftspflege (DVL), der in verschiedenen Projekten eng mit dem Greifswald Moor Centrum zusammenarbeitet. »Sie erfordert ein hohes Maß an Eigenmotivation und daher auch eine Erweiterung im Selbstverständnis der Landwirt*innen.«[39]

Doch es gibt Menschen, die diesen Weg gegangen sind, und es werden mehr, das Interesse wächst. Landwirte und Landwirtinnen sehen ja selbst am besten, dass mit ihren Moorböden etwas nicht stimmt, dass es so wahrscheinlich nicht auf Dauer weitergehen kann. Wenn sie von Alternativen hören, die Besserung versprechen, wenn Menschen davon berichten, die diesen ungewohnten neuen Weg bereits gegangen sind und Erfolge aufzuweisen haben, hören sie interessiert zu.

Wer daran zweifelt, spricht am besten mit Hans Joosten: »Landwirte haben gezeigt, dass sie, wenn es notwendig ist oder mehr bringt, in der Lage sind, alles zu ändern«, sagt er. »Sonst hätte es keinen Maisanbau gegeben. Ich weiß noch, bei uns [in den Niederlanden], 1970, ist von einem Jahr auf das nächste eine Roggenkultur in eine Maiskultur umgewandelt worden. Das ist eine vollständig andere Kultur. Historisch gesehen, ist das Hochmoor in den Niederlanden für den Ackerbau entwässert worden, aber dann ist das Moor so stark gesackt, dass es zu nass wurde, und man war gezwungen, es zu Grünland zu machen und Kühe zu halten. Und weil man die Produkte der Viehhaltung, Milch und Fleisch, damals nicht lagern konnte, sind die Bauern auf Butter und Käse gekommen. Die klassischen Agrarprodukte der Niederlande sind also eine Folge der Moordegradation. Und jetzt haben wir wieder so eine Phase, in der wir infolge der Moordegradation einen neuen Innovationsschub brauchen. Das ist eine Herausforderung, etwas Spannendes, ein Anstoß für Unternehmer, etwas zu innovieren. Landwirte sind Unternehmer, keine Verwalter, das sollten keine Bürokraten sein. Und wir haben ja auch verschiedene Pioniere, die angefangen haben, einfach weil das spannend ist, weil die basteln wollen. Manche tun es aus Verantwortungsgefühl für die Schöpfung. Das ist sehr divers. Das Bewusstsein hat auf jeden Fall zugenommen, auch weil manche Landwirte ihren Kindern begegnen, die sie fragen: Vater, bist du eins von diesen Arschlöchern, die uns die Zukunft verbauen?«[40]

Es gilt, auf diesem Weg noch viele Hindernisse zu überwinden; eines der größten besteht in der Tatsache, dass sich die Ausdehnung von Mooren nicht daran hält, wie die Menschen das Land auf Eigentümer und Pächter aufgeteilt haben. Soll ein Moor wiedervernässt werden, sind fast immer mehrere Eigentümer betroffen. Einzelne Betriebe können nicht loslegen, wenn der Nachbar zögert oder andere Pläne hat. Manchmal lässt sich das Problem durch Flächentausch lösen, doch oft geht das nicht. Dann heißt es: zusammen oder gar nicht. »Man kann nur gemeinsam ein Moor entwässern. Und man kann es auch nur gemeinsam wiedervernässen«, schreibt Franziska Tanneberger.[41] Hindernisse bilden auch die angesichts der klimatischen Bedeutung der Moore kaum noch zeitgemäße Förderpraxis und die zeitraubende Bürokratie, die damit verbunden ist. Außerdem verlieren wiedervernässte Flächen sofort an Wert, weil trockener Boden eben immer noch sehr viel mehr zählt als nasser. Aber es gibt auch ermutigende Zeichen, dass es gehen könnte. Es ist noch immer zu wenig, trotzdem standen der Wiedervernässung von Mooren noch nie so viel Wohlwollen und Geld zur Verfügung wie heute. Der Wind scheint sich langsam zu drehen.

Manche bevorzugen Zwischenlösungen. So soll der Wasserstand von Moorflächen in Brandenburg, dessen Moore so viel CO_2 ausstoßen wie der gesamte Verkehr im Bundesland, grundsätzlich auf 30 Zentimeter unter Flur eingestellt werden. Das würde die Emissionen bereits deutlich reduzieren und gleichzeitig noch die gewohnte Nutzung als Grünland und den Einsatz schwerer Maschinen ermöglichen. Damit könnten viele Bauern, die vor weitergehenden Maßnahmen noch zurückschrecken, leben.[42] Nullemissionen oder gar eine negative Emissionsbilanz erreicht man auf diese Weise aber nicht.

Die meisten Fachleute plädieren deshalb für das volle Programm: für vollständige Wiedervernässung mit allen Konsequenzen, die sich daraus ergeben. Vom Anblick friedlich grasender Rinderherden auf solchen Flächen müsste man sich dann verabschieden, denn für komplett durchnässte Böden sind diese Tiere nicht gebaut. Außerdem enthalten die dort dann wachsenden Pflanzen nicht genug Nährstoffe. Für Pferde ist das auf diesen Wiesen geschnittene Heu mit seinem hohen Anteil an Rohrglanzgras (*Phalaris arundinacea*) dagegen sehr gut geeignet. Pferdeställe und Gestüte sind deshalb dankbare Abnehmer.

Ganz müsste man sich von der Großviehhaltung auch auf vernässten Moorflächen nicht verabschieden. Schon jetzt werden in Deutschland mehrere Tausend Wasserbüffel gehalten, die mit den dort herrschenden Bedingungen und dem Nahrungsangebot bestens zurechtkommen. Sie sind ideale Landschaftspfleger in nasser Umgebung, verwerten Seggen, Schilf und Nasswiesenvegetation, wo Maschinen nicht hinkommen.

»Die haben die Ruhe weg«, charakterisiert Helmut Querhammer seine 60 Tiere, die er südlich von Berlin in kleinen Gruppen auf 120 Hektar Moorfläche hält, »die nehmen einen als Mensch an, kommen her, nehmen Kontakt auf.«[43] Das Büffelfleisch ist wohlschmeckend und fettarm, Büffelmozzarella gilt als Delikatesse. Dazu muss man die Tiere aber im Gelände melken und möglicherweise auch schlachten, denn viele Schlachthöfe nehmen keine Wasserbüffel an. So macht es auch Helmut Querhammer. Achtmal im Jahr tötet er drei bis vier Tiere auf der Weide. Die dazu nötige Genehmigung besitzt er. Das Fleisch wird dann an Ort und Stelle portioniert. Dank seiner Berliner Stammkundschaft, die er sich im Laufe der Jahre aufgebaut hat, gibt es keine Absatzprobleme. »1000 Kilogramm Fleisch gehen da an einem Tag über die Theke.«[44] Sein größtes Problem ist die zunehmende Trockenheit. Denn zur Regulierung ihrer Körpertemperatur brauchen es Wasserbüffel richtig nass.

Paludiprodukte

Die wirtschaftlich interessantesten Produkte der Paludikultur sind allerdings pflanzlicher Natur. Die Palette ist mittlerweile erstaunlich weit gefasst, und eine Machbarkeitsstudie der toMOORow-Initiative der Umweltstiftung Michael Otto hat ihr gerade großes Potenzial bescheinigt.[45]

Das beginnt mit Reet – Schilfpflanzen, die auf nassen Böden gewachsen sind. Es erinnert daran, dass die Paludikultur, wenn auch nicht unter diesem Namen, eine lange Tradition besitzt. Reetgedeckte Dächer besitzen hervorragende Eigenschaften und halten mit 30 Jahren genauso lange wie Ziegeldächer. Das Handwerk, das dazugehört, betrieben von den Rohrwerbern, die das Schilf schneiden und vorbereiten, und den Rohrdachdeckern, die es verarbeiten, droht aber auszusterben; das benötigte Schilf wird in Deutschland kaum noch geschnitten und muss aus Rumänien und China eingeführt werden.

Vielversprechend ist die Verwendung der auf nassen Moorböden geernteten Paludibiomasse für Kartons und Verpackungen und für die Herstellung von Spanplatten in der Möbelindustrie. Schwarzerlen liefern wertvolles Holz. Der Grünschnitt kann auch zur Erzeugung von Biogas verwendet oder in speziellen Heizkraftwerken verbrannt werden. Im mecklenburgischen Malchin produziert ein solches Kraftwerk mithilfe von jährlich 5000 200-Kilogramm-Moorheuballen 850 Kilowatt Wärme in der Stunde und versorgt damit 543 Wohnungen, einen Kindergarten, zwei Schulen und Bürogebäude. Sicher ist das Verbrennen keine Ideallösung, doch die Biomasse vom Niedermoor ersetzt jedes Jahr 280 000 Liter Heizöl.[46] Dazu kommen noch die CO_2-Einsparungen durch die Wiedervernässung. Das Moor liefert Jahr für Jahr Nachschub – und das alles unter weitgehender Erhaltung der Torfbildung.

Im industriellen Gartenbau, der Supermärkte und Gartencenter termingerecht mit Millionen von Jungpflanzen versorgen muss, ist Torf, besonders seine oberste Schicht, der sogenannte Weißtorf, ein bislang unersetzliches Substrat. Doch auch hier eröffnet die Wiedervernässung neue Perspektiven – das Greifswald Moor Centrum leistet mit Kooperationspartnern wichtige Pionierarbeit. Gerade Hochmoorgrünland und ehemalige Torfabbauflächen bieten nämlich hervorragende Bedingungen für den Anbau von »Torfmoosfrischmasse«, die den Weißtorf gleichwertig ersetzen könnte. Der Anbau funktioniert, und jetzt wird daran gearbeitet, ausreichend Ansaatmaterial herzustellen, um auch größere Flächen bepflanzen zu können. Die Torfmoose aus dem Freiland zu holen, ist problematisch. »Das sind alles geschützte Pflanzen und geschützte Gebiete«, sagt Hans Joosten.[47] »Da braucht man in Deutschland so viele Genehmigungen, da ist mein Leben vorbei, bis ich das alles zusammenhabe.« Also versucht man in Greifswald, die benötigten Pflanzen selbst heranzuziehen. Bei Arten, die niemals zuvor kultiviert wurden, ist das jedoch nicht so einfach. »Ökonomen haben uns gesagt: Wenn wir die Produktivität unserer Moospflanzen um dreißig Prozent erhöhen würden, könnten wir gegen fossilen Torf auf dem Markt konkurrieren«, fährt Hans Joosten fort. »Aber bei Torfmoos hat niemals eine Zucht stattgefunden. Der Weizen, der vor zehntausend Jahren gesammelt wurde, war auch zehntausendfach weniger produktiv als der Weizen, den wir jetzt anbauen. Das ist eine Frage von Selektion und Züchtung. Jetzt haben wir hier ein Torfmoos-Mutterquartier. Wir haben dafür in ganz Europa und besonders in Georgien, weil wir da viel arbeiten, zwölf Torfmoosarten von verschiedenen Standorten aufgesammelt und sie hier im Labor unter kontrollierten Bedingungen und in Versuchspflanzungen aufgezüchtet und dann einfach geguckt: Welche ist am produktivsten? Und diese Sippe haben wir dann weitergezüchtet.«

Die Greifswalder Moorforscherinnen und -forscher sind auf allen möglichen Ebenen aktiv. Um die Produktivität zu erhöhen, versuchen sie, das Erbgut der Torfmoose zu vervielfältigen, sie zu »polyploidisieren«. Zahlreiche unserer Kulturpflanzen, zum Beispiel Kartoffeln und Tomaten, enthalten mehr als zwei Chromosomensätze. Alternativ versuchen die Forschenden, die Moose zu kreuzen, sie unter optimalen Bedingungen in Bioreaktoren wachsen zu lassen oder aus Teilen, gar aus einzelnen Zellen neue, besonders leistungsfähige Pflanzen aufzuziehen. Bei Hans Joosten klingt das so: »Wenn wir hochwertige Sippen selektieren und züchten, müssen wir in der Lage sein, aus einer Pflanze hundert Millionen zu machen.« Alles mit dem Ziel, mehr und produktiveres Material für die Auspflanzungen zu gewinnen.[48]

Auch die Ernte ist eine Herausforderung, weil die dafür nötigen Maschinen nicht zur Verfügung stehen. Noch muss viel improvisiert werden – ein Tummelfeld für Tüftler und Erfinder.

Wenn diese Probleme einmal überwunden sind, könnte der Torfmoosfrischmasse aber eine große Zukunft bevorstehen. Franziska Tanneberger rechnet vor: »Wenn es gelingt, auf einer Fläche von 35 000 Hektar wiedervernässten Hochmooren Torfmoosfrischmasse zu produzieren, könnte der gesamte deutsche Bedarf an Weißtorf für den industriellen Gartenbau von 3 Millionen Kubikmetern ersetzt werden.«[49] Was andere Moorflächen vor der Abtorfung bewahren würde.

Auch beim Schilf ist man übrigens auf der Suche nach der idealen Sorte. Die Rohrdachdecker, die liebend gern einheimisches Reet verarbeiten würden, bevorzugen feine, dünne Halme, weil sich die Dächer damit besonders gut und dicht decken lassen. Aus dem dänischen Aarhus ist gerade eine große Sammlung mit Schilf aus der ganzen Welt in Greifswald angekommen. Jetzt versuchen die Forscher herauszufinden, ob die unterschiedlichen Halmdicken genetische Ursachen haben oder auf die Standortbedingungen zurückgehen. Wie kann man die Qualität der Reetpflanzen beeinflussen, damit sie eher den Ansprüchen der potenziellen Abnehmer gerecht werden?

Als besonderer, vielseitig verwendbarer Tausendsassa entpuppt sich zudem der Rohrkolben, wissenschaftlich *Typha*, mit seinen 2 Meter langen Stängeln, auf denen ein dunkelbrauner, kompakter Kolben sitzt. Gerade wenn, wie heute auf vielen wiedervernässten Flächen, reichlich Nährstoffe vorhanden sind, gedeihen Rohrkolben hervorragend. Der Kolben, in dem Tausende von Samen sehr eng verpackt sind, eignet sich als biologisches Füll- und Dämmmaterial etwa für Jacken und Schlafsäcke. Mehrere Firmen tüfteln daran.

Auch für zu stark degradierte Moorflächen bieten sich nach der Wiedervernässung noch Möglichkeiten. Sie könnten für Windkraftanlagen und vor allem für Photovoltaik genutzt werden. Es ist sympathisch, dass auch die Moorschützer und -schützerinnen eine solche Verwendung nicht ausschließen und pragmatisch denken. Gleichzeitig zeigt es aber auch, wie sehr wir bereits unter Handlungsdruck stehen, wie sehr die Zeit drängt.

Allianz der Pioniere

Ideen und fast marktreife Produkte gibt es also zuhauf, die Fakten liegen auf dem Tisch, sogar das Interesse ist da, sowohl aufseiten der potenziellen Produzenten, der Landwirte, als auch aufseiten der Industrie. Doch sie sitzen sich gegenüber und warten darauf, wer zuerst zuckt. Die Produzenten zögern – verständlicherweise –, solange der Absatz der Paludikulturprodukte nicht garantiert ist, und die Industrie wartet mit den nötigen Investitionen, solange nicht gewährleistet ist, dass die Erzeuger sie tatsächlich zuverlässig mit Ausgangsprodukten in ausreichender Menge und gleichbleibender Qualität beliefern können. Das Ergebnis ist ein abwartender Stillstand. Hier müsste die Politik helfend eingreifen.

Doch Besserung ist in Sicht, vielleicht sogar mehr als das: ein Gamechanger. Die toMOORow-Initiative des Greifswald Moor Centrums und der das Projekt tragenden Stiftungen[50] hat am 30. April 2024 in Berlin in Anwesenheit von Landwirtschaftsminister Cem Özdemir und Umweltministerin Steffi Lemke zusammen mit elf großen deutschen Industrieunternehmen die »Allianz der Pioniere« gegründet. In der Grundsatzerklärung heißt es: »Die Allianzpartner werden (…) in ihren jeweiligen Branchen über Pilotprojekte den Einsatz von Paludi-Biomasse für den Aufbau skalierbarer Wertschöpfungsketten testen und bei Erfolg in die industrielle Fertigung überführen und in den Markt bringen. Wir werden reale Lösungen für einen systemischen Wandel schaffen und für Planungssicherheit aller Akteure sorgen.«[51]

Mit dabei sind der toom Baumarkt, der Handels- und Dienstleistungsriese Otto, der Papierhersteller LEIPA, Tengelmann Twenty-One mit KiK Textilien und OBI, der Konsumgüterproduzent Procter & Gamble, der Fertighaushersteller Bau-Fritz, die Bauunternehmen Sto, STRABAG und OTTO WULFF. Sie alle haben sich verpflichtet, »nachwachsende, regionale Rohstoffe zu nutzen und sich zukünftig aktiv an der Inwertsetzung der Paludi-Biomasse einzubringen«.[52]

Wird dieses Datum als Initialzündung dienen, auf die alle gewartet haben? Nicht nur für die deutschen Moore könnte dieser Tag zu einem Wendepunkt werden.

Noch ist viel zu tun, wenn die Vision der Moorklimaschützer Wirklichkeit werden soll, und doch ist das Ziel dank der unermüdlichen Arbeit eines relativ kleinen internationalen Kreises von Moorfreunden, allen voran Michael Succow und Hans Joosten, in einer Weise in Sicht gekommen, wie man das noch vor wenigen Jahren für unmöglich gehalten hätte. Die Aufgabe – man kann es nicht oft genug betonen – ist gewaltig. Um die Klimaschutzvorgaben des Pariser Abkommens zu erfüllen, müssen allein in Deutschland 50 000 Hektar trockenes Moor wiedervernässt werden, in jedem einzelnen Jahr. Im Augenblick liegen wir bei 2000.

Theorie und Praxis

Ein heißer Maitag im östlichen Mecklenburg-Vorpommern. Rechts und links des Fahrweges erstrecken sich weite Polderwiesen, unterbrochen von Entwässerungsgräben. Wir stehen auf Moorgrund, der eine 50-jährige Meliorationsgeschichte hinter sich hat, unter uns eine bis zu 6 Meter dicke Torfschicht, die Hinterlassenschaft eines verlandeten Toteissees. Die Gletscher hatten hier einen größeren Eisbrocken zurückgelassen, der langsam vor sich hin schmolz und ein Gewässer entstehen ließ. Zusammen mit der angrenzenden Friedländer Großen Wiese bilden die Polder einen der größten Moorkomplexe in Deutschland.

Hier, auf 400 Hektar, was knapp der Hälfte der Polderfläche entspricht, soll es geschehen – es soll gezeigt werden, dass es geht und wie es geht. Ein trockengelegtes Moor wird nicht nur wiedervernässt, hier werden auch Nassgrünlandbereiche und Paludikultur-Demonstrationsflächen entstehen, die hoffentlich über den Standort hinaus Signalwirkung haben. Durchgeführt wird das Projekt als Teil der Paludi-Vorhaben in Mecklenburg-Vorpommern von 2021 bis 2031 von der Landgesellschaft Mecklenburg-Vorpommern, wissenschaftlich begleitet von der Universität Greifswald, die die Emissionen und Pegelstände messen, die Vegetationsveränderungen und Brutvögelbestände kartieren und Wirtschaftlichkeitsberechnungen anstellen wird. Gefördert wird das Ganze vom Bundesministerium für Umwelt, Naturschutz, nukleare Sicherheit und Verbraucherschutz (BMUV). Die Landgesellschaft als Projektträger steht im Rahmen eines Verbundvorhabens in engem Austausch mit ähnlichen Projekten in Brandenburg, Schleswig-Holstein und Bayern.

»Wir arbeiten mit Hochdruck an der Ausgestaltung der entsprechenden Fördermaßnahmen«, hatte die zuständige Ministerin Steffi Lemke wenige Tage zuvor anlässlich der Gründung der »Allianz der Pioniere« in Berlin gesagt. »Gemeinsam mit meinem Kollegen Cem Özdemir wollen wir den Übergang auf eine nasse Bewirtschaftung mit passenden Förderinstrumenten zügig ermöglichen.«[53]

Die Politik gibt also Rückenwind, in diesem Fall mit 11,2 Millionen Euro für zehn Jahre. Wenn alles so läuft wie geplant, werden hier in ein paar Jahren anstelle der Polderwiesen Schilf, Rohrkolben und Seggen wachsen.

In Mecklenburg-Vorpommern sind solche Projekte besonders wichtig, denn Moore machen 12,5 Prozent (297 900 ha) der Landesfläche aus. Bis auf einen kleinen Rest sind sie alle seit den 1960er- und 1970er-Jahren entwässert und intensiv genutzt worden. Sie liegen über das ganze Land verteilt. Eine Karte Mecklenburg-Vorpommerns, in der die Moorflächen mit verschiedenen Rottönen gekennzeichnet sind, nimmt sich aus wie ein abstraktes Jackson-Pollock-Gemälde, auf dem Farbspritzer über die gesamte Leinwand verteilt wurden. Neben zahllosen roten sind auch einige blaue Flecken zu erkennen. Das sind die Flächen, auf denen schon um die Jahrtausendwende mit der Wiedervernässung begonnen wurde. Sie machen gut 10 Prozent der Moorfläche aus, knapp 31 000 Hektar. Doch seitdem stagniert die Entwicklung.[54] Warum?

»Das war in einer Zeit, in der die Landwirtschaft am Boden lag. Durch die Wende ist das alles zusammengebrochen«, erzählt Hans Joosten. »Damals kostete ein Hektar landwirtschaftliche Fläche 2000 DM. Das ist kein Geld. In den Niederlanden werden 40 000, 50 000 Euro bezahlt. Das waren Flusstäler und durch Moorsackungen absaufende Flächen, an denen es kaum Interesse gab. Nach dreißig Jahren DDR waren die Pumpen und Deiche marode, und dann gab es die Wahl: das alles für viel Geld zu sanieren, obwohl es nichts bringt – es gab keine ökonomischen Träger –, oder es absaufen zu lassen.«[55] Es ging um marginale Böden. Zum Teil wurden den Landwirten Äcker auf mineralischen Böden zum Tausch angeboten. »Aber jetzt müssen wir an den Kern der Sache, die intensiv landwirtschaftlich genutzten Flächen, von denen auch die meisten Emissionen ausgehen. Die Flächen, von denen unsere Milch, unser Käse herkommen, die Flächen, wo die Moorkartoffeln ›Sieglinde‹ herkommen, unsere Karotten wachsen. Und das ist ein ganz anderes Thema. Aber wir müssen vernässen. Oder aus dem Pariser Abkommen aussteigen, was keiner will. Wir können nicht das eine sagen und das andere nicht tun. Also bleiben nur zwei Möglichkeiten: Entweder wir kaufen den Bauern die Flächen ab. Da sind wir in Deutschland bei hundert Milliarden. Das geht nicht. Oder man muss für die Landwirte alternative Einkommensquellen finden.« In Projekten wie der Polderwiese sollen diese Alternativen erprobt werden.

So unglaublich es klingt: Entwässerte Moorböden sind in Mecklenburg-Vorpommern die mit Abstand größte Quelle von Treibhausgasen und machen fast 30 Prozent der Emissionen des Landes aus – weit mehr als der Energiebereich mit seinen Kraftwerken und so viel wie Verkehr und Privathaushalte zusammen. Sollen die Klimaziele eingehalten werden, muss das Land bis 2050 jährlich 8500 Hektar wiedervernässen.[56]

Fünfzig bis sechzig Personen haben sich anlässlich des »Feldtags« der Michael Succow Stiftung versammelt, einem der Träger des Greifswald Moor Centrums. Es sind Angestellte verschiedener Behörden, Naturschützer und Menschen aus der Gegend, die sich vor Ort über die auf der Polderwiese geplanten Maßnahmen informieren wollen. Ein junger Jurist, der über Umweltrecht promoviert, ist sogar extra früh aufgestanden und aus Berlin angereist. Rechtlich betrete man mit derartigen Transformationen nämlich Neuland, sagt er. Da gebe es noch einiges zu regeln. Deshalb möchte er wissen, was hier konkret geschieht.

Nach Monaten der Planung sollte die Wiedervernässung in diesem Jahr beginnen. Es gibt allerdings Schwierigkeiten mit den 50 Jahre alten Staueinrichtungen, die möglicherweise saniert oder gar neu gebaut werden müssen. Eigentlich sollten die Gräben westlich des Fahrwegs, auf dem wir stehen, voller Wasser sein, die Polder flurnah, also bis zur Oberfläche nass. Sind sie aber nicht. Irgendwo geht Wasser verloren, was vielleicht an den zu DDR-Zeiten verlegten PVC-Drainagerohren liegt, die die Entwässerungsgräben unterirdisch verbinden und noch immer funktionieren. Vielleicht müssen sie entfernt werden. »Das sind die Probleme, die so in der Praxis entstehen, die man in der Planung schlecht voraussehen kann«, sagt Johannes Limberg, der in der Landgesellschaft Mecklenburg-Vorpommern für Planung und Hydrologie zuständig ist.

Er freut sich über das »tolle Exkursionswetter«, gesteht dann aber, er sei ein wenig nervös, »weil jetzt eine entscheidende Zeit für die Wasserhaltung hier in den Poldern ist. Jetzt werden die Grundlagen für die Wasserstände im Sommer gelegt.« Der letzte Regen ist vor zehn Tagen gefallen, und bei aktuell fast 25 °C ist die Verdunstungsrate in den Poldern sehr hoch. Der Wasserstand sinkt pro Tag um 5 bis 10 Zentimeter. »Es ist so, dass wir dann schon Ende Mai einen Wasserstand deutlich unter Flur haben und dementsprechend hohe Emissionen.«

Bei dem schönen Wetter und der sattgrünen Umgebung hätte man es fast vergessen: Wir stehen im entwässerten Moor und somit in einer unsichtbaren Wolke von Kohlendioxid. Mit jedem Zentimeter Torfboden, den der sinkende Wasserstand exponiert, steigen die Emissionen. »Das möchten wir natürlich in unserem Paludiprojekt vermeiden. Unser Ziel ist es, die Wasserstände ganzjährig auf einem hohen Niveau zu halten und gleichzeitig die Flächen mit den Landwirten vor Ort zu bewirtschaften.«

Die Herausforderung sieht Johannes Limberg in der Umstellung von der bisherigen Bewirtschaftung hin zur Paludikultur. »Das geht nicht von heute auf morgen«, sagt er. »Die Landwirte müssen sich allmählich umstellen, aber auch die Vegetation muss sich umstellen. Wir können den Wasserstand nicht sofort maximal anheben, weil wir dann das Problem haben, dass die Flächen ausfaulen. Es gibt gerade hier auf der östlichen Seite relativ wenig Gräser, die nässeverträglich sind. Wir können den Umstellungsprozess beschleunigen, aber trotzdem braucht das seine Zeit.«

Das Gelände weist in West-Ost-Richtung ein leichtes Gefälle auf, sodass es in Teilbereiche untergliedert werden muss, wenn überall auf der Fläche ein hoher Wasserstand gewährleistet werden soll. Und unterschiedliche Kulturen haben unterschiedliche Bedürfnisse. Zwar mögen es alle Paludikulturen nass, doch Schilf muss etwa 5 Zentimeter überstaut werden, während Seggen einen niedrigeren Wasserstand tolerieren. Letztere wachsen schon in den Polderwiesen, deshalb wird sich die Umstellung hier bei höherem Wasserstand mehr oder weniger von selbst vollziehen. Schilf und Rohrkolben aber wachsen nicht sofort von allein, sie müssen gepflanzt werden. Die Fachleute sprechen von »Initialpflanzungen«: Pflanzstreifen im Abstand von einigen Metern, von denen aus sich das Schilf dann über die Fläche ausbreitet.

Zum Beernten wird der Wasserstand in den jeweiligen Teilbereichen abgesenkt, damit die Landwirte mit ihren Maschinen in die Fläche können. Der Abtransport der Biomasse ist ein Problem. Längere Strecken mit schwer beladenen Fahrzeugen durch das Moor zu fahren, würde den Torf tiefgründig zerstören; spezielle Kettenfahrzeuge – manche Paludibauern verwenden dazu umgebaute Pistenraupen – gibt es hier nicht und sind im Budget auch nicht vorgesehen. Der Bund zahlt aber Zuschüsse für eine Anpassung der Technik. »Es werden ständig neue Geräte für die Paludikultur entwickelt«, sagt Johannes Limberg. »Und da ist natürlich auch unsere Hoffnung, dass die Geräte günstiger in der Anschaffung werden und praktikabler für die Landwirte.«

Limberg betont: »Ziel ist es, möglichst wenig Überfahrten über den Torf zu haben.« Also braucht man Fahrwege – der Baubeginn ist im Jahr 2025. »Das ist nicht schön und auch im Bundesministerium sehr umstritten, weil die sagen: Wir wollen kein Fremdmaterial in die Flächen bringen. Fahrwege haben in einem Moor eigentlich nichts verloren, aber wenn man hier mit der vorhandenen Technik ohne teure Spezialmaschinen Paludikultur betreiben will, ist es unvermeidbar. Und darum geht es ja letztlich: die Emissionen stoppen und den Menschen zeigen, dass das Leben und Wirtschaften mit dem nassen Moor eine echte Alternative bietet.«

Je länger Johannes Limberg spricht und Fragen beantwortet, desto klarer wird: Dieses Pilotprojekt ist kein Selbstläufer. Viele Punkte sind noch nicht abschließend geklärt, vor allem angesichts der Dimensionen, um die es hier geht. Alle Beteiligten werden Erfahrungen sammeln und Lehrgeld zahlen müssen. Zunächst wird die Ernte als Heu verwertet, ein Teil geht in die Biogaserzeugung – eine Übergangslösung. Angestrebt wird eine stoffliche Verwertung. Das Schilf sei kein Problem, sagt Limberg, das müsse bislang von weit her importiert werden und werde von den Rohrwerbern und Dachdeckern sehnsüchtig erwartet. Aus den faserreichen Seggen könne man Verbundstoffe pressen. Er verweist auf die »Allianz der Pioniere«. Aber bis die Verwertungsketten stehen und zu aller Zufriedenheit funktionieren, wird einige Zeit ins Land gehen.

Dann gibt es noch die berühmt-berüchtigte deutsche und europäische Bürokratie. Feuchtgebiete sind sehr selten in Deutschland und meist streng geschützt. Wenn nun ein Landwirt von einem Maisacker auf entwässertem Moor auf Paludikultur umstellt und Schilf anbaut – O-Ton Joosten: »Gleiche Pflanzenfamilie, gleiche Physiognomie, gleich hässlich, weil man nicht durchschauen kann« –, wird diese Fläche automatisch nicht mehr als landwirtschaftliche Fläche, sondern als Habitat angesehen. Und als solches darf sie nicht mehr ganz gemäht werden. »Es könnte ja ein seltener Vogel wie eine Rohrdommel drin sitzen«, sagt Hans Joosten. »Also muss der Landwirt jedes Jahr einen Teil des Schilfrohrs stehen lassen. Das ist ein bisschen dumm.«[57] Zumal in einer Welt, in der es infolge von Wiedervernässungen bald viel mehr Schilfbestände geben könnte als heute.

Gerade die Polderwiese trifft eine weitere dieser Vorschriften, die jemanden wie Hans Joosten sichtlich auf die Palme bringen, erlassen diesmal von der EU: das Grünlandumbruchverbot. Das besagt, dass man Grünland, in unserem Fall die Polderwiesen, nicht umpflügen darf, um den Bodenkohlenstoff und die Biodiversität zu schützen. Wenn man das tun will, muss man als Kompensation andernorts einen Acker zu Grünland machen. Eine durchaus sinnvolle Maßnahme – nur dann nicht, wenn sich dieses Grünland auf entwässertem Torfboden befindet und es in ein nasses Moor verwandelt werden soll, was nachweisbar viel wertvoller für den Bodenkohlenstoff und die biologische Vielfalt ist. Johannes Limberg kennt dieses Problem und versichert, dass an einer Lösung gearbeitet werde. Hans Joosten kann die deutsche Gesetzestreue in diesem Fall kaum fassen. In den Niederlanden habe man ein völlig anderes Gerechtigkeitsempfinden. Da würde man solch eine offensichtlich unsinnige Vorschrift wie diese schlicht ignorieren.[58]

Noch etwas wird an diesem »Feldtag« deutlich: Es gibt ein Problem mit dem Wasser. Jahrzehntelang hieß es, das Wasser müsse so schnell wie möglich aus der Landschaft abgeleitet werden, damit die entwässerten Moorflächen landwirtschaftlich genutzt werden könnten. Dazu wurde eine hochkomplexe Infrastruktur aus Pump- und Schöpfwerken geschaffen, aus Staueinrichtungen, Stichgräben, Hauptleitern und sogar Kanälen wie dem 27 Kilometer langen Peene-Südkanal, der zu DDR-Zeiten gebaut wurde, um die landwirtschaftlichen Areale südlich des Flusses Peene zu bewässern. Wie das Wasser in der Landschaft verteilt wird, bestimmt hier schon lange nicht mehr nur die Natur.

Aber die Situation hat sich radikal verändert. Besonders Brandenburg und das östliche Mecklenburg-Vorpommern haben in den letzten Jahren massive Dürren erlebt. Auf den Regen ist kein Verlass mehr, und wenn er kommt, darf das Wasser nicht sofort abfließen, sondern muss möglichst lange in der Landschaft gehalten werden. Andere moorreiche Bundesländer, in denen mehr Regen fällt, haben es da leichter.

Nach der Ernte und dem Abtransport der Paludibiomasse soll der Wasserstand wieder angehoben zu werden. »Sofern wir Zusatzwasser haben«, fügt Johannes Limberg hinzu. »Das ist die entscheidende Frage. Darüber müssen wir uns Gedanken machen: Wie viel Wasser steht zur Verfügung? Wie gehen wir mit der Wasserhaltung um?«

Im Winter soll hoch angestaut werden, um mit dem gespeicherten Wasser während der folgenden Monate möglichst lange auszukommen. Im Sommer führt der Hauptgraben aber kaum noch Wasser. Dann gibt es die Möglichkeit, Nachschub über den Peene-Südkanal einzuspeisen. Dieses Wasser ist allerdings brackig. Letztlich sei es eine politische Entscheidung, ob man das zulassen wolle, sagt Limberg. Wasser fehle hier überall. Ganze Seen trockneten aus. Auch die »traditionellen« Landwirte wollen und müssen bewässern. Es wird darauf ankommen, wie der gesamte Einzugsbereich der Polder mit seinem Wasser umgeht.

»Die Wasserfrage wird uns die nächsten Jahre ganz stark begleiten«, da ist sich Limberg sicher. »Die Frage wird sein, ob wir allein durch winterlichen Wasserrückhalt den Bedarf so stark decken können, dass wir die Treibhausgasemissionen in den Sommermonaten auf ein Minimum reduzieren können.«

Und sogar wenn die Gräben voll sind – das Problem besteht darin, das Wasser in die Fläche zu bekommen. Ein Gutachten hat ergeben, dass die Wasserleitfähigkeit der Torfe hier zwischen maximal 1 Meter und 5 Zentimetern pro Tag beträgt. Das heißt, von den Gräben aus werden die Polder sicher nicht oder nur sehr langsam durchfeuchtet werden können. Zum Vergleich: Durch einen guten Grundwasserleiter wie Sand bewegt sich das Wasser 3 Meter pro Tag; intakter Torf hat sogar eine Leitfähigkeit von bis zu 7 Metern pro Tag. Aber der Torf in den Poldern ist nicht mehr intakt, sondern in den oberen Schichten stark zersetzt und bröselig und nimmt nur schwer Wasser an. Die einzige Lösung besteht darin, die Polder im Sommer nach Möglichkeit zu überstauen, am besten gleich nach der Ernte, damit das Wasser von oben eindringen kann. Und das bedeutet wiederum: Man wird viel Wasser brauchen …

Etwas abseits stehen die Landwirte, die das wiedervernässte Moor bewirtschaften werden, Vater und Sohn, beide im Arbeitsoverall, groß und schlank und mit ernster, aber gelassener Miene. Seit 1994 führen sie einen Biobetrieb. Ich frage sie, was sie dazu veranlasst habe, sich auf dieses Abenteuer einzulassen.

Der Sohn zieht die Augenbrauen hoch. »Abenteuer? Ist das ein Abenteuer? Eine Herausforderung, ja.« Er zuckt die Achseln. »Na ja, wir hoffen, dass wir da ganz allmählich reinwachsen.«

Hans Joosten hätte diese Antwort des zukünftigen Paludibauern sicher gefallen. »Wir müssen einfach anfangen«, hatte er eindringlich gesagt, als ich vierzehn Tage zuvor mit ihm in seiner Moorbibliothek auf dem Gelände der Greifswalder Universität zusammensaß.[59] »Wir wissen genug, um großflächig loszulegen. Das ist natürlich auch Learning by Doing. Ich sage immer: Wir stehen im Neolithikum der Paludikultur. Aber wir müssen die Probleme lösen, wenn sie sich stellen, und nicht schon alles wissen, bevor wir anfangen. Das ist die Rolle, die Forschung immer gespielt hat in der Politik: Dinge herauszuzögern. Deshalb finde ich es schön, wenn jetzt die Wirtschaft aktiv wird.« Er spielt auf die zwei Tage zuvor gegründete »Allianz der Pioniere« an. »Politik wagt nichts mehr aus Angst vor den nächsten Wahlen. Aber Unternehmer und Landwirte denken an ihre Zukunft.«

5
Blauer Kohlenstoff

Abgesehen von ein paar unverbesserlichen Seebären sind Menschen Landbewohner, deshalb richtet sich unser Blick vor allem auf terrestrische Lebensräume, auf Wälder, Moore, Steppen, Wüsten. Unser blauer Planet ist aber bekanntlich zu zwei Dritteln von Ozeanen bedeckt, und auch dort leben Pflanzen, Riesen wie die Makroalgen, große und mittelgroße, in erster Linie aber sehr viele mikroskopisch kleine grüne Einzeller. Nicht zuletzt sie haben bewirkt, dass Ozeane bisher ein Drittel des von Menschen emittierten Kohlendioxids aufgenommen haben.[1] Die Kohlenstoffmenge, die in marinen Organismen und Sedimenten gespeichert ist, übertrifft die an Land um ein Vielfaches. Was Wälder und Moore fertigbringen, können Mangrovenwälder und Seegraswiesen schon lange. Die Fachwelt schwärmt, fast schon poetisch, von *blue carbon*, »blauem Kohlenstoff«, und nennt Ökosysteme, die große Mengen Kohlenstoff speichern, *blue carbon ecosystems*.

Grund genug, Überlegungen darüber anzustellen, wie dieses Potenzial in Zeiten des Klimawandels erhalten und, wenn möglich, ausgebaut werden könnte. Wissenschaftler wären keine Wissenschaftler, hätten sie dazu nicht zahlreiche Ideen und Konzepte geliefert und – das ist essenziell – ein Kürzel erfunden: »ONETs«. Es steht für *ocean-based negative emission technologies* (»ozeanbasierte Negativemissionstechnologien«).

Allen unter diesem Oberbegriff zusammengefassten Verfahren ist gemeinsam, dass sie die physikalischen, chemischen oder biologischen Bedingungen in bestimmten Meeresgebieten verändern, um deren Aufnahme- und Speicherkapazität für atmosphärisches CO_2 zu erhöhen und damit dem Klimawandel entgegenzuwirken. Für den europäischen Raum hat ein internationales, vom Kieler Helmholtz-Zentrum für Ozeanforschung GEOMAR koordiniertes und von der EU gefördertes Projekt namens *OceanNETs* begonnen,[2] die Möglichkeiten und Risiken dieser ONETs zu erforschen. Das gleiche Ziel verfolgt auch *CDRmare* (von *carbon dioxide removal*, »CO_2-Entnahme«), die erste »Forschungsmission« der 2019 vom Bund und fünf norddeutschen Ländern gegründeten Deutschen Allianz Meeresforschung (DAM).[3]

Einige der angedachten oder bereits in Erprobung befindlichen Maßnahmen sind eher technischer Natur. Sie werden hier nur erwähnt, wenn sich ihre Wirkung letztlich vor allem auf die Aktivität des pflanzlichen Planktons stützt.

Künstlicher ozeanischer Auftrieb

Leben gibt es überall in den Ozeanen, in den oberen lichtdurchfluteten Wasserschichten aber tummeln sich das photosynthetisch aktive, CO_2 verbrauchende pflanzliche Plankton und dessen tierische Konsumenten. Die Bedeutung dieser pflanzlichen Kleinstlebewesen kann gar nicht hoch genug bewertet werden, sind sie doch, je nach Schätzung, für bis zu 80 Prozent der globalen Sauerstoff- und die Hälfte der Biomasseproduktion[4] verantwortlich. Erstaunlicherweise sind es gerade die Kleinsten – das sogenannte Piko-Phytoplankton mit einem Zellendurchmesser von wenigen Tausendstel Millimetern –, die in weiten Teilen der Ozeane den größten Anteil der Biomasse stellen.

In der Regel herrscht im Oberflächenwasser allerdings Nährstoffmangel, der das Algenwachstum massiv begrenzt. Davon ausgenommen ist nur ungefähr ein Viertel der globalen Meeresfläche, etwa der Nordatlantik und die natürlichen Auftriebsgebiete, die insbesondere vor den westlichen Kontinentalrändern liegen, zum Beispiel vor Westafrika und der Pazifikküste Südamerikas. Gewaltige Mengen kalten und nährstoffreichen Tiefenwassers steigen hier an die Oberfläche und sorgen für eine wahre Explosion marinen Lebens.

Dieses Phänomen nachzuahmen, versucht eine Technik, die sich »künstlicher ozeanischer Auftrieb« (*artificial upwelling*) nennt. Sie soll vor allem in Meeresregionen zum Einsatz kommen, in denen bislang aufgrund Nährstoffmangels nur ein geringes Algenwachstum möglich ist.[5] Dafür müssen die Enden langer Kunststoffrohre oder -schläuche versenkt werden, in denen sogenannte Wellenpumpen Wasser aus mehreren Hundert Metern Tiefe aufwärts in die belichtete Zone transportieren. Diese Pumpen, die ihre Arbeit ohne weiteren Energieeinsatz nur mithilfe der Wasserbewegung verrichten, »hängen« an einem Schwimmkörper an der Oberfläche und sind, ähnlich einem mechanischen Milchaufschäumer, im Inneren der Schläuche mit einem tellerförmigen Stempel verbunden, der das Wasser im Rhythmus der Wellen nach oben hebt. Ein Gewicht am Schlauchende hält das Ganze in vertikaler Position.

Die vom Tiefenwasser ausgehende Nährstoffdusche soll wie in den natürlichen Auftriebszonen das Algenwachstum stimulieren, im Wasser gelöstes CO_2 binden und damit die Aufnahme neuen Kohlendioxids aus der Atmosphäre ermöglichen. Über die Nahrungskette käme die Algenvermehrung aber auch vielen anderen Meeresbewohnern zugute, nicht zuletzt die arg geschrumpften Fischbestände würden profitieren. Kot und Kadaver der Fische sinken schließlich zusammen mit abgestorbenem Plankton ab (der sogenannte Meeresschnee), sedimentieren im günstigsten Fall am Meeresboden und verbleiben dort, in Tiefen unterhalb von 1000 Metern, für viele Jahrzehnte oder Jahrhunderte. So funktioniert die biologische Kohlenstoffpumpe.

Das Konzept des künstlichen ozeanischen Auftriebs klingt pfiffig und leuchtet unmittelbar ein, doch es gibt einige Haken. Vor allem drängt sich die Frage auf, wie viele dieser Pumpen erforderlich wären, damit der Prozess eine spürbare Auswirkung auf das Klima hätte. Die Antwort lautet: Zehntausende, Hunderttausende, manche sprechen sogar von mehreren Millionen. Erst bei einer Fördermenge von einer Million Kubikmeter Wasser würde ein Effekt erzielt werden, der mit dem natürlicher Auftriebsgebiete vergleichbar wäre. Alle diese Anlagen müssten hergestellt, zum Ort ihres Einsatzes transportiert und gewartet werden, da sie im Wasser hohen Belastungen ausgesetzt sind. Im Meer herrschen je nach Tiefe unterschiedliche Strömungsverhältnisse. Die langen Schläuche mit ihren Pumpen würden mal hier, mal dorthin gezerrt werden.

Lohnt sich ein solcher Aufwand? Er müsste in jedem Fall zu der Menge an Kohlenstoff in Beziehung gesetzt werden, die dem globalen Kreislauf mithilfe des künstlichen ozeanischen Auftriebs entzogen werden würde, und leider ist die viel kleiner, als das durch Tiefenwasser aufblühende quirlige Leben nahe der Meeresoberfläche vermuten ließe. Nur die größeren Brocken wie Wal- und Fischkadaver sinken wirklich hinab auf den Meeresboden. Je kleiner die Organismen sind, desto langsamer schweben sie nach unten, und der größte Teil wird von Bakterien zersetzt oder landet unterwegs in den Mägen von Lebewesen tieferer Wasserschichten. Der Anteil des von den Algen an der Oberfläche aufgenommenen Kohlenstoffs, der letztlich am Meeresgrund ankommt, liegt unter 1 Prozent.

Dazu kommt ein weiteres Problem: Wasser großer Tiefen enthält viel CO_2. Ein Teil wird von Mikroorganismen erzeugt, die die herabsinkende organische Materie zersetzen, und von unterschiedlichen Lebewesen, die sie fressen und veratmen. Ein anderer Teil stammt aus polaren Gebieten, wo gewaltige Mengen kalten Wassers absinken und sich dann in der Tiefe Richtung Äquator schieben. Der Kohlendioxidgehalt des Oberflächenwassers befindet sich überall im Gleichgewicht mit der Atmosphäre, hängt aber von der Temperatur ab. Kaltes Wasser kann mehr Kohlendioxid lösen als warmes. Mit dem kalten Tiefenwasser würde beim künstlichen Auftrieb auch dieses zum Teil aus polarer Luft stammende CO_2 an die Oberfläche gelangen und wieder in die Atmosphäre entweichen, wenn das Wasser sich erwärmt und seine Fähigkeit, Kohlendioxid zu lösen, nachlässt. Im Ergebnis müssten daher noch mehr Wellenpumpen installiert werden, um diesen Effekt zu kompensieren.

Das alles klingt nicht so, als stünde der Idee des künstlichen ozeanischen Auftriebs eine große Zukunft bevor. Modellstudien haben aber ergeben, dass das Potenzial dieser Technologie mit dem Anstieg der globalen Durchschnittstemperatur wächst. Je wärmer es wird, desto größer wäre der Nutzen.[6] Das hat nicht nur mit der Stimulation des Algenwachstums zu tun. Kaltes Tiefenwasser hätte einen kühlenden Effekt auf die oberflächennahen Wasserschichten, würde den Stress wärmeempfindlicher Lebensgemeinschaften wie der Korallenriffe reduzieren und die Gewalt tropischer Wirbelstürme dämpfen. Gleichzeitig hätte es auch alkalisierende Wirkung, würde also der zunehmenden Versauerung des Meerwassers entgegenwirken, die allen Lebewesen mit Kalkskeletten große Probleme bereiten wird.

Da das Tiefenwasser mehrere Hundert Jahre braucht, bis es von den Polen zum Äquator geströmt ist, hat das heute in wärmeren Regionen vorhandene Tiefenwasser die Polarregionen in vorindustriellen Zeiten verlassen. An den Polen hatte es daher vor dem Absinken Kontakt mit einer Atmosphäre, die erheblich weniger Kohlendioxid enthielt als die heutige, weil damals noch kein CO_2 durch menschliche Aktivitäten in die Luft gelangt war. Wenn dieses Wasser nun nach seiner langen Reise durch künstlichen Auftrieb die Oberfläche erreicht und dort in Berührung mit einer Atmosphäre kommt, die 50 Prozent mehr Treibhausgas enthält, ist es deshalb in der Lage, zusätzliches Gas aufzunehmen. Je höher der aktuelle CO_2-Gehalt der Luft, desto stärker wird dieser Effekt.

Es gibt also doch gute Gründe, die noch offenen Fragen der Technologie des künstlichen Auftriebs zu klären. Zum Beispiel wäre zu untersuchen, ob die Pumpen frei mit der Strömung treiben sollten. Oder wäre es besser, sie fest zu verankern? Frei flottierende Pumpen dürften zu rechtlichen Schwierigkeiten führen, da das Seerecht Derartiges bislang nicht vorsieht; darüber hinaus würden sie der Schifffahrt Probleme bereiten. Mit der Strömung treibende Wellenpumpen wären aber die einzige Möglichkeit, das oberflächennahe Wasser kontinuierlich mit Nährstoffen zu versorgen. Bei stationärem Betrieb wäre das kaum möglich, denn die Strömung würde das Wasser an den Pumpen vorbeitreiben, sodass es nur einen einmaligen Nährstoffschub abbekommen würde.

Praxistests sind also unerlässlich, haben aber ihre eigenen Tücken. So erlebten Kieler Forscherinnen und Forscher kürzlich etwa 200 Kilometer südlich der Kanareninsel Gran Canaria eine unerfreuliche Überraschung.[7] Im Rahmen des *CDRmare*-Forschungsverbunds sollte eine 200 Meter lange Wellenpumpe von Bord des spanischen Forschungsschiffs *Samiento de Gamboa* zu Wasser gelassen und unter den Bedingungen des offenen Ozeans getestet werden. Welchen Weg würde das zur Oberfläche gepumpte Tiefenwasser nehmen? Verhält es sich wie Rauch, der aus einem Schornstein aufsteigt?

Eine Schlechtwetterfront war im Anmarsch, deshalb arbeiteten alle Beteiligten unter Zeitdruck. Das Aussetzen der litfaßsäulengroßen Wellenpumpe am Abend des 15. Novembers 2022 klappte jedoch einwandfrei. Zuerst ließ der Kran den mit dem Schlauch umwickelten metallenen Schwimmkörper zu Wasser, dann das Bodengewicht, das beim Absinken den Schlauch abrollte und die ganze Konstruktion schließlich vertikal ausrichtete.

Alles schien nach Plan zu laufen. Eine kleine Armada an Kameras und Messinstrumenten wurde in Position gebracht, um das Spektakel unter der bewegten Wasseroberfläche zu verfolgen und später auswerten zu können. Taucher befestigten einen Kanister mit intensiv grünem, ungiftigem Farbstoff am oberen Ende des Schlauches. Der Farbstoff sollte sich im aufsteigenden kalten Wasser lösen und dessen Verteilung sichtbar machen.

Eine grüne Wolke bildete sich dann tatsächlich, nur war sie bei Weitem nicht so groß wie erwartet. Der Pumpenschlauch hatte einen Durchmesser von immerhin 1,90 Metern und hätte pro Stunde bis zu 400 Kubikmeter Wasser anliefern müssen, das 6 Grad kälter war als das an der Oberfläche. Taucher hatten aber über der Pumpe keine Temperaturdifferenz gespürt.

Erst zwei Tage später, nachdem die Herstellerfirma die von der Wellenpumpe per Satellit versendeten Daten ausgewertet hatte, wurde klar, was geschehen war. Nur drei Stunden nach dem Aussetzen hatte die Pumpe ihr Bodengewicht verloren und aufgehört zu arbeiten. »Ein Desaster für unsere Arbeit«, kommentierte der Kieler Strömungsmodellierer Jost Kemper. Statt sich für seine Doktorarbeit auf Messungen unter den realen Bedingungen des Ozeans zu stützen, muss er nun auf solche zurückgreifen, die im Umlauftank der Kieler Fachhochschule durchgeführt wurden.

Andere hatten mit dem Installieren einer Wellenpumpe mehr Glück, erlebten dann aber ihr eigenes blaues Carbon-Wunder.[8] Wieder fand das Experiment in einem nährstoffarmen Meeresgebiet in der Nähe von Gran Canaria statt. Die Pumpen taten ihren Dienst, und wie erhofft blühten auch die Algen auf, doch die tierischen Konsumenten verschmähten dieses Angebot. Der ganze Prozess blieb sozusagen auf halbem Weg stecken. Die Algen starben ungenutzt, sanken sehr langsam ab und wurden dabei von Mikroorganismen so schnell zersetzt, dass sie nie am Meeresboden ankamen. Die angestrebte Kohlenstoffverlagerung in die Tiefsee fand nicht statt. Was war falsch gelaufen?

Bereits zuvor hatten Experimente gezeigt, dass das Tiefenwasser besonders dann zu einer starken Zunahme der Algenbiomasse führt, wenn es viel Silikat enthält und in einem einmaligen Nährstoffstoß verabreicht wird. Silikat kommt aber vor allem den relativ großen Diatomeen oder Kieselalgen zugute, die daraus ihr filigranes Skelett aufbauen. Durch die plötzliche Zufuhr von Nährstoffen verschiebt sich die Zusammensetzung der Algengemeinschaft zugunsten dieser gepanzerten Arten, und das alteingesessene Zooplankton, das Derartiges nicht gewohnt ist, beißt sich daran gleichsam die Zähne aus, es hungert im Angesicht des Überflusses. Anders verliefen ähnliche Experimente vor der Küste Perus. Dort, in einem natürlichen Auftriebsgebiet, ist das Plankton an Nährstoffreichtum gewöhnt und profitiert von dem zusätzlichen Angebot.

Vermutlich hatten die Planktonorganismen vor Gran Canaria nicht genug Zeit, um sich an die veränderten Bedingungen anzupassen. Eine kontinuierliche Versorgung mit Tiefenwasser wäre aber nur mit treibenden Pumpen realisierbar, inklusive all der Schwierigkeiten, die damit verbunden wären. Ob eine solche Umstellung überhaupt möglich ist und wie lange es dauern würde, bis die biologische Kohlenstoffpumpe durch künstlichen Auftrieb tatsächlich angekurbelt würde, ist nun Gegenstand weiterer Untersuchungen.

Angesichts vieler offener Fragen und des ungeheuren Ressourceneinsatzes, der erforderlich wäre, zweifelt die Fachwelt daran, dass es je in großem Maßstab zum Einsatz der Technologie des künstlichen Auftriebs kommen wird. Mit einer Ausnahme: Bei der Zucht von Großalgen scheint sie sich zu bewähren. Die heraufgepumpten Nährstoffe stimulieren ihr Wachstum und helfen so, viel CO_2 zu binden. Wir werden darauf zurückkommen.

Ozeandüngung

Die direkte Düngung des Ozeanwassers setzt auf denselben Effekt wie der künstliche ozeanische Auftrieb; allerdings wird das Wachstum des Phytoplanktons in diesem Fall nicht durch eine meereseigene Nährstoffquelle, das Tiefenwasser, sondern durch gezielte Zufuhr von außen stimuliert.[9] Als Dünger kommen Mikronährstoffe wie Eisen oder organische Substanzen infrage, die in großen Mengen von Schiffen aus ins Wasser gekippt und großflächig verteilt werden müssten.

Natürlicherweise gelangt Eisen durch Staubablagerungen, langsame Verwitterung von Küstengestein und Gletscherabflüsse ins Meer, wobei besonders Letztere sich in Aufzuchtexperimenten als wertvoll für das Algenwachstum erwiesen haben.[10]

Eine bedeutende Quelle sind aber auch Rieseneisberge mit einer Länge von mehr als 18 Kilometern. Erst in jüngerer Zeit haben Satellitenaufnahmen und Chlorophyllmessungen enthüllt, dass durch das antarktische Weddellmeer treibende Eisberggiganten eine aus dem All erkenn- und messbare Spur von Algen hinterlassen, die viele Kilometer lang und noch Wochen nach der Passage nachweisbar ist. Das Algenmaximum wird dabei erst 50 bis 200 Kilometer hinter dem Eisberg erreicht; ein gewisser Düngeeffekt ist aber noch 500, in seltenen Fällen sogar 1000 Kilometer dahinter festzustellen. Im Einflussbereich der Eisriesen ist auch der Kohlenstofftransport in Tiefen unter 600

Meter erkennbar erhöht. All das ist eine Folge des Nährstoff-, insbesondere des Eiseneintrags, der aus dem schmelzenden Eis erfolgt und das Wachstum der grünen Einzeller anregt.[11]

Dass das Algenwachstum im Südlichen Ozean und in anderen Gebieten durch Eisenmangel limitiert wird, konstatierte der kalifornische Ozeanograf John Martin bereits im Jahr 1990.[12] Man spricht von »HNLC-Regionen« (*high-nutrient, low-chlorophyll regions*). Nährstoffe sind in diesen Gewässern also ausreichend vorhanden; was fehlt, sind Spurenelemente wie Eisen, das für den Stoffwechsel der Algen wichtig ist.

Schnell gab es die ersten Vorschläge, dem Eisenmangel durch künstliche Düngung entgegenzuwirken und so, mithilfe der Algen und als Maßnahme gegen den Klimawandel, große Mengen Kohlenstoff aus der Atmosphäre in die Tiefsee zu verlagern.

Bald wurden aber auch die ersten Bedenken geäußert. Angesichts der geplanten Dimension dieser Ozeandüngung – einige Firmen wie die Ocean Nourishment Corporation oder KlimaFa hatten vor, große Mengen Eisen auszubringen und sich dafür, als Kompensation für Emissionen der Auftraggeber, bezahlen zu lassen[13] – fragten die Kritiker, wie sehr die Planktongemeinschaften durch solche Aktionen verändert würden, ob es zu giftigen Algenblüten kommen könne, zu tiefgreifenden Veränderungen der marinen Nahrungsnetze, ob der mikrobielle Abbau der Algenmassen auf ihrem Weg in die Tiefe riesige sauerstofffreie Zonen schaffen könne.

Trotz mehrerer kleinerer Ozeandüngungsprojekte wurden diese Fragen bis heute nicht abschließend beantwortet. Viele Forscher bezweifelten zudem, dass man die Ergebnisse der begrenzten Düngungsversuche auf eine Anwendung im großen Maßstab übertragen könne. »Die bisherigen Experimente zeigen, dass die biologischen und chemischen Reaktionen auf die Nährstoffdüngung unterschiedlich und schwer vorherzusagen sind«, fasst ein

Bericht renommierter meeresbiologischer Institute zusammen.[14] So führten zum Beispiel zwei im Abstand von einem Jahr im selben Meeresgebiet vorgenommene Eisendüngungen zu völlig verschiedenen Phytoplanktongemeinschaften und Biomassen.

Es zeigte sich aber, dass die angestrebte Verlagerung des Kohlenstoffs in die Tiefsee auf diese Weise wohl nicht in dem erhofften Ausmaß zu erreichen ist.

Das ergab auch das letzte dieser Experimente, ein deutsch-indisches Kooperationsprojekt des Alfred-Wegener-Instituts (AWI) in Bremerhaven und des National Institute of Oceanography (NIO) in Goa mit dem Namen *Lohafex*, dem schon im Vorfeld eine Welle internationaler Kritik entgegengeschlagen war. *Loha* ist das Hindiwort für »Eisen«, »FEX« steht für *fertilization experiment*. Von den Protesten aufgeschreckt, hatte das Bundesumweltministerium das für das Forschungsschiff *Polarstern* zuständige Ministerium für Bildung und Forschung aufgefordert, das Projekt unverzüglich zu stoppen, weil es Deutschlands Glaubwürdigkeit in Sachen Umweltschutz untergrabe. Diese Reaktion war insofern verständlich, als unter der Federführung Deutschlands gerade ein Moratorium für großflächige Ozeandüngungen auf den Weg gebracht worden war. Die ganze Aufregung entzündete sich an 6 Tonnen Eisen, die 200 Kilometer vor der Küste Südgeorgiens in einem Meeresstrudel auf ein Gebiet von 300 Quadratkilometer verteilt werden sollten.[15] Erst nachdem vier unabhängige Gutachten die Unbedenklichkeit des Experiments bescheinigt hatten, durfte es schließlich durchgeführt werden[16] – mit einem, wieder mal, überraschenden Ergebnis.

Tatsächlich verdoppelte sich die Algenbiomasse innerhalb von zwei Wochen nach der Eisengabe. Doch in die Tiefsee gelangten diese Algen nie oder nur in sehr kleinen Mengen. Anders als bei dem oben geschilderten Auftriebsexperiment waren keine hartschaligen Kieselalgen im Spiel, denn Kieselsäure ist diesem Meeresgebiet Mangelware. So fiel das örtliche Zooplankton über die Algen her, namentlich Unmengen an winzigen Ruderfußkrebschen, die praktisch nichts von den Algen übrig ließen, nur um dann selbst zur Beute garnelengroßer Flohkrebse zu werden. Das heiß umstrittene *Lohafex*-Projekt hinterließ also weder Eisen noch Algen noch sauerstofffreie Zonen oder Kohlenstoffmassen im Sediment, nur »wohlgenährte Flohkrebse«, wie es in der Pressemitteilung des AWI hieß.[17]

Üblicherweise wird die Ozeandüngung unter dem Oberbegriff des *Geoengineering* aufgeführt, da durch das Ausbringen großer Mengen Eisensulfat oder anderer Stoffe globale geochemische oder biogeochemische Kreisläufe betroffen wären, mit schwer zu kalkulierenden Folgen für die Organismenwelt der Ozeane. Sie fällt damit unter das bereits erwähnte, im Jahr 2010 von den 193 Vertragsstaaten der Biodiversitätskonvention (CBD) ausgesprochene Moratorium, das für alle *Geoengineering*-Aktivitäten gilt, »die die Biodiversität beeinträchtigen können«. Im Jahr 2016 wurde es verlängert. »Ausgenommen hiervon«, heißt es in der Entscheidung X/33 vom 29.10.2010, »sind kleinskalige Forschungsexperimente, welche (...) notwendig sind, um bestimmte wissenschaftliche Daten zu erhalten, und außerdem einer gründlichen vorherigen Prüfung möglicher Umweltrisiken unterzogen worden sind«.[18] Experimente wie *Lohafex* also. Eine Ozeandüngung im großen Stil ist bis auf Weiteres vom Tisch.

Ozean-Alkalinisierung

Wenn im Laufe vieler Jahrtausende während der Erdgeschichte hohe Kohlendioxidkonzentrationen der Atmosphäre allmählich wieder zurückgingen und kühlere Temperaturen Einzug hielten, war das vor allem das Ergebnis der CO_2 verbrauchenden Verwitterung von Gestein. Sie würde die Erde auch diesmal wieder abkühlen, bräuchte dafür aber viel zu lange. Könnte man diesen natürlichen Prozess beschleunigen, indem man die dem CO_2 ausgesetzte Gesteinsoberfläche massiv vergrößert?

Diese Idee liegt der Ozean-Alkalinisierung zugrunde. Kalk- oder Silikatgesteine, die als Säurebinder wirken, müssten dafür in großem Maßstab an Land abgebaut und zermahlen werden. Anschließend würde dieses Gesteinsmehl von Schiffen im Meer ausgebracht und großräumig verteilt werden. Damit, so die Überlegung, würde nicht nur CO_2 verbraucht, sondern auch der gefährlichen Ozeanversauerung entgegengewirkt. Weil sich beim Lösen von Kohlendioxid in Wasser Kohlensäure bildet, bewirken steigende CO_2-Konzentrationen ein langsames Sinken des pH-Wertes. Sinkende pH-Werte bereiten allen Lebewesen Probleme, die Kalkskelette aufbauen, zum Beispiel Korallen. US-amerikanischen Studien zufolge scheinen sie von einer Alkalinisierung tatsächlich zu profitieren.[19]

Die Alkalinitätserhöhung des Ozeanwassers (*ocean alkalinity enhancement*, OAE) ist kein biologischer Prozess und deshalb eigentlich nicht Thema dieses Buches. Da sie aber zu den wichtigsten ONET-Verfahren gehört und intensiv untersucht wird, soll sie hier kurz erwähnt werden. Außerdem herrscht große Unsicherheit darüber, wie sich diese Maßnahmen auf die marine Flora und Fauna auswirken würden.

Wenn die beschleunigte Verwitterung spürbare Effekte haben soll, müssen große Gesteinsmengen ausgebracht werden. Andreas Oschlies, Leiter der Forschungseinheit »Biogeochemische Modellierung« am GEOMAR in Kiel und CO-Leiter der Forschungsmission *CDRmare*, hat berechnet, dass man zweimal im Jahr das Matterhorn zermahlen und im Ozeanwasser verteilen müsste, um die globalen CO_2-Emissionen wieder aus der Atmosphäre zu entfernen.[20]

Es würde wahrscheinlich, wenn überhaupt, auf kleinere Berge hinauslaufen. Doch größere Mengen von Gesteinsmehl oder anderen künstlich hergestellten alkalinisierenden Substanzen würden die Ozeanchemie in jedem Fall massiv verändern und sich kaum auf ein bestimmtes Meeresgebiet begrenzen lassen. Erfolge und Auswirkungen würden daher auch nur schwer zu überwachen sein.

Deshalb ist Vorsicht geboten. Private Start-ups wie Planetary Technologies stehen schon in den Startlöchern. Das Unternehmen hat im Herbst 2023 in Nova Scotia, Kanada, zwei Monate lang täglich 5 Tonnen säurebindende Salze über Kraftwerksabwässer dem Meer zugeführt – ein Testlauf, der von der ozeanografischen Fakultät der dortigen Dalhousie University wissenschaftlich begleitet wird. Ähnliche Projekte in Cornwall, Großbritannien, und der Chesapeake Bay, Virginia, sind in Vorbereitung. Langfristig will Planetary Technologies auf diese Weise eine Milliarde Tonnen CO_2 im Ozean verschwinden lassen.[21]

Dabei stammt das meiste Wissen über Alkalinisierungen bisher aus Computersimulationen und kleineren Laborexperimenten; aussagekräftige Freilanduntersuchungen sind eher Mangelware.[22]

Im norwegischen Raunefjord kamen im Jahr 2022 zehn große Mesokosmen zum Einsatz, 20 Meter lange Schläuche von 2 Metern Durchmesser mit einem Fassungsvermögen von 65 000 Litern, die am Meerboden fixiert wurden und in denen unter natürlichen Bedingungen, aber abgeschirmt vom umgebenden Wasser, die Auswirkungen verschiedener Gesteinsmehlgaben untersucht werden konnten.[23]

In Experimenten vor Helgoland wurde Löschkalk (Calciumhydroxid) als alkalinisierendes Agens verwendet. Er bewirkte, dass die Algenblüte in den Mesokosmen um bis zu zwei Wochen verzögert wurde; für das tierische Plankton brach der Notstand aus. »Die hatten de facto zwei Wochen lang nichts zu essen«, sagte einer der beteiligten Wissenschaftler. In den Mesokosmen mit der höchsten Löschkalkgabe fand sich so gut wie gar kein Zooplankton mehr. Dosiert man den Löschkalk zu hoch, wird CO_2 produziert statt verbraucht.[24] Modellrechnungen des Max-Planck-Instituts für Meteorologie in Hamburg haben ergeben, dass Meeresgebiete nach Beendigung einer großflächigen Alkalinisierung zu verstärkter Versauerung und erhöhten Temperaturen neigen könnten, ein sogenannter Terminationseffekt. Das Pendel würde in die entgegengesetzte Richtung ausschlagen.[25] Man wird bei der Durchführung solcher Maßnahmen also auf kritische Schwellenwerte achten müssen.

Noch sind zu viele Fragen über die möglichen Folgen einer Ozean-Alkalinisierung unbeantwortet, und bisher gibt es auch keine Methode, mit der man solche Aktionen im offenen Ozean messtechnisch überwachen und begleiten könnte.[26] Außerdem ist zu berücksichtigen, dass Abbau, Verarbeitung und Transport großer Gesteinsmengen eine eigene Bergbauindustrie erforderlich machen würden, die ihrerseits viele Ressourcen und Energie verschlingen würde. Ob es jemals zu Ozean-Alkalinisierungen im großen Maßstab kommen wird, ist deshalb offen.

Wiesen im Meer

Kennen Sie die größte Pflanze der Welt? Wahrscheinlich denken Sie an Mammutbäume oder dergleichen, aber damit liegen Sie völlig falsch.

Die vermutlich größte Pflanze der Welt wächst in der Shark Bay vor der Küste Westaustraliens auf dem Meeresboden und wurde dort erst 2022 durch Zufall entdeckt.[27] Sie ist mindestens 180 Kilometer lang, bedeckt eine Fläche von 200 Quadratkilometern und dürfte mehrere Tausend Jahre alt sein. Es handelt sich um *Posidonia australis*, ein Seegras.

Blickte man als Schnorchler oder Taucher über die ausgedehnten Seegraswiesen der Shark Bay, käme einem vermutlich niemals in den Sinn, dass es sich dabei um eine einzige Pflanze handeln könnte. Davon gingen auch die australischen Forscherinnen und Forscher nicht aus, als sie die Bucht, die als Schutzgebiet ausgewiesen werden sollte, näher in Augenschein nahmen.

»Wir werden oft gefragt, wie viele verschiedene Pflanzen in einer Seegraswiese wachsen, und dieses Mal verwendeten wir genetische Methoden, um das zu beantworten«, erzählt die Evolutionsbiologin Elizabeth Sinclair von der University of Western Australia, die die Untersuchungen leitete. Das Seegras bildet in der von mehreren Inseln und Halbinseln umrahmten Shark Bay keine zusammenhängende Fläche, sondern viele große und kleine Unterwasserwiesen, die miteinander verbunden sind. Sinclairs Mitarbeiter entnahmen an verschiedenen Stellen Pflanzenproben und kamen dann nach den Laboranalysen zu einem Ergebnis, das niemand erwartet hatte. »Das hat uns einfach umgehauen«, sagt Jane Edgeloe, die Erstautorin der Studie. »Da gab es nur eine. Eine einzige Pflanze hat sich in der Shark Bay über 180 Kilometer ausgebreitet; damit ist sie die größte bekannte Pflanze der Welt.«[28]

Die Forscherinnen und Forscher interessiert nun besonders, wie diese eine Pflanze es schafft, die unterschiedlichen und stellenweise extremen Helligkeits-, Salinitäts- und Temperaturverhältnisse in der australischen Meeresbucht auszuhalten. Dahinter stecken letztlich zwei Fragen: Wie kann der weltweit zu beobachtende Rückgang der Seegraswiesen gestoppt und was kann getan werden, um verloren gegangene Seegraswiesen wiederherzustellen und fit für eine wärmere Zukunft zu machen? Denn Seegraswiesen sind ein *Blue-Carbon*-Ökosystem. Obwohl sie weltweit nur etwa 0,1 bis 0,2 Prozent des Meeresbodens bedecken, gehen 2 bis 5 Prozent der ozeanischen Kohlenstoffbindung allein auf ihr Konto.[29] Eine produktive, intakte Seegraswiese kann pro Hektar und Jahr etwa 1 Tonne Kohlendioxid speichern.[30] Abgesehen von ihrer Bedeutung für den Küstenschutz und die Ökologie der Küstenmeere lagern Seegräser damit 30- bis 50-mal mehr Kohlenstoff in den Untergrund ein als terrestrische Wälder auf gleicher Fläche.[31]

Seegräser sind ganz besondere Gewächse: die einzigen Blütenpflanzen, die im Meer gedeihen, verwandt mit Wiesengräsern und Lilien. Ähnlich wie Wale, die von Landsäugetieren abstammen, haben auch die Vorfahren der Seegräser den Weg vom Land zurück ins Meer gefunden. Dies geschah im Zeitalter der Dinosaurier mehrfach und in unterschiedlichen Verwandtschaftskreisen. Herausgekommen ist dabei aber immer mehr oder weniger das Gleiche – ein Lehrbuchbeispiel für Konvergenz. Im Meer, in dem sich alle Lebewesen mit Strömungen, Brandung und Gezeiten arrangieren müssen, ist für im Boden verwurzelte Pflanzen ein grasähnliches Aussehen mit langen, biegsamen Blättern offenbar die vorteilhafteste Gestalt. Jede starre Struktur würde von Stürmen und Wellen kurz und klein geschlagen.

Als echte Meeresbewohner blühen Seegräser auch unter Wasser. Ihre Blüten sind allerdings stark reduziert: Sie besitzen weder grüne Kelch- noch bunte Blütenblätter, nur einen zweizipfeligen Stempel, der wie ein winziges Victory-Zeichen ins Wasser ragt und von fadenförmigem Pollen befruchtet wird; dieser wickelt sich dabei um die Narbe, ähnlich wie die bei Eskimos oder in der Mongolei als Wurfwaffe verwendete Bola.[32] Nach der Blüte stirbt die Pflanze ab, und die millimetergroßen Samen werden vom Wasser, zum Teil auch durch Fische verteilt.

Riesenexemplare, wie die Rekordpflanze in der australischen Shark Bay, entstehen allerdings nicht durch geschlechtliche Fortpflanzung, sondern durch Wurzelausläufer (Rhizome), von denen dann in gewissen Abständen wieder Blätter nach oben ans Licht wachsen. Was im Ergebnis wie viele einzelne Pflanzen aussieht, ist unterirdisch verbunden und Teil eines Ganzen, eines Klons, der, wenn er nicht gestört wird, über Tausende von Jahren unaufhörlich weiterwächst. Erst seit Kurzem weiß man, dass manche Seegräser auch ungeschlechtlich klonale Minipflanzen abschnüren können. Die Rede ist von »Pseudolebendgeburten«. Das könnte erklären, warum diese Klone so schnell wachsen.[33]

Im Mittelmeer gibt es große Klonwiesen des Neptun-Seegrases (*Posidonia*), die zur Zeit der ägyptischen Pharaonen auskeimten. Die Kohlenstoffspeicher der Seegraswiesen in der Portlligat-Bucht an der spanischen Costa Brava sind mehr als 6000 Jahre alt, und sogar in der Ostsee wurde kürzlich vor der finnischen Insel Ängsö eine klonale Seegraswiese entdeckt, die seit mehr als 1400 Jahren gedeiht.[34]

Man kennt heute gut 60 Seegrasarten aus vier Pflanzenfamilien, die mit Ausnahme der Antarktis alle Küsten besiedeln und dort ausgedehnte wiesenartige Ökosysteme bilden. Mithilfe von kamerabewehrten Tigerhaien, die vor der Küste der Bahamas jagen, fand man heraus, dass dort die weltweit größten Seegraswiesen liegen. Ihre Ausdehnung entspricht der 75-fachen Fläche Berlins. Die weltweit von Meereswiesen eingenommene Fläche wird auf 160 000 bis 270 000 Quadratkilometer geschätzt, wäre damit also gut halb so groß wie Deutschland.[35] Die Dunkelziffer bisher unbekannter Seegrasvorkommen ist vermutlich groß.

Die meisten Seegrasarten findet man in den Tropen; in der Nord- und Ostsee dominiert das auf der gesamten Nordhalbkugel verbreitete Gewöhnliche Seegras *Zostera marina* mit seinen bis zu 2 Meter langen Blättern.

Besonders beliebt sind Seegräser bei den Menschen nicht – ein Schicksal, das sie mit den großen Algen teilen, da müssen wir uns nichts vormachen. Vielleicht ist das ein Grund dafür, warum sie lange Zeit außerhalb der Fachkreise eher wenig Beachtung fanden. Menschen mögen es nicht, wenn sie durch dichte Unterwasservegetation waten müssen, um ins freie Wasser zu kommen, wenn lange Blätter beim Schwimmen an ihren Körpern entlangfingern. Noch weniger schätzen sie es, wenn sich an Stränden große Blätterhaufen auftürmen, in denen so allerhand Kleingetier herumkrabbelt. Immerhin – anders als Algen stinkt angespültes Seegras nicht.

Das schlechte Image scheint sich langsam zu verbessern, auch wenn Befragungen unter deutschen Küstenbewohnern durch Geografen der Universität Hamburg ergaben, dass sich die alten Vorbehalte gegen allzu viel lästiges Meeresgestrüpp mangels Wissen über die Bedeutung der *Blue-Carbon*-Ökosysteme hartnäckig halten.[36]

Dank eines gestiegenen Medieninteresses, dank zahlreicher Naturfilme, die Seegraswiesen und die in ihnen lebende Tierwelt zeigen, hat sich mittlerweile aber auch herumgesprochen, dass diese Lebensräume nicht nur Schwimmer und Strandbesucher belästigen, sondern auch eine Vielzahl von Organismen beherbergen und als Kinderstube für zahlreiche Fischarten fungieren, darunter beliebte Speisefische wie Hering und Dorsch. In einer Seegraswiese vor der schottischen Westküste wurden bis zu 50 Fischarten nachgewiesen.[37] Seegräser schützen die Küsten vor der Einwirkung der Wellen, filtern Schwebstoffe aus dem Wasser, die sich zwischen ihren Halmen und Wurzeln ablagern, und wachsen dadurch langsam in die Höhe. Ihr Wurzelwerk verhindert den Abtransport des sandigen Bodens. Ähnlich wie in Mooren werden die Wurzeln wegen des Mangels an Sauerstoff nicht zersetzt, sondern bleiben erhalten. Ihr dichtes Geflecht kann mehrere Meter Dicke erreichen und bildet so zusammen mit den eingelagerten Schwebstoffen einen dauerhaften Kohlenstoffspeicher.

Auch hier gilt also, was wir schon für Wälder und Moore festgestellt haben: Eine Wiederansiedlung von Seegraswiesen hilft durch die Kohlenstoffbindung gegen den Klimawandel und ist gleichzeitig ein kaum zu bemessender Gewinn für den Erhalt der Artenvielfalt, der wiederum auch den von den Küstenmeeren lebenden Menschen zugutekommt. Und es gibt noch eine weitere entscheidende Gemeinsamkeit, die genauso für die anderen *Blue-Carbon*-Ökosysteme gilt: An oberster Stelle muss die Konservierung der noch existierenden intakten Strukturen und Lebensräume stehen, sonst machen all die Restaurierungsanstrengungen keinen Sinn. Ge- oder zerstörte *Blue-Carbon*-Ökosysteme werden durch die Zersetzung der über lange Zeit im Boden angehäuften Kohlenstoffspeicher wie trockengelegte Moore zur Quelle von Treibhausgasemissionen.

Da sie für ihre Photosynthese Licht benötigen, gedeihen Seegräser bevorzugt in klarem, eher ruhigem Wasser und flachen Küstenbereichen. Sie reduzieren die Wasserbewegung in Bodennähe erheblich, sind selbst aber durch Stürme gefährdet. So hat ein heftiger Oktobersturm des Jahres 2023 sichtbare Schneisen in die Seegraswiesen der Kieler Förde gerissen.[38]

Küsteningenieure winken ab, wenn Ökologen die Bedeutung der Seegraswiesen für den Küstenschutz hervorheben, aber Thorsten Reusch, der in Kiel am GEOMAR Helmholtz-Zentrum für Ozeanforschung den Bereich »Marine Evolutionsökologie« leitet, sieht das anders. »Es gab in den Dreißigerjahren des zwanzigsten Jahrhunderts die sogenannte *Wasting Disease*«, erzählt er,[39] »nach wie vor eines der großen ungelösten Rätsel der marinen Epidemiologie. Damals sind bis auf ein paar Reste alle Seegrasbestände im Nordatlantik abgestorben. Auch rund um Fünen in Dänemark gab es kein Seegras mehr, und daraufhin hat man dort in der Folge, das ist historisch belegt, massivste Sandumlagerungen festgestellt. Alle Hafenzufahrten sind zugesandet. Das ist für mich das beste natürliche Experiment, das zeigt, was passieren würde, wenn wir keine Seegraswiesen mehr hätten.« Die atlantischen Bestände scheinen nach diesem Zusammenbruch tolerant zu sein. Der Erreger, *Labyrinthula zosterae*, ein seltsamer Protist – weder Pilz noch Tier noch Pflanze –, ist heute noch allgegenwärtig, richtet aber keine Schäden mehr an. Nur vor pazifischen Küsten kommt es noch zu gelegentlichen Ausbrüchen.

Die größte Gefahr drohte den Seegräsern in den vergangenen Jahrzehnten allerdings nicht durch Stürme oder Parasiten, sondern durch die Düngemittel der Menschen. Der massive Nährstoffeintrag, der über Bäche und Flüsse im Meer landet und dort zu verstärktem Algenwachstum führt, trübt das Wasser, sodass die Pflanzen nicht mehr genug Licht erhalten und sterben. Dazu kommt die zunehmende Bedrohung durch marine Hitzewellen. Das bei uns dominierende Seegras *Zostera marina* stirbt bei Wassertemperaturen über 27 °C ab, schon bei 25 oder 26 °C wird es kritisch.

Kein Wunder also, dass die Ostsee in den letzten hundert Jahren mehr als die Hälfte ihrer Seegraswiesen verloren hat; weltweit verschwand knapp ein Drittel, und der Abwärtstrend hält an. Auch die Kieler Innenförde, die das GEOMAR-Team um Thorsten Reusch seit Jahren genau beobachtet, hatte in den 1990er-Jahren ihre gesamten Seegrasbestände verloren.[40]

Glücklicherweise haben sich die Verhältnisse in den letzten Jahren verbessert. Der Nährstoffeintrag in die Förde ist zurückgegangen, die Sicht besser geworden, und das Seegras ist wieder da, wenn auch längst noch nicht in der Ausdehnung wie früher. Wegen der besseren Lichtverhältnisse dringt es sogar in tieferes Wasser vor. Der Aufwärtstrend ist seit den 2000er-Jahren in ganz Europa zu beobachten und betrifft vor allem die Arten der Gattung *Zostera*. Die Zeiten der größten Verluste an Seegraswiesen, die in den 1970er- und 1980er-Jahren ihren Höhepunkt erreichten und besonders die Ostsee betrafen, scheinen vorerst überwunden zu sein.[41]

Es gibt also durchaus Grund zur Freude, aber Thorsten Reusch und seinem Team sowie vielen Kolleginnen und Kollegen in aller Welt reicht das nicht. Die über Jahrzehnte erlittenen Verluste sind durch die Trendumkehr noch bei Weitem nicht ausgeglichen, und vor vielen Küsten gehen sie weiter.[42] Allein auf eine natürliche Ausbreitung zu setzen, würde viel zu lange dauern. Angesichts der ökologischen Bedeutung und des großen Potenzials der Meereswiesen als Kohlenstoffspeicher suchen Meeresbiologen nach Möglichkeiten, das Seegras per Hand anzupflanzen.

In der deutschen Ostsee bedeckt es momentan knapp 300 Quadratkilometer und speichert etwa 10 Megatonnen CO_2.[43] Aber es könnte viel mehr sein. Wenn die Nährstoffbelastung gering bleibt, könnten sich Seegraswiesen Computeranalysen zufolge bis 2050 um 60 Quadratkilometer ausdehnen.[44] Thorsten Reusch und sein Team wollen dabei etwas nachhelfen.

In anderen Ländern hat man schon früher damit begonnen, Seegraswiesen anzupflanzen. »Wir sind Nachzügler«, sagt er. »Die Hotspots der Renaturierung von Seegraswiesen liegen in Australien, den USA und im Mittelmeer.«

Das Pflanzen ist allerdings ein mühsames Geschäft. Eine langjährige Mitarbeiterin von Reusch, die kanadische Meeresbiologin Angela Stevenson, hat ausgerechnet, welchen Aufwand es bedeuten würde, wollte man das an der deutschen Ostseeküste verlorene Seegras wieder ansiedeln: Eine halbe Million Taucher und Taucherinnen müssten fast ein Jahr lang zwölf Stunden am Tag einen Setzling nach dem anderen einpflanzen.[45]

Seit die Anstrengungen der GEOMAR-Forscher Gegenstand verschiedener Presseberichte waren, erhält die Gruppe viele Anfragen von Hobbytauchern, die gern mithelfen würden, von der halben Million ist man aber noch ein gutes Stück entfernt. Immerhin wurde 2023 ein erster Kurs für angehende Seegras-Pflanzerinnen und -Pflanzer durchgeführt, 2024 sollen zwei, drei weitere folgen. Die Bürger-Taucher sind hochwillkommen. 2025 könnte ihr Einsatz beginnen.

»Was ist an dem Einzelpflanzentransfer so schwierig?«, frage ich Jana Willim, die bei Thorsten Reusch über die Renaturierung von Seegraswiesen promoviert.

»Es ist einfach Handarbeit«, sagt sie. »Du musst eigentlich jede Pflanze einzeln ernten und beim Ausgraben total vorsichtig sein, dass du möglichst viel von der unterirdischen Biomasse mitnimmst, möglichst viel Rhizom. Dann muss man die Pflanzen, am besten auf einem Boot, bündeln und ordnen, damit dann die Taucher später jede einzelne wieder einsetzen können. Wie im Garten auch: kleines Loch machen, Pflanze rein, vorsichtig zumachen, bisschen rausziehen. Das dauert.«

»Aber es funktioniert sehr gut«, ergänzt ihr Doktorvater. »Wir teilen die skeptischen Aussagen mancher Forscher nicht. Wahrscheinlich wurde da bei der Standortauswahl unsauber gearbeitet.«

Allerdings: Ideal ist diese Strategie nicht. Pflanzen, die in den Meeresboden gesteckt werden, um ein neues Seegrasvorkommen zu begründen, müssen, wie oben geschildert, an anderer Stelle entnommen werden. Und der Umgang mit den Pflanzen ist nicht ganz einfach. Sie dürfen nicht austrocknen. Ihre langen

Blätter sind hinsichtlich Zug und Flexibilität optimiert, aber empfindlich gegenüber anderen Arten der Belastung. Geht man zu grob mit ihnen um, knicken sie und gehen zugrunde.

Viel effektiver, als sie an einer Stelle per Hand aus- und an anderer wieder einzugraben, wäre es, die Pflanzen auszusäen. Darauf richtet sich jetzt der Fokus, auch in Deutschlands Nachbarländern Dänemark und Holland. Einige der Probleme, die sich dabei stellen, sind uns schon im Zusammenhang mit den Forstsamendarren begegnet. Die Blühsprosse müssen von Hand an den Pflanzen geerntet werden, bevor die Samen freigesetzt und vom Wasser davongetragen werden.

»Das ist wie Blumenpflücken an Land«, beschrieb Angela Stevenson das Sammeln der Seegrassamen.[46] Doch selbst einer größeren Gruppe von Schnorchlern gelingt es kaum, mehr als 100 000 Samen zusammenzubekommen. Das Samensammeln ist der *bottleneck*. Und auch danach hat man noch lange kein hochwertiges Saatgut. Außerdem: Wie soll man die Samen ausbringen? Welche Bedingungen müssen erfüllt sein, damit sie in möglichst großer Zahl keimen? Anders als bei unzähligen kultivierten Landpflanzen gibt es für die Ansaat von Seegras keinen über Jahrhunderte oder Jahrtausende gewonnenen Erfahrungsschatz, auf dem man aufbauen kann.

»Wir müssen ganz klein anfangen«, sagt Thorsten Reusch. »Es gibt ganz grundsätzliche Sachen der Keimlingsbiologie, die wir noch nicht kennen. Darum hat sich noch nie jemand gekümmert.«[47]

Es sind viele kleine Fragen, die das Kieler Team beschäftigen. Wie tief müssen die Samen in den Boden versenkt werden? Unter Wasser benutzen sie dafür eine Spritze, die in den Sand gesteckt wird. Wie viel Sand muss darüber verteilt werden? Wann muss gesät werden? Wie muss das Saatgut behandelt werden? Brauchen die Keimlinge zusätzliche Nährstoffe oder bestimmte

Mikroben? An all diesen Fragen wird geforscht. Und für derartige Forschung braucht man viele Samen, die nach dem Pflücken ja noch in den Blühsprossen stecken. Ob für die Versuche hier im Labor oder die Aussaat draußen in der Förde, die Aufbereitung und die Aufbewahrung sind das A und O, wie bei den Baumsamen.

Jana Willim schildert die Mühsal des wissenschaftlichen Tagesgeschäfts: »Wir lassen die gesammelten Pflanzensprosse verrotten, die Samen fallen dann ab. Nachher, wenn alle Samen raus sind, muss man das sortieren, auswaschen und das ganze tote Material entfernen. Aber unten im Bodensatz der Wanne hat man dann ja auch nicht nur Samen, sondern noch alles Mögliche, Steinchen und kleine Muscheln. Die sind eigentlich das Schlimmste, weil sie von der Größe her ähnlich aussehen wie die Seegrassamen, und wenn die anfangen zu gammeln, kippt das Ganze um. Da suchen wir noch nach einer guten Methode; letzten Herbst war es ein bisschen wie Goldwaschen. Anstrengende Handarbeit.«

Aber die Anstrengung scheint sich zu lohnen. »Wir haben Keimungsraten von bis zu vierzig Prozent«, sagt Thorsten Reusch zufrieden. »Das ist viel höher als alles, was bisher in der Literatur stand.«

Wenig später stehen wir in einem Kulturraum vor großen Aquarien, in denen junge, hellgrüne Seegräser in zahlreichen schokoladentafelgroßen Gefäßen heranwachsen. Sie sehen aus wie Miniaturäcker mit auflaufenden Getreidepflanzen. Hier wird getestet, wie tief die Samen in den Boden gebracht werden müssen. »In ein paar Monaten wissen wir mehr«, sagt Reusch, aber das betrifft nur eine der vielen Fragen. »Wir hoffen, dass wir in fünf oder sechs Jahren so weit sind, dass wir das Seegras hektarweise aussäen können.«[48] Vorzugsweise übernehmen das dann keine Taucher mehr, sondern Unterwasserroboter, kleine Drohnen.

Jana Willim und Thorsten Reusch beschäftigt noch ein weiteres Projekt. Sie testen Pflanzen, die an besonders warmen Standorten der Ostsee gewonnen wurden. Besitzen die dort wachsenden *Zostera-marina*-Seegräser vielleicht eine größere Wärmetoleranz? Wenn man sich schon in jahrelanger Arbeit die Mühe macht, neue Seegraswiesen zu etablieren, dann sollten diese möglichst die marinen Hitzewellen der Zukunft überleben können, die gerade auch in der Ostsee drohen. Bei den einheimischen Pflanzen, die bisher daraufhin untersucht wurden, sieht es allerdings eher nicht danach aus, als verfügten sie über eine größere Widerstandskraft. Aber *Zostera marina* wächst auch im Mittelmeer, und nächste Woche reist eine GEOMAR-Delegation nach Italien, um mediterranes Seegras nach Kiel zu holen. Darauf sind die Forscherinnen und Forscher sehr gespannt.

Weitere *Blue-Carbon*-Ökosysteme

Neben den Seegraswiesen werden auch Tangwälder, Mangroven und Salzwiesen zu den *Blue-Carbon*-Ökosystemen gerechnet. Sie sollen im Folgenden kurz charakterisiert werden.[49]

Kelp- oder Tangwälder werden von großen bis sehr großen Algen, insbesondere Braunalgen, im Flachwasserbereich felsiger Küsten gebildet (Laminariales mit den Gattungen *Laminaria* und *Macrocystis*). Sie sind mit einer globalen Ausdehnung von circa 1 500 000 Quadratkilometern, etwa dem Vierfachen der Fläche der Bundesrepublik Deutschland, das mit Abstand größte der *Blue-Carbon*-Ökosysteme. Tange bevorzugen kühleres Wasser, deshalb fehlen sie in den Tropen, sind aber nördlich und südlich davon weitverbreitet. Da es an deutschen Küsten kaum Felsuntergrund gibt, existieren hierzulande nur kleine Vorkommen vor Helgoland und Rügen.

Der Riesentang (*Macrocystis pyrifera*) wird bis zu 60 Meter lang, kann sich also mit Bäumen durchaus messen. Im Meer ist er damit das größte festsitzende Lebewesen. Sein Körper (man spricht von »Thallus«) besteht aus einem Haftorgan, dem Stiel und blattähnlichen, bis zu 80 Zentimeter messenden Phylloiden, in denen die Photosynthese stattfindet. Luftgefüllte Blasen halten den Tang im Wasser aufrecht. Damit entsteht eine den Landwäldern ähnliche vertikale Zonierung in einen Kronenbereich und den darunter im Zwielicht liegenden Bereich der Stängel. Die Tangwälder sind Lebensraum einer großen Vielfalt an Meereslebewesen, darunter zahlreiche Fischarten, die sich vor allem im mittleren Bereich der Stängel tummeln.

Tangwälder sind das einzige *Blue-Carbon*-Ökosystem, das keinen unterirdischen Kohlenstoffspeicher aufbaut, da die Algen keine Wurzeln besitzen, sondern sich mit einem krallenähnlichen Organ an Felsen heften. Seriöse Berechnungen, wie viel Kohlenstoff diese schnell wachsenden Pflanzen binden, gibt es nicht. Sie brechen relativ leicht ab, verdriften und können dann in große Tiefen absinken, wo sie dem Stoffkreislauf für lange Zeit entzogen sind. Schätzungen gehen davon aus, dass auf diese Weise jährlich etwa 170 Millionen Tonnen Kohlenstoff eingelagert werden.

Algen sind keine Verwandtschaftsgruppe innerhalb der Pflanzen. Es ist eine Sammelbezeichnung für viele unterschiedliche, zumeist wasserlebende Pflanzen, die Photosynthese betreiben und nicht, wie die Seegräser, zu den Samenpflanzen gehören. Auch die oft gebrauchte Bezeichnung »Makroalgen« ist recht unspezifisch. Sie meint nicht nur die Tangwälder bildenden Riesen unter diesen Pflanzen, sondern im Grunde alle vielzelligen Algen, die man mit bloßem Auge sehen kann – im Gegensatz zu den nur im Mikroskop erkennbaren grünen Einzellern, die das Phytoplankton, aber auch Matten und Überzüge bilden können. Wir werden sehen, dass in unserem Zusammenhang Algen aller Größen von Interesse sein können, auch wenn sie als dominante Pflanzen keine eigenen Ökosysteme aufbauen.

Salzwiesen oder **Salzmarschen** (ca. 55 000 km²) wachsen in den natürlichen flachen Übergangszonen zwischen Land und Meer in Gebieten mit größeren Unterschieden zwischen Ebbe und Flut. Man findet sie vor allem in den Gezeitenzonen an der Küste Australiens, der Pazifikküste Chinas sowie an den Küsten Nordamerikas und Europas. Durch die zum Teil dichte Besiedelung dieser Küsten sind bis zu 60 Prozent der Salzwiesen durch Deiche und andere Baumaßnahmen zerstört oder in landwirtschaftliche Nutzung überführt worden.

Jährlich lagern sie pro Hektar bis zu 17 Tonnen Kohlenstoff ein. Insgesamt wird die in Salzwiesen gespeicherte Kohlenstoffmenge weltweit auf etwa 1,35 Milliarden Tonnen geschätzt.

In den Tropen wird die flache Gezeitenzone nicht von Salzwiesen, sondern von **Mangrovenwäldern** eingenommen (knapp 150 000 km²), die für den Küstenschutz von immenser Bedeutung sind. Ein Mangrovengürtel von 100 Metern Breite reduziert die Wellenhöhe um zwei Drittel, er kann sogar Sturmfluten und Tsunamis bändigen.[50]

Mangroven bieten Lebensraum für eine große Anzahl von Land- und Meeresorganismen, vom Kleinkrebs über Schildkröten und Haie bis zum Tiger, und sind Laichgrund und Kinderstube zahlreicher Fisch- und Krebsarten. Schätzungen zufolge sind mehr als 3000 Fischarten auf Mangroven angewiesen, das sind fast 10 Prozent des gesamten weltweiten Artenbestands.[51] Und den Menschen geht es nicht anders. Laut WWF hängen allein in Kenia 800 000 Küstenfischer von intakten Mangroven ab,[52] global sind es viele Millionen.

»Die Mangrove« oder »den Mangrovenbaum« gibt es nicht. Hinter dem Begriff verbirgt sich eine äußerst komplexe und vielfältige Lebensgemeinschaft, die nicht nur von einer, sondern von etwa 70 unterschiedlichen salztoleranten Baum- und Straucharten aus verschiedenen Pflanzenfamilien gebildet wird. Dabei unterscheidet man zwischen den Westmangroven in Amerika und Westafrika und den wesentlich artenreicheren Ostmangroven in Ostafrika, Indien und Südostasien. Die hinsichtlich ihrer Diversität und der von ihnen eingenommenen Fläche bedeutendsten Gezeitenwälder gibt es in Asien, vor allem in Indonesien, wo fast ein Viertel aller Mangrovenwälder der Welt zu finden ist.[53] Charakteristisch sind die Stelzenwurzeln und die zahlreichen aus dem schlammigen, fast sauerstofffreien Untergrund ragenden Luftwurzeln. Zwischen diesen Wurzeln setzen sich Schwebstoffe und Sediment ab, sodass die Bodenoberfläche und der gesamte Wald mit der Zeit immer weiter in die Höhe wachsen – eine Eigenschaft, die Mangroven bei steigendem Meeresspiegel für den Küstenschutz besonders wertvoll macht.

Mangroven zählen neben Regenwäldern und Korallenriffen zu den produktivsten Lebensräumen der Erde. Die Zahlen zur Kohlenstoffspeicherung fallen denn auch imposant aus: Allein im obersten Meter des Bodens sollen Mangroven bis zu 8,4 Gigatonnen Kohlenstoff deponiert haben, die Wurzeln reichen aber wesentlich tiefer.[54] Dazu kommen bis zu 3,9 Gigatonnen in der lebenden Biomasse.[55] Um auf die große Bedeutung der Mangroven aufmerksam zu machen, hat die UNESCO den 26. Juli zum »Internationalen Tag zum Schutz des Ökosystems Mangrove« erklärt.

Alle *Blue-Carbon*-Ökosysteme liegen an der Meeresküste oder küstennah. Da dort besonders viele Menschen leben, ist ihre Fläche in den letzten 100 Jahren um etwa die Hälfte geschrumpft. Sie sind damit auch als Kohlenstoffsenken verloren gegangen, verbunden mit verheerenden Auswirkungen auf die biologische

Vielfalt. Die Gründe dafür sieht der *World Ocean Review* 8 in »Küstenentwicklung und -verbau, Land- und Aquakulturwirtschaft, Meeresverschmutzung, Überfischung und anderweitiger intensiver Nutzung«.[56] Schon jetzt zeigt zudem der Klimawandel Wirkung. Weil sie in den Gezeitenzonen der Küsten liegen, werden extreme Stürme und der Anstieg des Meeresspiegels in Zukunft gerade Salzwiesen und Mangrovenwälder besonders hart treffen.

Auf der anderen Seite ist auch das Renaturierungspotenzial groß. Die dafür zur Verfügung stehende Fläche wird auf 0,2 bis 3,2 Millionen Hektar für Salzwiesen und sogar 9 bis 13 Millionen Hektar für Mangroven eingeschätzt.[57]

Diese Zahlen sind allerdings umstritten. Die Schere zwischen optimistischen und pessimistischen Schätzungen klafft weit auseinander. Wie bei den Aufforstungen an Land (Kap. 3) herrscht Unklarheit darüber, welche der Flächen, auf denen potenziell Mangroven wachsen könnten, tatsächlich restaurierbar sind und welche zum Beispiel durch Bebauung derart verändert oder zerstört wurden, dass Neuanpflanzungen unmöglich geworden sind. An vielen Stellen wurden Deiche errichtet oder Aquakulturteiche angelegt, die zurückgebaut werden müssten. Andere Flächen werden heute von Kleinbauern genutzt; sie würden durch eine Renaturierung ihre Lebensgrundlage verlieren. Solche Maßnahmen können jedoch nur erfolgreich sein, wenn sie mit Zustimmung und Unterstützung der dort ansässigen Bevölkerung durchgeführt werden.

Wegen ihres – verglichen mit den Wäldern an Land – geringen globalen Flächenanteils ist auch die von den *Blue-Carbon*-Ökosystemen gebundene Kohlenstoffmenge in absoluten Zahlen vergleichsweise gering. Bezogen auf die Fläche sind sie aber die mit großem Abstand effektivsten Kohlenstofffixierer. Zum Vergleich: Pro Quadratmeter und Jahr bindet tropischer Regenwald etwa 40 Gramm Kohlenstoff, Mangroven schaffen 168 und Salzwiesen sogar 242 Gramm, also das Vier- bis Sechsfache. Um die Klimaziele des Pariser Abkommens zu erreichen, kann es deshalb für Länder mit einem hohen Flächenanteil an Mangroven sinnvoll sein, dieses *Blue-Carbon*-Ökosystem zu erhalten und, wenn möglich, durch Renaturierung entwaldeter Flächen wieder zu vergrößern. In Ländern wie Nigeria, Kolumbien und Kuba glichen Mangroven im Jahr 2018 bereits mehr als 1 Prozent der Emissionen aus der Verbrennung fossiler Energieträger aus, in Kenia waren es 3 Prozent, in Kamerun, Mosambik und Papua-Neuguinea noch deutlich mehr. Andere ehemals mangrovenreiche Länder lagen darunter, besitzen aber große Flächen, die potenziell renaturiert werden könnten. Ein mittel- und langfristig verbesserter Küstenschutz und positive Auswirkungen auf die biologische Vielfalt kämen als zusätzlicher Gewinn noch dazu.[58]

Allerdings ist Mangrovenwald nicht gleich Mangrovenwald und Salzwiese nicht gleich Salzwiese. Es gibt extreme standortbedingte Unterschiede in Bezug auf die Menge an Kohlenstoff, die diese *Blue-Carbon*-Ökosysteme tatsächlich binden und einlagern. Manche besonders produktive Salzwiesen können bis zu 600-mal mehr Kohlenstoff binden als andere. Wenn man also einigermaßen sicher sein will, dass die aufwendigen Restaurierungsmaßnahmen sich tatsächlich lohnen und den erhofften Effekt bringen, sind umfangreiche Voruntersuchungen erforderlich, die mit dem aktuellen Kenntnisstand hinsichtlich dieser Ökosysteme abgeglichen werden müssen. Der stützt sich aber auf Analysen an bisher nur wenigen ausgewählten Standorten. Die Wissenslücken sind groß.[59]

Auch nach einer Renaturierung müssen die Flächen intensiv beobachtet werden, um gegebenenfalls korrigierend eingreifen zu können. Ein Monitoring ist unerlässlich. Bis neu gepflanzter Mangrovenwald oder renaturierte Salzwiesen aber die gleiche Menge Kohlenstoff binden wie bestehende unzerstörte Flächen, können zwanzig Jahre vergehen. Eine seriöse Einschätzung des Erfolgs oder Misserfolgs einer Maßnahme ist also erst nach vielen Jahren möglich und sinnvoll.[60]

Es gilt, was Hans Joosten auch für die Moore feststellte: Wir können nicht warten, bis alle Fragen bis ins letzte Detail geklärt sind. Die Zeit drängt. Probleme werden am besten dann gelöst, wenn sie sich auf dem eingeschlagenen Weg stellen. Sorgfalt bei der Auswahl geeigneter Flächen ist entscheidend, dann aber muss losgelegt werden.

Und das geschieht. An vielen Orten der Welt sind Renaturierungsarbeiten in Vorbereitung oder werden bereits durchgeführt, oft unter Beteiligung von nationalen oder international tätigen Umweltorganisationen. Sie beweisen, dass eine Wiederherstellung zerstörter *Blue-Carbon*-Ökosysteme möglich ist. Der Naturschutzbund Deutschland (NABU) ist beispielsweise mit jeweils einheimischen Partnerorganisationen an drei Projekten beteiligt, bei denen es auch um den Schutz und die Wiederansiedlung von Mangrovenwäldern sowie die Sensibilisierung der lokalen Bevölkerung geht: auf Madagaskar, in der Elfenbeinküste und auf Sulawesi in Indonesien.[61] Auch der World Wide Fund For Nature (WWF) ist stark engagiert.

Darüber hinaus sind viele kleine lokale Gruppen aktiv, zum Beispiel die vom WWF unterstützten dreißig Frauen der »Mtangawanda Mangroves Restoration«-Initiative auf der kenianischen Insel Lamu. Zusammen mit anderen Frauengruppen haben sie seit 2018 mehr als 61 000 Mangrovenbäume auf 12,5 Hektar degradierter Waldfläche gepflanzt. Auf weiteren 100 Hektar haben die Behörden die Nutzung stark eingeschränkt, damit »sich Mangroven auf natürliche Weise regenerieren können«. Seitdem erholen sich auch die geschrumpften Fischbestände. »Wir sind auf den Fischfang angewiesen«, erklärt Zulfa Hassan, die »Mama Mikoko« (»Mutter Mangrove«) genannt wird. »Unsere Väter, unsere Ehemänner und Brüder sind Fischer – und die Fische brüten in den Mangroven. Die Fische sind unsere wichtigste Einnahmequelle.«[62]

Ein anderes Beispiel ist die Organisation Community Forests Pemba auf Sansibar mit ihrem Direktor und Gründer, dem charismatischen Umwelt- und Klimaaktivisten Mbarouk Mussa Omar – eine Graswurzelbewegung, die zusammen mit den auf dem Archipel lebenden Menschen 16 Baumschulen aufgebaut hat, Jahr für Jahr 150 000 Bäume pflanzt und bereits mehr als 8 Hektar Mangrovenwald restauriert hat.[63]

Aus globaler Perspektive mögen solche Zahlen wie Tropfen auf den heißen Stein klingen. Für die Menschen vor Ort stehen dahinter aber gewaltige Veränderungen. Statt den Wald für Brenn- und Bauholz zu fällen, sind sie zu einer wirklich nachhaltigen Wirtschaftsweise übergegangen, fühlen sich verantwortlich. Sie sehen und spüren die positiven Ergebnisse ihrer Bemühungen und stellen gleichzeitig unter Beweis, dass man nicht in jedem Fall Millionen für Forschung und Monitoring ausgeben muss, um Resultate zu erzielen, von denen sowohl Klima und Natur als auch die Menschen profitieren. Was sie für ihre jeweilige kleine Welt verstanden und geschafft haben, steht der Menschheit im Großen noch bevor.

Werfen wir noch einen Blick auf die Makroalgen und Algen allgemein. Tangwälder in den kühleren Meeren zu restaurieren, ist bislang nur in kleineren Projekten versucht worden. Es gibt aber zahlreiche unterschiedliche Ansätze, große, mittelgroße oder winzige einzellige Algen an Land und in Aquakultur zu züchten, auch an Orten, wo man Derartiges nicht erwarten würde. Zum Beispiel in der trockenen Küstenwüstenlandschaft Marokkos.

Das 2013 von dem britischen Biochemiker Raffael Jovine gegründete Unternehmen Brilliant Planet züchtet dort in Küstennähe einzellige, am jeweiligen Standort aus dem natürlicherweise dort vorkommenden Artenbestand ausgewählte Algen, meist Kieselalgen, in nährstoffreichem, aus der Auftriebszone des nahen Meeres angepumptem Wasser.[64]

Dahinter steckt viel Wissen über die Biologie der Pflanzen, die in der Anlage nicht nur einmal jährlich zur Algenblüte, einer Massenvermehrung, kommen sollen, sondern möglichst das ganze Jahr über. Die Algen durchlaufen mehrere Becken, die Schritt für Schritt größer werden, um den Zellen exponentielles Wachstum zu ermöglichen, bis sie schließlich in einem 12 000 Quadratmeter großen Pool landen und dort mit einem feinen Filter aus dem Wasser gefischt werden. Das CO_2, das die Algen für ihr Wachstum benötigen, stammt ausschließlich aus der Luft und aus dem Wasser, das nach dem Herausfiltern der Zellen wieder ins Meer gepumpt wird. Da die grünen Einzeller das CO_2 weitgehend daraus entfernt haben, hat dieses Wasser einen höheren pH-Wert als vorher und wirkt so, ohne alkalisierende Zugaben, der Ozeanversauerung entgegen. Die Energie für den Betrieb der Anlage und das Pumpen des Meerwassers wird vor Ort über Solarpaneele gewonnen.

Die herausgefilterten Algen trocknen anschließend in der Wüstenluft, bis ein biologischer Abbau dieser stark salzhaltigen Biomasse nicht mehr möglich ist. Sie wird zuletzt in 1 bis 4 Metern Tiefe im Wüstensand vergraben, wo sie für Tausende von Jahren verbleiben soll.

Nach der Pilotanlage in Marokko wird zu Demonstrationszwecken eine 30 Hektar große Anlage und dann eine kommerzielle 1000 Hektar große Anlage entstehen; Letztere soll pro Jahr 40 000 Tonnen CO_2 aus der Atmosphäre entfernen. Nach eigenen Angaben hat Brilliant Planet eine Shortlist möglicher Standorte erstellt. Die Erde verfügt dem Unternehmen zufolge über genügend geeignete Küstenwüsten, zum Beispiel in Namibia und Chile, um den ganzen Prozess mithilfe vieler solcher Anlagen bis in den Gigatonnenbereich hochzuskalieren. Da diese algengetriebenen Kohlendioxidentsorgungsfabriken in Gebieten errichtet würden, in denen es kaum andere Nutzungsmöglichkeiten gibt, wären sie für die jeweiligen Länder auch ökonomisch ein Gewinn. Wirtschaftlich funktioniert das Ganze durch den Verkauf von Zertifikaten über negative CO_2-Emissionen, mit denen Kunden die eigene Klimabilanz aufbessern können. Auf seiner Website hat das Unternehmen gerade einen ersten großen Deal bekannt gegeben: In seiner in Marokko entstehenden Demonstrationsanlage wird es bis 2027 für den US-amerikanischen Finanzdienstleister Block, Inc., 1500 Tonnen CO_2 aus der Atmosphäre entfernen. Block hat sich zum Ziel gesetzt, bis 2030 »Netto-Null-Emissionen« zu erreichen.

Springen wir auf die andere Seite des Globus, an die Pazifikküste von Alaska, nach Kodiak, wo vor zehn Jahren ein regelrechter Seetang-Boom ausgelöst wurde. Hier ist Blue Evolution tätig, ein Unternehmen, das sein Geld mit Kelp verdient, genauer gesagt: mit zwei großen Braunalgenarten, *Saccharina latissima* und *Alaria marginata*, die natürlicherweise an der gesamten Nordpazifikküste vorkommen.[65] Anders als zum Beispiel in China und Schottland, wo wild wachsende Kelpwälder auf ziemlich rabiate Weise mit einer Art Riesenharke »abgeerntet« werden, was irreversible Schäden verursacht und kürzlich viel Kritik von Naturschützern auf sich zog, werden die Tange von Blue Evolution in Meeresfarmen gezielt angebaut. Das Unternehmen unterhält eigene Farmen nahe Kodiak und in der Baja California und kauft die Kelpernte von selbstständigen Meeresfarmern an, von Menschen wie Alf Pryor und seiner Frau Lexa Meyer.[66]

Eigentlich wollten die beiden mit der Tangzucht nur einen Zuverdienst erzielen, aber nun boomt das Geschäft. Im Mai 2019 erstreckte sich ihre Meeresfarm über mehr als 7 Hektar mit gut 15 Kilometer Seil, das an einem frei schwimmenden Rahmen befestigt ist. Um dieses Seil haben Pryor und seine Leute vor dem Ausbringen im winterlichen Meer die sogenannten *seed pipes* gewickelt, die von Blue Evolution geliefert werden, eine Art Saatband, an dem aus Sporen gezogene Babytange wachsen. Geerntet wird ein halbes Jahr später.

Das größte Problem ist dabei … ein Tang. Massen von wildem Bullentang, der im Wasser treibt, können sich in den Seilen der Farm verheddern. »Es ist eine Art kontinuierlicher Kampf, dieses Zeug von der Farm fernzuhalten«, erzählt Pryor. Die im Wasser hängenden algenbewachsenen Seile müssen deshalb regelmäßig inspiziert werden.

»Da ist ein riesiges Potenzial in Alaska. Es gibt so viel Platz«, sagte Pryor dem *Guardian*. In Städten wie Kodiak ist die Fischindustrie der wichtigste Arbeitgeber, aber Arbeit gibt es nur saisonal. Kelpfarmen werden als eine Möglichkeit angesehen, dies zu ändern. »Für kleine Küstengemeinden könnten Seetangfarmen ein großes Geschäft sein. Mit der Farm, die wir dieses Jahr betrieben haben, haben wir 30 bis 40 Leute in Lohn und Brot gebracht.«[67]

Mittlerweile ist das Interesse am *kelp farming* so gewachsen, dass Antragsteller mehrere Jahre auf die erforderlichen Genehmigungen warten müssen. Die Behörden haben strenge Vorschriften erlassen. So dürfen die von wild wachsenden Tangen gewonnenen Sporen, aus denen die für das Farming benötigten Jungpflanzen herangezogen werden, aus höchstens 50 Kilometern Entfernung stammen. Auch hier wird also darauf geachtet, mit lokal angepassten Pflanzen zu arbeiten.

Dass die großen Algen während ihres Wachstums viel CO_2 gebunden haben, ist für Blue Evolution und die Meeresfarmer ein erfreulicher Nebeneffekt. Angebaut werden die Tange aber primär, um von Mensch oder Tier verzehrt zu werden. Sie können auch als Rohstoff für die Herstellung von Biotreibstoffen, Dünger, Medikamenten, Kosmetikartikeln oder der Erzeugung von Lebensmittelzusatzstoffen wie dem Verdickungsmittel Carrageen (E 407) dienen. Australische Studien haben ergeben, dass eine Beimischung von Tang zum üblichen Tierfutter den Ausstoß von Methan reduziert.

Damit steht die Firma in einer langen Tradition und hier nur als ein Unternehmen von weltweit vielen, denn der Anbau von Algen in Aquakultur wird bereits seit Langem praktiziert, vor allem in Asien, wo Meeresalgen sehr beliebt sind und zum festen Bestandteil des Speiseplans gehören. Die Welternte an Makroalgen liegt bei 30 Millionen Tonnen im Jahr.[68] Dass hier ein lohnendes Geschäft warten könnte, hat man mittlerweile aber auch in vielen anderen Ländern verstanden. Sogar auf Sylt gibt es seit 2006 eine Algenfarm – an Land. Das ursprünglich als »Sylter Algenfarm GmbH« gegründete Unternehmen wird heute als »Algenprojekt« weitergeführt. Wenn immer mehr Algen in Aquakultur produziert werden, bleiben die natürlichen Tangwälder hoffentlich in Zukunft von destruktiven Erntemethoden verschont. Was für eine irre Idee – würde man Äpfel und Birnen ernten, indem man Riesenharken von Treckern durch Obstplantagen zieht lässt?

Relativ neu ist das Vorhaben, Algen aufgrund ihres enormen Potenzials zur Bindung von Kohlendioxid allein zum Zwecke des Klimaschutzes anzubauen. Dies geschieht vorzugsweise in ozeanischen Auftriebszonen, damit die schnell wachsenden

Tange möglichst optimal mit Nährstoffen versorgt werden. Aus dem gleichen Grund arbeiten manche Unternehmen auch mit verschiedenen Methoden des wellengetriebenen künstlichen Auftriebs (s. oben).

Soll das Treibhausgas der Atmosphäre für lange Zeit entzogen werden, reicht es nicht, die Algen an Nutztiere zu verfüttern oder sie zu verzehren, denn die Nahrung wird von den Konsumenten ja zum großen Teil veratmet und der darin enthaltene Kohlenstoff als CO_2 wieder abgegeben. Unter dem Strich wäre zwar kein Schaden entstanden, aber auch nichts gewonnen. Das Gleiche gilt für die Produktion von Biokunststoff oder Biogas. Auch diese Erzeugnisse lösen sich ja über kurz oder lang in Luft auf.

Um das CO_2 langfristig klimaneutral aus dem globalen Kreislauf zu entfernen, muss nach anderen Lösungen gesucht werden. Brilliant Planet deponiert, wie erwähnt, seine Algenbiomasse im Wüstensand und verweist, um die konservierende Wirkung des trocken-heißen Klimas zu veranschaulichen, auf die berühmten zentralasiatischen Tarim-Mumien.[69]

Andere wollen aus den Algenmassen Biokohle herstellen, mit der die Bodenqualität von Agrarflächen verbessert werden soll. Favorisiert wird aber eine Entsorgung in der Tiefsee, wo auch natürlicherweise erhebliche Mengen von frei im Meer treibenden Algen landen.

Will man im großen Maßstab Makroalgen anbauen, muss man wohl ohnehin aufs offene Meer ausweichen, also Marikultur betreiben. Flächen in der benötigten Größenordnung sind in Küstennähe knapp, und das Wasser könnte dort infolge der globalen Erwärmung zu warm für die Algenzucht werden.

Auf den Philippinen werden unter der Ägide von SeaForestation, einem Ableger der US-amerikanischen Climate Foundation, große, kreisrunde Rahmen, in denen algenbesetzte Seile wie Speichen eines Rades gespannt sind, nachts, angetrieben von Motorradbatterien, in tiefere Wasserschichten abgesenkt, um vom dort vorhandenen Nährstoffreichtum zu profitieren.[70] Im April 2022 wurde SeaForestation unter mehr als tausend Bewerbern zusammen mit 14 anderen Initiativen und Unternehmen mit dem von Elon Musk und seiner Stiftung ausgeschriebenen »Milestone Award – XPRIZE for Carbon Removal« in Höhe von einer Million US-Dollar ausgezeichnet.

Manche hegen Pläne von viel größerer Dimension. Sie träumen von quadratkilometergroßen Algenkäfigen im offenen Ozean, die von ferngesteuerten Schleppern hin und her transportiert werden, um das jeweils optimale Nährstoffangebot zu nutzen. Andere wollen die Pflanzen auf großen Plattformen heranziehen, die dann, wenn sie dicht mit Makroalgen besetzt sind, komplett in der Tiefe versenkt werden.[71]

Doch die Größenordnungen, die für einen spürbaren Klimaeffekt nötig wären, dürften zum Problem werden. Welche Folgen für die dort lebenden Organismen und das Meer insgesamt zu erwarten wären, wenn derart riesige Mengen an Biomasse in der Tiefsee landen würden, kann niemand mit Sicherheit vorhersagen. Computersimulationen gehen davon aus, dass es in großer Tiefe durch die langsame Zersetzung der Tange zu ausgedehnten Sauerstoffmangelzonen kommen könnte. Weil der Abbau CO_2 freisetzt, würde das Wasser in der Tiefe versauern. Und die gewaltigen Nährstoffmengen, die von solchen Megafarmen verbraucht und gebunden würden, würden natürlichen Lebensgemeinschaften an anderer Stelle in ohnehin zu weiten Teilen nährstoffarmen Meeren fehlen. Die Folge wären weniger Phytoplankton und eine Verarmung marinen Lebens insgesamt.[72]

Die Fachleute nennen diese Methode *macroalgae open-ocean mariculture and sinking*, kurz »MOS«. Glaubt man den Computermodellen, wären die Auswirkungen auf den CO_2-Gehalt der Atmosphäre gewaltig. Wenn diese Marikultur bis ins Jahr 2100 praktiziert würde, könnten der Atmosphäre bis zu 450 Gigatonnen CO_2 entzogen werden, das ist deutlich mehr als die Hälfte der vom IPCC veranschlagten Menge, die neben einer drastischen Reduktion der Emissionen nötig wäre, um das 1,5-Grad-Ziel zu erreichen.[73]

Der Preis dafür wäre allerdings hoch. Die oben aufgezählten Veränderungen der Meere wären zwar reversibel, die Erholung würde aber lange dauern, sehr lange. Die Modelle sagen: Würde man die Makroalgen-Marikultur im großen Maßstab im Jahr 2100 beenden, wäre die Erholung der Ozeane auch 900 Jahre danach, im Jahr 3000, noch nicht abgeschlossen.[74]

6
Ein alter Traum – Energieerzeugung nach Art der Pflanzen

Erinnern wir uns, warum Pflanzen im Natursystem von so überragender Bedeutung sind. Pflanzen können mithilfe der Photosynthese aus einfachen anorganischen Ausgangsstoffen, aus Kohlendioxid und Wasser, organische Substanz aufbauen, Moleküle, die ihnen als Energiespeicher sowie Bau- und Reservestoffe dienen. Die Energie, die dazu nötig ist, gewinnen sie aus der Strahlung der Sonne. Das ist ihre Art zu leben, und darum sind sie in unserem Zusammenhang so interessant. Tiere (und Pilze) sind dazu nicht in der Lage.

Wenn wir Tiere fressen sehen, leuchtet uns sofort ein, was sie da tun. Jemand stillt seinen Hunger, um Energie zu tanken, um leben zu können, um zu funktionieren und zu wachsen. Wir leben ja genauso, sind selbst Tiere. Nahrungsaufnahme ist ein aktiver, höchst dynamischer Vorgang, bei dem sichtbar organische Materie bewegt wird. Da wird gejagt, gepflückt und abgerissen, zu- und abgebissen, gekaut, zerkleinert, verschluckt, im Körperinneren umgewandelt, und was aufgenommen wurde, wird in erheblichen Mengen, mehr oder weniger stark verändert, wieder ausgeschieden. Nahrungsaufnahme von Tieren hinterlässt unübersehbare Rückstände.

Ganz anders die Photosynthese. Sie dient letztlich dem gleichen Zweck, aber sie umweht etwas Geisterhaftes, Geheimnisvolles, Mysteriöses. Sie verursacht keine Geräusche, sie ist unsichtbar und geruchlos, mit keinerlei Bewegung verbunden und hinterlässt keine stinkenden Reste, findet also völlig außerhalb unserer Wahrnehmung statt. Wir sind von ihr umgeben, sie ist tagsüber allgegenwärtig. Doch das einzige für uns erfahrbare Anzeichen dafür, dass da kein Stillstand herrscht, sondern etwas geschieht, ist die Tatsache, dass Pflanzen wachsen, dass sie Knospen, Blätter, Blüten, Samen und Früchte hervorbringen – und die Materie, die in diese jungen Pflanzengewebe geflossen ist, muss ja irgendwoher gekommen sein. Wären wir völlig naiv und sähen eine Pflanze mit all ihren ober- und unterirdischen Teilen zum ersten Mal, würden wir da nicht, ohne lange zu überlegen, annehmen, dass diese Ausgangsstoffe über das weitverzweigte Wurzelsystem aufgenommen werden? Tatsächlich war man von der Antike bis weit ins 19. Jahrhundert hinein der Auffassung, der Kohlenstoff, den die Pflanzen zum Wachstum verwenden, stamme aus dem Humus des Bodens.

Auf die Idee, ausgerechnet die scheinbar völlig untätigen und unbeteiligten Blätter könnten für die Kohlenstoffaufnahme verantwortlich sein, muss man erst einmal kommen. Das war, in der zweiten Hälfte des 18. Jahrhunderts, dem niederländischen Arzt und Botaniker Jan Ingenhousz (1730–1799) vorbehalten: Er gilt als Begründer der wissenschaftlichen Photosyntheseforschung. Die chemisch-physikalischen Grundlagen begann man erst im 20. Jahrhundert, 150 Jahre später, zu verstehen.

Übrigens: Anders als bei Landpflanzen kann man Wasserpflanzen bei der Photosynthese zuschauen. Füllt man einen Trieb der Wasserpest (*Elodea*) in ein wassergefülltes Röhrchen und bestrahlt es mit hellem Licht, steigt von den Blättern ein unaufhörlicher Strom von feinen silbrigen Bläschen auf: Sauerstoff. Schalten wir das Licht aus, versiegt der Bläschenstrom. Verändert dieser Anblick die Art, wie wir die Pflanze wahrnehmen? Ich finde schon, und zwar ganz fundamental. Plötzlich ist sie nicht mehr nur irgendein unbewegliches hübsches grünes Ding, sondern etwas, das auf geheimnisvolle Weise durch Licht in die Lage versetzt wird, ein lebenswichtiges Gas zu produzieren, und nicht nur das. Vermutlich würden wir Pflanzen wesentlich mehr Respekt und Bewunderung entgegenbringen, wenn wir den von ihnen erzeugten Sauerstoff als Zeichen ihrer unermüdlichen Aktivität auch an Land sehen könnten.

Ihre Photosynthese macht Pflanzen zu natürlichen Verbündeten im Kampf gegen den Klimawandel und seine Folgen. Bisher stand dabei für uns der Verbrauch des Treibhausgases CO_2 im Vordergrund. Die Photosynthese ist aber in erster Linie ein konstruktiver Prozess: Es wird nicht nur verbraucht, es entsteht auch etwas, und Sauerstoff, das Gas, das wir von den Blättchen der Wasserpest aufsteigen sehen, ist dabei vor dem Hintergrund des Klimawandels noch nicht einmal das Wichtigste.

Abgesehen davon, dass uns Pflanzen direkt oder indirekt über unsere Nutztiere ernähren, dass sie CO_2 verbrauchen und damit der von uns verursachten verhängnisvollen Zunahme dieses Treibhausgases entgegenwirken, könnten wir uns diese besondere Fähigkeit lebender Pflanzen nicht noch auf andere Weise zunutze machen?

Einige – vergleichsweise primitive – Methoden praktizieren wir schon lange, indem wir etwa pflanzliche Biomasse zur Energieproduktion nutzen. Im Jahr 2021 war sie nach Angaben des Bundeslandwirtschaftsministeriums mit einem Anteil von 52 Prozent der wichtigste erneuerbare Energieträger in Deutschland, deutlich vor Windkraft (28 %) und Solarenergie (12 %).[1]

Wir können Biomasse, zum Beispiel Holz oder Grünschnitt aus Paludikultur, verbrennen, um damit zu heizen, oder wir lassen sie in riesigen halbkugeligen Anlagen vergären und erzeugen Biogas mit einem hohen Anteil an Methan, das als Brennstoff genutzt werden kann und im günstigsten Fall sowohl zur Strom- als auch zur Wärmeerzeugung dient (Kraft-Wärme-Kopplung). Die Zahl der Biogasanlagen hat sich seit der Jahrtausendwende in Deutschland versiebenfacht, und das Potenzial gilt als noch bei Weitem nicht ausgeschöpft. Schon jetzt leistet Biogas einen erheblichen Beitrag zur Energieversorgung; der Bundesverband der Energie- und Wasserwirtschaft geht aber von einer Verdreifachung der Biogasproduktion (auf 100 TWh/Jahr) bis 2030 aus, bis 2050 von einer weiteren Steigerung um das 2,5-Fache (auf 250 TWh/Jahr).[2] Im Gegensatz zu Windkraft- und Photovoltaikanlagen sind Biogaskraftwerke auch »grundlastfähig«, denn sie können permanent betrieben werden und sind nicht von Wind und Sonneneinstrahlung abhängig. Wenn man zur Biogasproduktion statt eigens produzierter Energiepflanzen wie Mais verstärkt Pflanzen-, Holz- und andere organische Abfälle benutzen würde, stünde sie auch nicht in Konkurrenz zur Nahrungsmittelproduktion um wertvolle Agrarflächen.

Bei der Verbrennung von Holz oder Biogas geschieht nichts anderes als die Freisetzung der in organisch-pflanzlichen Molekülen gebundenen Strahlungsenergie der Sonne in Form von Wärme. Natürlich entsteht dabei wieder Kohlendioxid, was nicht schön, aber zu verkraften ist, denn dieses CO_2 wurde von den Pflanzen ja erst vor wenigen Monaten oder, im Falle von Holz, vor einigen Jahren der Atmosphäre entzogen. Der Prozess ist unterm Strich klimaneutral und hilft, die CO_2-Emissionen zu reduzieren, da keine fossilen Energieträger verbrannt werden müssen, die neuen (oder besser: uralten) Kohlenstoff freisetzen würden.

Was aber wäre, wenn man die Photosynthese modifizieren, effektiver gestalten oder gar außerhalb von Pflanzenzellen künstlich oder technisch nachbilden könnte? Künstliche Photosynthese, Energieerzeugung mithilfe von Sonnenlicht, Wasser und atmosphärischem CO_2 – ein alter Traum würde in Erfüllung gehen. Schon Jules Verne hat ihn 1874/75 in seinem Roman *Die geheimnisvolle Insel* ausgesponnen. Auf die Frage, womit die Menschheit in Zukunft heizen werde, lässt Verne den Ingenieur Cyrus Smith antworten: mit »Wasser, doch zersetzt in seine chemischen Elemente und zweifelsohne zersetzt durch Elektrizität. Ich glaube, dass eines Tages Wasserstoff und Sauerstoff, aus denen sich Wasser zusammensetzt, allein und zusammen verwendet, eine unerschöpfliche Quelle von Wärme und Licht bilden werden, stärker als Steinkohle.«[3]

Vor 150 Jahren blitzte sie also schon auf, die heute viel diskutierte Vision von der Wasserstoffwirtschaft. Man kann das sehr stabile Wassermolekül mithilfe von Strom in seine Bestandteile zerlegen, wie Verne sich das ausmalte, durch Elektrolyse, und wenn dieser Strom aus erneuerbaren Quellen stammen würde, hätte man damit tatsächlich – emissionsfrei – einen wertvollen Roh-, Brenn- und Speicherstoff von hoher Energiedichte erzeugt. Um 10 Liter Wasser zum Kochen zu bringen, braucht man 80 Gramm Benzin, aber nur 30 Gramm Wasserstoff.[4] Die Fachleute sprechen von »Power-to-Gas-Technologie«. In Deutschland laufen bereits mehrere unterschiedlich große Anlagen, die elektrolytisch erzeugten Wasserstoff ins Erdgasnetz einspeisen. Auf dieser Technologie würde auch die Verwendung von Wasserstoff als Speichermedium für überschüssigen Strom aus Wind- und Solaranlagen beruhen.

Die Spaltung von Wassermolekülen ist aber auch ein Kernprozess der Photosynthese. Der von Pflanzen dabei als Nebenprodukt erzeugte Sauerstoff stammt nämlich nicht, wie man denken könnte, aus dem CO_2, sondern aus dem Wasser, H_2O, das in einem ersten Schritt der Photosynthese, der sogenannten Lichtreaktion, in seine Bestandteile zerlegt wird, ganz ohne Strom. Wenn es uns also gelänge, Wassermoleküle durch eine künstliche Photosynthese aufzuspalten, nur mithilfe von Sonnenlicht, überall und unabhängig vom Stromnetz … Man wagt es sich kaum auszumalen.

Leider ist der Traum, jedenfalls im großen Maßstab, bis heute unerfüllt. Noch bestehen viele Detailprobleme, doch wir sind der Lösung noch nie so nah gewesen wie heute. Mit der Klimakrise hat die Vision einer künstlichen Photosynthese mächtig Rückenwind erhalten. Überall wird intensiv geforscht. Fachleute gehen davon aus, dass es noch etwa 20 bis 30 Jahre dauern wird, bis voll integrierte Photosynthesemodule, in Serie produziert, zu einer tragenden Säule der Energieversorgung werden. Einfachere Technologien dürften aber schon früher verfügbar sein.[5]

$$6\,CO_2 + 6\,H_2O \leftrightarrow C_6H_{12}O_6 + 6\,O_2$$

Keine Angst, dies ist die einzige chemische Reaktionsgleichung in diesem Buch. Sie ist aber von so zentraler Bedeutung für das Leben auf diesem Planeten, dass jeder Mensch sie – oder zumindest ihre Kernaussage – kennen sollte. Man kann sie auch ganz ohne chemische Symbole ausdrücken:

> Kohlendioxid (aus der Atmosphäre) + Wasser + Sonnenlicht ergeben Zucker (Glukose) + Sauerstoff (in die Atmosphäre)

Dies ist die Summenformel der Photosynthese. Sie gibt an, was in den Prozess eingespeist wird, nämlich Kohlendioxid und Wasser, und was am Ende dabei herauskommt: ein organisches Zuckermolekül und Sauerstoff, der an die Atmosphäre abgegeben wird. Ein flüchtiges Gas wird also in einen energiereichen Feststoff, ein Kohlenhydrat, überführt, das den Zellen dann als Energiequelle und Ausgangsstoff für eine Vielzahl von weiteren biochemischen Verbindungen dient. Der im Gas enthaltene Kohlenstoff wird in organischer Materie »fixiert«.

Was diese Formel nicht zeigt, sind die komplexen physikalischen und chemischen Prozesse, die in jeder einzelnen grünen Pflanzenzelle ablaufen müssen, damit aus den Ausgangsstoffen tatsächlich die angegebenen Endprodukte entstehen. Daran ist eine Vielzahl von chemischen Verbindungen beteiligt – wäre eine chemische Reaktion ein Berg, dann wäre die Photosynthese ein Gebirge.

Ein Selbstläufer ist dieses Tête-à-Tête von Kohlendioxid und Wasser jedenfalls nicht. Das gilt zwar für viele chemische Reaktionen, für diese aber im Besonderen. In der Natur sind beide Stoffe praktisch allgegenwärtig, doch eine Reaktion, wie in der Formel angegeben, findet nicht statt. Auch wenn man die Stoffe zu gleichen Teilen in ein Gefäß geben würde, täte sich rein gar nichts, und Sauerstoff oder ein Zuckermolekül suchte man vergebens. Hinter der Formel stecken ganz bestimmte Voraussetzungen und ein atemberaubend komplexes, im Verlauf von vielen Hundert Millionen Jahren Evolution perfektioniertes molekulares Räderwerk, das nur in grünen Pflanzenzellen vorhanden ist und an dessen Details sich Wissenschaftler und Wissenschaftlerinnen seit bald hundert Jahren, trotz diverser Nobelpreise, die Zähne ausbeißen. Und doch geht das Ganze tagtäglich in jeder noch so schlichten Pflanze scheinbar mühelos vonstatten.

Um zu verstehen, welche Probleme sich für Wissenschaft und Technik ergeben, wenn sie dieses Geschehen nachbilden oder gar verbessern möchten, müssen wir uns die Vorgänge der Photosynthese etwas genauer anschauen – eine längst überfällige Würdigung dieses beeindruckenden, Leben ermöglichenden und Leben erhaltenden Prozesses, ohne den die Erde ein trostloser Gesteinsball geblieben wäre, auf dem sich bestenfalls Mikroben tummeln würden. Es kann nicht schaden, sich das hin und wieder vor Augen zu führen. Wenn Ihnen das alles dennoch zu kompliziert erscheint, können Sie die nächsten Seiten überblättern. Ihnen entgeht dann allerdings ein Einblick in einen der faszinierendsten Naturvorgänge, die wir kennen.

Photosynthese findet nicht irgendwo in der grünen Pflanzenzelle statt, sondern sie hat darin eine Behausung, einen speziellen Ort. Ihr gesamter biochemischer Apparat ist in länglich-ovalen Zellbestandteilen oder Zellorganellen untergebracht, die »Chloroplasten« genannt werden. Die Wissenschaft geht heute davon aus, dass es sich dabei um ehemalige photosynthetisch aktive Cyanobakterien handelt, die in der Frühzeit der Evolution in größere Zellen mit Zellkern eingedrungen sind (oder von ihnen aufgenommen wurden) und dann ihre Selbstständigkeit verloren oder aufgegeben haben. Noch heute erinnern ihre von der Teilung der Wirtszelle unabhängige Vermehrung und die Tatsache, dass Chloroplasten über eigene rudimentäre DNA verfügen, an diese Milliarden Jahre zurückliegende Zeit der Selbstständigkeit.

Das Reaktionsgebirge der Photosynthese besteht bei genauerer Betrachtung aus zwei miteinander verbundenen Bergzügen, deren biochemische Akteure in unterschiedlichen Teilen der Chloroplasten lokalisiert sind. Eine äußere Membran grenzt diese Organellen gegen das Zellplasma ab, eine zweite innere aber ist stark gefaltet. Sie durchzieht den gesamten Chloroplastenkörper und bildet zahlreiche lappenförmige Ausstülpungen, sogenannte Thylakoide[6], die sich wie Teller im Geschirrschrank zu charakteristischen Strukturen aufeinanderstapeln, den »Grana«. Hier erhebt sich der erste Bergzug: die Lichtreaktion.

Zoomt man eine Membran dieser Grana heran – es gibt tatsächlich elektronenmikroskopische Aufnahmen der Thylakoidmembranen, die diesen Eindruck vermitteln –, erkennt man zahlreiche Buckel oder Höcker, die aus molekularer Perspektive betrachtet wahre Giganten sind. Sie schwimmen in diesen Membranen, die man sich nicht starr oder fest vorstellen darf, sondern als dynamische, fluide Gebilde: Sie wirken also wie Schiffe auf dem Meer. Die Wasseroberfläche entspräche der nur 5 Nanometer dicken Membran. Die »Schiffe« durchdringen sie und sind auf beiden Seiten erkennbar, gewissermaßen die Schiffsaufbauten auf der einen und Rumpf und Kiel auf der anderen Seite. Dies sind die sogenannten Photosysteme I und II, die Strukturen, die es schaffen, das sehr stabile Wassermolekül mithilfe des Sonnenlichts in seine Bestandteile zu zerlegen, nicht durch Elektro-, sondern durch Photolyse. In jedem Chloroplasten gibt es Tausende davon.

Die Absorption der Strahlungsenergie erfolgt durch spezielle Pigmente, allen voran das berühmte Chlorophyll. Es ist, so der Physiker Jim Al-Khalili und der Genetiker Johnjoe McFadden, »vermutlich (nach der DNA) das zweitwichtigste Molekül auf unserem Planeten«.[7] Da es Licht im blauen und roten Wellenlängenbereich absorbiert, erscheinen die Chloroplasten und durch diese die ganzen Pflanzen grün.

Für Nick Lane, Professor für Evolutionsbiochemie am University College London, ist die Photosynthese »konzeptionell einfach: Es dreht sich alles um Elektronen.«[8] Warum? Und woher stammen sie? Vielleicht erinnern Sie sich: Eine Oxidation ist eine chemische Reaktion, bei der ein Molekül oder ein Atom Elektronen abgibt. Die umgekehrte Reaktion, bei der ein Atom, allein oder innerhalb eines Moleküls, Elektronen aufnimmt, bezeichnet man als »Reduktion«. Wenn sich in der Photosynthese alles um Elektronen dreht, dann haben wir es offenbar mit Oxidationen und Reduktionen zu tun. Und so ist es. Oxidiert wird das Wasser, reduziert wird Kohlendioxid – Elektronen werden dem einen Stoff entrissen und auf den anderen übertragen. Allerdings nimmt die Reaktion einen alles andere als direkten Weg, nicht zuletzt darin besteht ihre Raffinesse.

Der Prozess beginnt mit dem Photosystem II,[9] einem der »Schiffstypen«, die in der Thylakoidmembran schwimmen. Es enthält viele Pigmente, die zum Photonenfang eine Art molekulares Netz ausgelegt haben. Sie leiten die von ihnen absorbierte Energie zum *special pair*, zu zwei zentralen Chlorophyll-Molekülen, die im angeregten Zustand zwei Elektronen freisetzen und diese auf ein benachbartes Elektronenempfängermolekül transferieren. Jedes Elektron befindet sich durch die absorbierte Strahlung in einem höheren Energiezustand; es wird nun, wie eine Kugel, die eine Treppe hinunterkullert, von einem Akzeptormolekül zum nächsten weitergegeben, und dabei reduziert sich seine Energie stufenweise. Diese abgegebene Energie geht aber nicht verloren, sondern wird in einem Molekül namens »ATP« (Adenosintriphosphat) aufbewahrt, dem universellen Energiespeicher höherer Zellen. Das Elektron ist, wenn es am Ende dieser Transportkette im Photosystem I ankommt, noch immer energiereicher als zu Beginn des Prozesses. Doch auch das Photosystem I hat ein Pigmentnetz ausgespannt. Es absorbiert wie sein Pendant Sonnenenergie (einer etwas anderen Wellenlänge), gibt dem Elektron einen weiteren Kick und katapultiert es auf ein noch höheres Energieniveau. Das energetisierte Elektron wird dann in einem speziellen Molekül zwischengelagert.

Freigesetzt, weitergegeben, transferiert, zwischengelagert – hinter diesen einfachen Wörtern verbergen sich schwindelerregend komplexe Vorgänge, deren Details weit über den Horizont dieses Buches hinausgehen. Das ist auch an dem biochemischen Aufwand erkennbar, den die Pflanzenzellen in ihren Chloroplasten betreiben müssen, um diese Prozesse zu ermöglichen. Nur ein Beispiel: Hinter der Bezeichnung »Photosystem II« verbirgt sich ein molekulares Monstrum, das aus nicht weniger als 20 Proteinuntereinheiten, 35 Chlorophyll-Molekülen, diversen Cofaktoren und einem Mangan-Calcium-Cluster, dem *oxygen-evolving complex*, besteht, der als Katalysator bei der Oxidation des Wassers fungiert. Fast zwei Jahrzehnte und einen hohen Forschungsaufwand hat es gebraucht, um Schritt für Schritt die räumliche Struktur des Photosystems II aufzuklären. Heute sind sämtliche Positionen von mehr als 50 000 Atomen bekannt – auf 0,2 millionstel Millimeter genau.[10]

Die detaillierte Kenntnis der Lagebeziehungen ist wichtig, wenn man verstehen will, wie diese Systeme funktionieren. Nur wenn die Moleküle eine ganz bestimmte räumliche Anordnung aufweisen, können die Photosysteme ihre Funktion erfüllen. Ihre Proteinuntereinheiten formen dabei eine Art dreidimensionales Gerüst, in das die Pigmente und die anderen Reaktionsteilnehmer exakt so eingepasst sind, dass sie miteinander in Wechselwirkung treten können.

Wir haben die energetisierten Elektronen in ihrem Zwischenlager und das Chlorophyll mit einer Elektronenlücke zurückgelassen, die unverzüglich gefüllt werden muss. Dies geschieht durch die Spaltung des Wassers am Mangan-Calcium-Cluster. Aus zwei Wassermolekülen entstehen vier Wasserstoffionen (H^+), vier negativ geladene Elektronen (Ladungstrennung!), die unter anderem die Lücke im Chlorophyll füllen, und Sauerstoff, der sogleich freigesetzt wird.

Produkte der Lichtreaktion sind also zwei chemische Verbindungen, die in den Zellen auch in vielen anderen Zusammenhängen zum Einsatz kommen: der Energiespeicher ATP und vor allem ein mit zwei Wasserstoffionen (Protonen) und zwei energetisierten Elektronen beladenes Molekül namens »NADPH«, dessen ausgeschriebener Name fast eine ganze Zeile füllt: »Nicotinsäureamid-Adenin-Dinukleotid-Phosphat«. NADPH ist laut

Nick Lane »ein starker Pusher von Elektronen, dem nichts lieber wäre, als sie wieder loszuwerden«.[11] Der Schubser der energetisierten Elektronen ist so kräftig, dass er sogar das reaktionsträge Kohlendioxidmolekül gefügig macht.

Dies geschieht während der sogenannten Dunkelreaktion, dem zweiten Bergzug des Photosynthese-Gebirges. Der Name ist irreführend, denn es handelt sich nicht um *eine* Reaktion, sondern um mehrere, und die finden keineswegs im Dunkeln statt – sie brauchen nur einfach kein Licht, um ablaufen zu können. Die Energie liefert das im Zuge der Lichtreaktion gebildete ATP. Der Elektronenlieferant ATP und der Wasserstofflieferant NADPH werden dabei über das mengenmäßig häufigste Protein auf der Erde, ein Enzymkoloss namens »RuBisCO«[12], in ein zyklisches Reaktionsgeschehen eingespeist, das bei jedem Durchlauf ein Kohlenstoffatom an eine bereits existierende Kohlenstoffverbindung hängt[13] und es so zum Bestandteil des Pflanzenkörpers macht. Die Dunkelreaktion findet nicht in den Thylakoidstapeln, den Grana, statt, sondern im Stroma, der Grundsubstanz innerhalb der Chloroplasten.

Same, same, but different

Meine Darstellung der Photosynthese ist eine stark verkürzte Version der Vorgänge. Wer eine Vorstellung von der tatsächlichen Komplexität dieses evolutionären Geniestreichs bekommen möchte, möge sich den Wikipedia-Eintrag zur Photosynthese ansehen. Er ist kompliziert, aber seien Sie versichert: Auch dort wird nur ein einführender Überblick gegeben.

Ist es nicht vermessen, ein derart komplexes molekulares Geschehen verbessern zu wollen? Offenbar spielen bei der Lichtabsorption auch Quanteneffekte eine Rolle. Wie soll man so etwas nachbilden oder in Technik übersetzen? »Der biologische Prozess (...) ist zu raffiniert für eine technische Nachahmung«, stellen auch der Berliner Biophysiker Holger Dau und seine Kollegen Philipp Kurz und Marc-Denis Weitze fest.[14] Hat sich damit jeder Versuch, eine künstliche Photosynthese auf die Beine zu stellen, erübrigt?

Nein, denn die gute Nachricht lautet: Um dieses Ziel zu erreichen, ist ein genaues Kopieren der Vorgänge in Pflanzen gar nicht erforderlich. Auch die an der pflanzlichen Photosynthese beteiligten Stoffe müssen in einer künstlichen Variante nicht notwendigerweise eine Rolle spielen. Um zu erläutern, warum das so ist, führen Dau, Kurz und Weitze ein sehr überzeugendes Beispiel ins Feld: den Traum des Menschen vom Fliegen.

Haben Flugzeuge Federn? Fliegen sie, indem sie die Schwingen auf und ab bewegen? Natürlich nicht. Zwar gab es wagemutige Erfinder, die auf diese Weise versucht haben zu fliegen und das nicht selten mit ihrem Leben bezahlten, aber die Entwicklung ging schließlich ganz neue Wege. In modernen Flugzeugen werden völlig andersartige Materialien und Antriebsmethoden verwendet. Die Faszination für das Fliegen der Vögel lieferte aber Anstoß, Motivation und die entscheidende Inspirationsquelle. Die Beschäftigung damit, die genaue Analyse der Bewegungsabläufe, die Erforschung von Luftströmungen und Strömungsdynamik gipfelte in Otto Lilienthals Buch *Der Vogelflug als Grundlage der Fliegekunst* (1889). Und Lilienthal war auch der Erste, der »mit einem vogelähnlichen Fluggerät geflogen ist. Wie beim Vogelflug«, erläutern Dau, Kurz und Weitze, »war sein Fluggerät schwerer als Luft und es glitt wie ein Vogel im Segelflug durch die Luft.«[15] Die Antriebstechnik durch Propeller und Motoren wurde aber schließlich aus einem ganz anderen Technologiebereich übernommen: dem Automobilbau. Dazu kamen Neuentwicklungen wie die Turbine der Düsenflugzeuge.

Die Vorgänge in den Chloroplasten genau – biomimetisch – zu kopieren, ist also gar nicht die Voraussetzung für eine Übertragung der Photosynthese auf die Welt der Technik. Ein genaues Verständnis der Prinzipien als wichtige Quelle der Inspiration hingegen sehr wohl. Die technische Umsetzung kann aber in einer Weise erfolgen, die kaum noch an das Vorbild erinnert.

Ein Beispiel liefern die Lichtabsorption und die bei der Photolyse des Wassers ausgelöste Ladungstrennung in Elektronen und positiv geladene Wasserstoffionen (Protonen). Während der Photosynthese absorbieren Pigmente Licht, allen voran das grüne Chlorophyll. Seit vielen Jahren versucht die Forschung deshalb, künstliche Farbstoffe herzustellen, die diese Aufgabe in technischen Umsetzungen übernehmen könnten. Sie war damit sogar recht erfolgreich. Farbstoffe gibt es in schier unendlicher Vielfalt. Sie lassen sich heute regelrecht »maßschneidern« und besitzen zum Teil Eigenschaften, die die Leistungsfähigkeit des Originals übertreffen. Trotz aller Forschungsanstrengungen bleiben jedoch zwei Probleme, die einem Praxiseinsatz im Wege stehen. Zum einen sind diese Pigmente nicht stabil genug und werden schon nach wenigen Stunden zersetzt. Zum anderen sind einige der in den Farbstoffen verwendeten Elemente sehr selten und teuer. Zum Beispiel das Platinmetall Ruthenium. Am 19.03.2024 kostete eine Tonne Ruthenium knapp 13 Millionen Euro.[16]

Noch wird weiter nach stabilen und kostengünstigen Farbstoffen gesucht; für die Künstliche Photosynthese wird aber zunehmend auf ein ganz anderes Prinzip der Nutzung von solarer Energie zurückgegriffen, auf die Photovoltaik. Sie ist seit Jahrzehnten bewährt und in ihrer Entwicklung noch bei Weitem nicht abgeschlossen. Die Lichtabsorption erfolgt hier nicht durch Farbstoffe, sondern durch Halbleiter, meist aus kristallinem Silizium. Im Ergebnis fließt Strom, Strahlungsenergie wird in elektrische Energie umgewandelt. Die Systeme sind grundverschieden, doch in beiden Fällen kommt es zu einer Ladungstrennung. In den Chloroplasten führt dies im Anschluss zu der Oxidation von Wassermolekülen. Wir werden sehen, dass auch die Künstliche Photosynthese dies zu nutzen weiß.[17]

Nicht optimal

Das biologische Photosynthese-Original funktioniert seit vielen Millionen Jahren in beeindruckender Zuverlässigkeit, mit den Augen eines Technikers betrachtet aber keineswegs optimal. Zum einen reicht die Stabilität und Haltbarkeit der biologischen Komponenten für eine technische Umsetzung nicht aus. Ein bestimmtes Protein im Photosystem II muss zum Beispiel stündlich ausgewechselt werden, was auf unvermeidliche Nebenreaktionen im Photosyntheseprozess zurückzuführen ist. Dabei entstehen sehr aggressive Sauerstoffvarianten, die große Schäden anrichten könnten, wenn die Zelle sie nicht permanent unter Kontrolle halten und eingetretene Schäden mit großem Aufwand reparieren würde. Technische Imitationen dieses Prozesses hätten mit denselben Problemen zu kämpfen, wären aber außerstande, sie bei laufendem Betrieb selbst zu beheben.

Noch schwerer wiegt die geringe energetische Effizienz, also die Nutzung eines recht niedrigen prozentualen Anteils der einfallenden Sonnenenergie, die im Fall der Photosynthese in energiereiche chemische Verbindungen überführt wird. Die Photovoltaik hingegen wandelt die Sonnenenergie in Strom um oder, wenn dieser Strom zur Elektrolyse von Wasser genutzt wird, in Wasserstoff. Letzteres bietet sich für einen direkten Effizienzvergleich an, denn in beiden Fällen wird die Strahlungsenergie in chemischer Form gespeichert.[18]

»Ich habe eine Folie mit dem Foto eines Maisfelds und eines großen Arrays von Solarzellen. Wenn ich Vorträge halte, frage ich das Publikum oft, welcher der beiden effizienter ist«, erzählt Robert Blankenship von der Washington University in St. Louis.[19] Im Jahr 2011 veröffentlichte der heute emeritierte Biochemiker mit 16 Kollegen und einer Kollegin einen noch heute häufig zitierten Aufsatz, in dem die Effizienz von Photosynthese und Photovoltaik verglichen wird. Und wie lautet die Meinung des Publikums? Es entscheide sich durchweg »mit großer Mehrheit für die Photosynthese«, sagt Blankenship. Ein Irrtum.

Tatsächlich ist das Einfangen der Strahlungsenergie durch die Photosynthesepigmente hocheffizient, aber in allen nachfolgenden Reaktionen geht Energie verloren, sodass sich am Ende – unter idealen Bedingungen – eine maximale Effizienz von nur etwa 10 Prozent ergibt. In der Natur wird dieser Wert so gut wie nie erreicht, höchstens 1 Prozent im Jahresmittel; bei vielen Pflanzen, zum Beispiel Laubbäumen, liegt er mit 0,1 Prozent noch um den Faktor zehn darunter.

Die Gründe dafür sind vielfältig. So kommt etwa ein Viertel der Strahlung gar nicht in den Chloroplasten an, sondern wird von den Blättern reflektiert. Und weil viele Pflanzen in den gemäßigten Zonen ihre Blätter abwerfen, findet dort während der Wintermonate kaum Photosynthese statt. Ein beträchtlicher Teil der gewonnenen Energie fließt zudem in die Aufrechterhaltung der Lebensprozesse, in Reproduktion und Reparaturen und nicht in den Aufbau von Biomasse.

Ein weiteres Problem ist besonders gravierend und stellt sich auch für die Künstliche Photosynthese. Bestrahlt man eine Photovoltaikzelle mit immer höherer Lichtintensität, steigt der Stromertrag kontinuierlich (linear) an. Mehr Licht, mehr Sonneneinstrahlung bedeutet mehr Energie. Ganz anders bei der Photosynthese:[20] Zwar steigt zunächst auch hier die Leistung, doch bei den meisten Pflanzen erreicht sie schon bei etwa 10 Prozent der maximalen Sonnenlichtintensität einen Wert, der sich nicht weiter steigern lässt. Man spricht von »Lichtsättigung«. Die Photosyntheseeffizienz nimmt oberhalb dieses Lichtsättigungspunktes immer weiter ab. Eine zu hohe Lichtintensität wird irgendwann sogar schädlich für die Pflanze (Photodestruktion). Wenn Solarzellen zu großer Form auflaufen, haben die meisten Pflanzen bereits die Segel gestrichen.

Die Dunkelreaktion mit dem Riesenenzym RuBisCO wirkt dabei als eine Art Flaschenhals. Jenseits des Sättigungspunktes kann die Menge des von der Lichtreaktion produzierten NADPH nicht mehr verarbeitet werden, sodass es zu einer Art Rückstau kommt und die Elektronentransferkette gewissermaßen verstopft wird.

Das Problem hat mit den Umständen zu tun, unter denen die (oxygene) Photosynthese vor Urzeiten entstanden ist. Damals war die Atmosphäre sauerstofffrei, der Gehalt an CO_2 jedoch sehr hoch. Heute ist die Situation umgekehrt: Kohlendioxid ist, trotz anthropogen steigender Werte, ein Spurengas. Die Versorgung mit diesem wichtigen Ausgangsstoff ist also schwieriger geworden, und höhere Temperaturen erschweren die Situation noch weiter. Normalerweise dringt Luft über verschließbare Spaltöffnungen auf der Unterseite der Blätter in das Blattinnere ein, wo das CO_2 dann von den Zellen aufgenommen wird. Über dieselben Öffnungen droht die Pflanze aber bei steigenden Temperaturen immer mehr Wasser zu verlieren. Sie werden deshalb irgendwann ganz geschlossen. Das schützt die Pflanzen zwar vor Austrocknung, schneidet sie jedoch gleichzeitig von der weiteren Versorgung mit dem ohnehin niedrig dosierten CO_2 ab. Das ganze System ist so eingestellt, dass es schon bei relativ geringen Lichtintensitäten im Sättigungsbereich arbeitet. Das garantiert auch an trüben Tagen eine ausreichende Energieausbeute.

Eine bei viel Licht auf Hochtouren laufende Photosynthese würde nicht nur viel energiereichen Zucker, sondern eben auch große Mengen Sauerstoff erzeugen, der in den Zellen ohnehin in vielfach höherer Konzentration vorliegt als Kohlendioxid. RuBisCO hat zwar eine hohe Affinität zum CO_2 und bindet es, obwohl es nur in geringer Konzentration vorliegt. Gelegentlich kann es jedoch auch Sauerstoff nicht widerstehen, und diese Tendenz wird umso größer, je wärmer es ist und je höher der Sauerstoff im Vergleich zum Kohlendioxid konzentriert ist.

Wenn RuBisCO aber mit Sauerstoff statt mit CO_2 reagiert, entsteht eine Kohlenstoffverbindung, die in der Dunkelreaktion nicht weiterverarbeitet werden kann. Sie ist für die Zelle nutzlos und wirkt in höherer Konzentration sogar toxisch. Um das zu vermeiden und gleichzeitig den mit dieser Reaktionssackgasse verbundenen Kohlenstoffverlust zu begrenzen, schleust die Pflanzenzelle die Verbindung in einen Stoffwechselweg ein, mit dessen Hilfe sie einen Teil des Kohlenstoffs zurückgewinnt. Der Rest wird als CO_2 ausgeschieden. Wie bei der Atmung wird dabei also Sauerstoff verbraucht und Kohlendioxid produziert. Man spricht deshalb von »Photorespiration« oder »Lichtatmung«.

Es gibt für die meisten Pflanzen keine Möglichkeit, diese Nebenreaktion zu unterbinden. Dabei ist sie energetisch überaus kostspielig. Die Zellen verlieren einen Teil des aufgenommenen Kohlenstoffs – und vor allem: Sie müssen, um den Verlust zu begrenzen, bis zu einem Drittel der in der Lichtreaktion gewonnenen Energie aufwenden. Das wirkt sich sehr negativ auf die Effizienz aus. Gäbe es diese Fehlreaktion mit Sauerstoff nicht, könnten die Pflanzen wesentlich mehr Kohlenstoff aufnehmen und mehr energiereiche Verbindungen produzieren.

Photorespiration ist besonders in warmen und trockenen Weltgegenden heikel, denn sie vermindert dort die landwirtschaftlichen Erträge. Steigende Temperaturen werden die Situation noch verschlechtern. Verschiedene Versuche, das Problem mit gentechnischen Methoden oder Veränderungen von RuBisCO zu lösen – auch dies eine Form der Photosyntheseoptimierung –, führten bislang bestenfalls zu Teilerfolgen.

Interessanterweise haben mehr als 8000 Arten aus 19 verschiedenen Familien der Blütenpflanzen, die sogenannten C_4-Pflanzen, einen Weg gefunden, diese Schwierigkeiten zu umgehen. Sie stellen zwar nur 3 Prozent aller Pflanzenarten, sorgen aber für fast ein Viertel der globalen Kohlenstofffixierung.[21] Bei ihnen spielt die Photorespiration kaum eine Rolle, und einen Lichtsättigungspunkt erreichen sie nicht oder erst bei sehr viel höherer Lichtintensität – eine Eigenschaft, die im Pflanzenreich mehr als sechzig Mal unabhängig entstanden ist. Zu den C_4-Pflanzen zählen heute viele Gräser, unter anderem Mais, Zuckerrohr und Hirse sowie etliche Unkrautarten. In heißen, stark sonnenbeschienenen Lebensräumen sind C_4-Pflanzen gegenüber »normalen« C_3-Pflanzen im Vorteil.[22] Die steigenden Temperaturen haben bereits dazu geführt, dass C_4-Pflanzen in Mitteleuropa seit Jahrzehnten zunehmen.[23] Wegen deren höherer Energienutzungseffizienz arbeiten mehrere Arbeitsgruppen daran, wichtige Nahrungspflanzen wie Reis mit den Fähigkeiten von C_4-Pflanzen auszustatten. In Deutschland sind daran Forscherinnen und Forscher der Leibniz-Institute und der Max-Planck-Gesellschaft beteiligt.[24]

Die geringe Effizienz der Photosynthese mag ein wenig enttäuschend sein, reicht aber aus, um die Vegetation der Erde hervorzubringen und zu unterhalten. Im Vergleich mit der Photovoltaik schneidet sie aber schon jetzt schlecht ab.

Photosynthetische Organismen wurden von der Evolution nach ihrem Fortpflanzungserfolg selektiert, nicht nach einer möglichst hohen Produktion von Biomasse. Auch die jahrhundertelangen Anstrengungen menschlicher Züchter zielten auf Qualität, Aussehen und Geschmack der Ernteprodukte, eine bessere Anpassung der Pflanzen an die Standortbedingungen, Schädlingsresistenz und vieles mehr ab, nicht auf eine Optimierung der Effizienz. Mit einer höheren Biomasseproduktion würden Pflanzen möglicherweise nur zu einer noch attraktiveren Nahrungsquelle eines Riesenheers von Pflanzenfressern werden.

Eine technische Umsetzung des Photosyntheseprinzips hätte aber gerade das Ziel, bei der Nutzung der Sonnenstrahlung einen möglichst hohen Energieertrag zu realisieren. Photovoltaische Anlagen sind diesbezüglich immer besser geworden, erreichen heute eine Effizienz von 15 bis 20 Prozent und halten dieses Niveau bei nur geringen Abfällen über einen Zeitraum von 20 Jahren. Das ist der Maßstab, die Latte hängt hoch. Auf gleicher Fläche sind solche Anlagen einem Anbau von Energiepflanzen zur Biogasproduktion weit überlegen. Modernste Photovoltaikzellen mit mehreren Halbleiterschichten erreichen sogar Effizienzwerte, die mehr als doppelt so hoch liegen. Der Weltrekord, den kürzlich eine Tandemsolarzelle des Fraunhofer-Instituts für Solare Energiesysteme ISE aufstellte, liegt bei gut 47 Prozent:[25] Aus 1000 Watt Sonnenlicht produzieren diese Zellen 470 Watt elektrischen Strom. Wegen der seltenen Materialien, die dabei verwendet werden, sind sie aber teuer und nicht konkurrenzfähig.[26]

Künstliche Photosynthese

Wie könnte eine technisch umgesetzte Photosynthese aussehen? Mit dem großen Ziel vor Augen, sich in die globalen Kreisläufe einzufügen, statt sie durch Emissionen von Treibhausgasen zu unser aller Nachteil zu belasten, müsste sie sich die grundlegenden Prinzipien des natürlichen Vorbildes zu eigen machen und gleichzeitig die eben aufgezählten Klippen umschiffen.

Allerdings: Die *eine* Methode der Künstlichen Photosynthese gibt es nicht. Verfolgt werden viele unterschiedliche Ansätze mit unterschiedlichen Endprodukten – zu viele, um sie hier auch nur annähernd vollständig vorzustellen. Künstliche Photosynthese ist wie ihr Vorbild ein mehrstufiger Prozess, den man auf verschiedene Weise umsetzen kann. Er besteht aber immer aus Lichtabsorption und Ladungstrennung sowie aus zwei gekoppelten Reaktionen, die nur gemeinsam ablaufen können: der Oxidation von Wasser als Quelle von Elektronen und Protonen und der Reduktion von H^+ oder CO_2 zu Wasserstoff (H_2) beziehungsweise Methan (CH_4), Kohlenmonoxid (CO) oder anderen Verbindungen. Reduziert werden können aber auch diverse Stoffe, darunter etwa Stickstoff, was die mögliche Produktpalette erheblich erweitert.[27]

Wasserstoff ist als Energiespeicher und »grüner« Brennstoff der Zukunft in aller Munde. Vergessen wird oft, dass dieses Gas schon jetzt ein wichtiger Rohstoff der chemischen Industrie ist. Der Markt ist groß. Allein in Deutschland werden jährlich mehr als 50 Milliarden Kubikmeter produziert, und das zu 80 Prozent aus fossilen Quellen, vor allem aus Erdgas. Als Nebenprodukt entsteht dabei CO_2. Dieser Wasserstoff ist also alles andere als »grün«.[28] Künstliche Photosynthese würde das ändern. Der Gewinn wäre ein doppelter: Das so erzeugte Wasserstoffgas wäre CO_2-frei produziert, und es könnte fossile Energiequellen ersetzen und damit Emissionen reduzieren.

Es war bereits davon die Rede, dass die bisher für die Lichtabsorption entwickelten Farbstoffe für eine technische Anwendung zu instabil und zu teuer sind, sodass man zunehmend auf die bewährte Photovoltaik zurückgreift. Auch hier führt die Lichtabsorption zu einer Trennung elektrischer Ladungen, die sich analog zur natürlichen Photosynthese mithilfe von Katalysatoren zur Oxidation von Wasser und zur Reduktion der dabei entstehenden Protonen (H^+) nutzen lässt. Ideal wäre eine kompakte Anlage, die beides miteinander kombinieren würde, also das einfallende Licht per Photovoltaik nutzen und ohne externe Stromzufuhr – das wäre der entscheidende Unterschied zu den schon praktizierten Power-to-Gas-Verfahren (s. o.) – den gewünschten Brennstoff liefern würde, im einfachsten Fall Wasserstoff. Dass das im Prinzip funktioniert, haben japanische Wissenschaftler schon in den 1970er-Jahren gezeigt. Allerdings war die Effizienz sehr gering, und die dabei entstehenden Gase, Sauerstoff und Wasserstoff, wurden nicht getrennt. Es kam zu einer Rückreaktion zu Wasser, die sehr temperamentvoll verläuft (Knallgasreaktion!) und die Ausbeute schmälert.

Heute gibt es Prototypen, die dem Ideal schon recht nahekommen, für technische Anwendungen im großen Maßstab aber leider noch viel zu teuer sind.[29] Die Herausforderung der unterschiedlichen Forschungsansätze besteht vor allem in der Entwicklung geeigneter Katalysatoren. Bislang kommen seltene und überaus teure Elemente wie Iridium, Ruthenium oder Platin zum Einsatz. Deshalb wird fieberhaft nach preiswerteren Alternativen gesucht. Pflanzen verwenden im *oxygen-evolving complex* Mangan. Noch ist nicht ausreichend geklärt, wie die Natur es schafft, mithilfe eines Nichtedelmetalls Wasser zu spalten, ohne dass es dabei zu hohen Energieverlusten kommt. Experimentiert wird auch mit Eisen, Nickel, Kupfer oder Zink. Außerdem müssen diese Systeme stabiler werden, um einen Dauerbetrieb über mehrere Jahre zu gewährleisten.

Furore machten vor einigen Jahren die sogenannten künstlichen Blätter. Auch hier werden Lichtabsorption und Elektrolyse in einem »Gehäuse« kombiniert. Der Trick besteht darin, dass mindestens eine der Elektroden aus Halbleitermaterialien besteht und somit Licht absorbiert. Künstliche Blätter sind, wie der Name schon vermuten lässt, blattdünn, obwohl sie sandwichartig aus mehreren Schichten zusammengesetzt werden. Bei einer Neuentwicklung der britischen Universität Cambridge sind es nicht weniger als 15. Ihre Dicke bewegt sich zum Teil im Bereich von hundertstel und tausendstel Millimetern.[30]

Der US-amerikanische, an der Harvard University forschende Chemiker Daniel Nocera war 2012 der Erste, der für sein Konstrukt die Bezeichnung »künstliches Blatt« verwendete.[31] Es bestand aus neun Schichten, darunter drei aus Silizium, die von einer lichtdurchlässigen leitenden Schicht aus Metalloxid geschützt wurden, auf das wiederum Kobaltoxid als Katalysator für die Wasseroxidation aufgebracht worden war. Auf der anderen Seite wurde das empfindliche Silizium von Metallschichten geschützt. Eine Nickel-Molybdän-Zink-Katalysatorschicht für die Wasserstoffbildung schloss die Konstruktion ab. Das Ganze hatte das Format einer Briefmarke. Stellte man ein solches Nocera-Blatt in ein Glas Wasser und bestrahlte es mit Licht, begann es, wie die Wasserpest Gasperlen abzusondern. Eine Trennung von Wasser- und Sauerstoff gab es nicht. Die Weltpresse war begeistert und träumte mit Nocera von einer Zukunft im Zeichen des Sonnenlichts. Danach wurde es wieder still um sein künstliches Blatt.

Doch mittlerweile haben Arbeitsgruppen weltweit eine neue Generation in fast schon botanischer Vielfalt entwickelt. Künstliche Blätter sprießen in den Labors des Helmholtz-Zentrums Hereon in Geesthacht, der TU Ilmenau, der Cambridge und der Harvard University, auf den Dächern der ETH in Zürich, in Hongkong, wo Dr. Yun Hau Ng gerade in Zusammenarbeit mit Forschern aus Australien, Malaysia und Großbritannien einen kupferbasierten lichtempfindlichen Katalysator entwickelt hat, mit dem sich aus CO_2 reines Methan herstellen lässt,[32] und an vielen anderen Orten auf der Welt. Überall wird getüftelt und mit hauchdünnen Katalysatorschichten und Photoelektroden experimentiert, und alle haben – auch wenn sich ihre Kreationen in Aufbau und Leistungsvermögen unterscheiden – ein gemeinsames Ziel: nach dem Vorbild der Pflanzen nur mithilfe der Sonne aus Wasser und dem CO_2 der Luft nutzbringende Stoffe zu produzieren.

Der Zeitschrift *P.M.* verriet der Berliner Biophysiker Holger Dau eine Vision: Wollte man Deutschlands gesamten Bedarf an Primärenergie durch aus Raps und Mais produzierte Brennstoffe decken, sagte er, bräuchte man dafür mehr als das Doppelte der Landesfläche. Doch künstliche Blätter mit der heute schon erreichten Effizienz würden nur ein Zehntel einnehmen. Zehn Prozent des Landes, das ist immer noch sehr viel, aber die Entwicklung geht ja weiter, und das Ziel kommt schemenhaft in Sicht. Statt der Solarmodule, die heute schon zu einem vertrauten Anblick geworden sind, wären es in Holger Daus Zukunftsvision Paneele für die Künstliche Photosynthese, sogenannte KPh-Module, die direkt, ohne den Umweg der Stromproduktion, klimaneutrale Brennstoffe und andere nützliche Verbindungen produzieren.[33]

An der Universität Cambridge in Großbritannien hat der österreichische Chemiker Erwin Reisner mit seiner Arbeitsgruppe ein sehr leichtes künstliches Blatt erfunden, das mithilfe einer Polymerunterlage schwimmen kann und Wasserstoff produziert. Eine Variante liefert eine Mischung aus Wasserstoff und Kohlenmonoxid, das sogenannte Synthesegas, und verbraucht dabei sogar noch CO_2.[34] Das Gas sammelt sich in einer speziellen Hülle und kann bequem abgesaugt werden. Das Team ist zuversichtlich, dass derartige Module sich auch in großem Maßstab herstellen lassen. Sie könnten dann als schwimmende Wasserstoff- oder Synthesegasfabriken auf Seen, Flüssen oder dem Meer platziert werden. So entstünde keine Konkurrenz um wichtige nutzbare Flächen an Land. Die Effizienz ist noch verbesserungsfähig, liegt aber schon jetzt in der Größenordnung natürlicher Blätter.

Marine »Solarparks für die Stromproduktion sind bereits verbreitet«, sagt Virgil Andrei, Erstautor der Studie.[35] »Wir stellen uns ähnliche Parks für die Brennstoff-Synthese vor. Sie könnten dann Küstenstädte oder Inseln mit Wasserstoff oder Syngas versorgen (...).«[36]

Normalerweise brauchen künstliche Blätter reines Wasser, sonst versagen die Katalysatoren. Im Jahr 2023 stellten Reisner und seine Gruppe jedoch eine Variante vor, die auch auf stark verschmutzten oder salzhaltigen Gewässern eingesetzt werden kann, weil das Wasser vor der Nutzung verdampft wird.[37] Sie produziert nicht nur Wasserstoff, sondern auch sauberes Wasser, könnte also in abgelegenen Gegenden von Nutzen sein, wo beides Mangelware ist. Nicht nur sauberes Wasser, auch sauberer Brennstoff könnte viele Menschenleben retten. Laut WHO, berichten die Forscher, sterben Jahr für Jahr Millionen Menschen, weil sie zum Kochen »schmutzige« Brennstoffe wie Kerosin in Innenräumen verbrennen. »Es ist noch viel zu tun«, sagt Reisner. Umweltverschmutzung und Gesundheit seien eng miteinander verknüpft. Daher wäre »die Entwicklung eines Ansatzes, der dazu beitragen könnte, beide Probleme zu lösen, (...) für so viele Menschen von entscheidender Bedeutung«.[38]

Ebenfalls 2023 präsentierte die Forschergruppe ein künstliches Blatt, das direkt, ohne den Umweg über Synthesegas, die Alkohole Ethanol und Propanol produziert.[39] Aus Pflanzen hergestelltes Bioethanol wird schon heute Benzin beigemischt; im Falle des einst umstrittenen E10-Kraftstoffes sind es 10 Prozent. Die Praxis steht in der Kritik, weil sie kostbare Ackerflächen der Nahrungsmittelproduktion entzieht. In den USA, dem größten Produzenten von Bioalkohol weltweit, werden fast 45 Prozent der jährlichen Maisernte zur Produktion von Ethanol genutzt.

Wenn es gelänge, das nun präsentierte künstliche Blatt, dessen Effizienz noch zu wünschen übrig lässt, zu einer echten Alternative weiterzuentwickeln, könnte damit Schluss sein. Der Schlüssel zum Erfolg war auch hier ein neu entwickelter Katalysator, der mit Kupfer und Palladium arbeitet. Der damalige britische Premierminister Rishi Sunak zeigte sich begeistert und bezeichnete die in Cambridge entwickelte Technologie als eine der vielversprechendsten Innovationen auf dem Weg zur Erreichung der Klimaziele. Im Jahr 2023 wurde Erwin Reisner von der Royal Society mit der »Hughes Medal« ausgezeichnet, die seit 1902 für herausragende Beiträge im Bereich der Energieforschung vergeben wird.[40]

Natürlich ist auch Daniel Noceras Gruppe in Harvard nicht untätig geblieben und hat sein vor mehr als einem Jahrzehnt vorgestelltes künstliches Blatt zu technisch-biologischen Hybridsystemen weiterentwickelt. 2016 präsentierten die Forscherinnen und Forscher eine Variante, bei der ein Wasserstoff verwertendes Bakterium namens *Ralstonia eutropha* eine entscheidende Rolle spielt. Es wächst auf einem eigens entwickelten Katalysator und verwandelt den produzierten Wasserstoff zusammen mit CO_2 aus der Luft in Treibstoff. Versorgt man die Bakterien mit reinem Gas, soll eine Effizienz von bis zu 10 Prozent erreichbar sein. Mithilfe eines anderen Bakteriums, *Xanthobacter autotrophicus*, gelang es Nocera und seiner Gruppe, eine Art lebendes Düngemittel herzustellen. Sie brachten die mit dem Wasserstoff des künstlichen Blatts gemästeten Bakterien in den Boden ein, wo sie begannen, aus Luftstickstoff Dünger herzustellen. Die Biomasse der auf diesem Boden herangezogenen Radieschen übertraf die einer Kontrollgruppe um 150 Prozent. Nocera hofft, dass Bauern in Indien oder Afrika auf diese Weise einmal ihren eigenen Dünger herstellen können.[41]

So faszinierend und vielversprechend diese Entwicklungen auch sind: Noch sind künstliche Blätter klein, von geringer Effizienz und kaum über das Stadium hinausgekommen, in dem sie die prinzipielle Machbarkeit einer Idee oder eines bestimmten Syntheseweges beweisen. Eine Anwendung im großen Stil liegt in weiter Ferne. Eine rasche Lösung unserer Klimaprobleme ist von ihnen also eher nicht zu erwarten. Doch die Entwicklung hat eine beeindruckende Dynamik gewonnen und wird weitergehen.

Grundlegende Aspekte der pflanzlichen Photosynthese sind allerdings noch nicht ausreichend geklärt – Fragen, an denen auch Holger Dau und seine Forschungsgruppe arbeiten. Dau betont jedoch, dass es dabei lediglich um Optimierungsmöglichkeiten für die Künstliche Photosynthese gehe. »Wir sollten daher nicht auf neue Erkenntnisse warten, sondern so schnell wie möglich künstliche Photosyntheseanlagen einsetzen. Denn das geht heute schon.«[42]

Er spielt dabei auf einen pragmatischen Ansatz an, der nicht auf die bisher besprochenen hochintegrierten Anlagen angewiesen ist, sondern zwei Systeme miteinander kombiniert, die, so Dau, Kurz und Weitze,[43] mittlerweile »in technisch ausgereifter Form kommerziell erhältlich« sind: Photovoltaikmodule und Elektrolyseure, also Geräte zur elektrolytischen Spaltung von Wasser. Die direkte Kopplung von Photovoltaik und Elektrolyse benötigt keine externe Stromversorgung – im Unterschied zu den bereits existierenden Power-to-Gas-Anlagen, die heute fast ausschließlich mit Strom aus dem Netz arbeiten. Der Ort der Stromproduktion könnte also weit entfernt vom Standort der Elektrolyseure liegen.

Im Prinzip funktioniert das Ganze auch mit zwei getrennten Apparaten; sinnvoller wäre es allerdings, beide Prozesse zukünftig – ähnlich den künstlichen Blättern – in einem einzigen Gerät miteinander zu verbinden, da dies einige Vorteile mit sich brächte. So könnte die Wärmeentwicklung der Solarzellen zum Beispiel verwendet werden, um die Stoffumsätze in den Elektrolyseuren zu erhöhen. Gleichzeitig würde man »Systemkosten« sparen: Ausgaben für Glas, Kabel und die Metallkonstruktionen, die für Aufstellung und Installation erforderlich wären.[44]

Natürlich gibt es auch hier noch einiges zu tun, um die Ergebnisse zu optimieren. Ein deutsches Team des Forschungszentrums Jülich hat aber schon 2016 anhand eines 64 Quadratzentimeter großen Prototyps zeigen können, dass diese Kombination funktioniert.[45] Er ähnelte äußerlich einer Solarzelle und produzierte mit einer Effizienz von immerhin 4 Prozent nahezu konstant über 40 Stunden Wasserstoff. Zur Verwendung kamen damals kommerziell erhältliche Nickel-Katalysatoren; die Anlage enthielt keine seltenen chemischen Elemente, die die Kosten in unrealistische Höhen treiben würden.

Holger Dau ist überzeugt: »Solche kombinierten Systeme werden meiner Meinung nach die erste Generation von Anlagen für künstliche Photosynthese sein. Und diese erste Generation ist meiner Einschätzung nach in den nächsten fünf bis zehn Jahren umsetzbar.«[46]

Eine ganz andere Art von Hybridsystemen kombiniert die Künstliche Photosynthese mit biotechnologischen Verfahren. Dabei werden die produzierten Gase, in der Regel Wasserstoff oder Synthesegas, in Bioreaktoren oder Fermenter geleitet, in denen sie von Mikroorganismen weiterverarbeitet werden. Bakterien können auf diese Weise Methan produzieren. Interessanter ist aber die Synthese von Alkoholen oder Essigsäure – wichtigen Ausgangsprodukten der chemischen Industrie, die bislang vor allem aus Erdöl und Erdgas hergestellt werden. Für noch komplexere Verbindungen könnten gentechnisch veränderte Bakterien zum Einsatz kommen, wie das bei der Produktion von

Insulin, Enzymen, Aromen, Vitaminen, Süßstoffen und vielen anderen Verbindungen seit Jahren üblich ist.

Pilotanlagen, die dieses Prinzip erfolgreich anwenden, existieren bereits, zum Beispiel im Rahmen von *Rheticus*, einem gemeinsamen Forschungsprojekt der Firmen Siemens und Evonik, des drittgrößten deutschen Chemieunternehmens, das vor allem im Bereich der Spezialchemie tätig ist.

Die 2020 im nordrhein-westfälischen Marl mit Unterstützung des Bundesministeriums für Bildung und Forschung (BMBF) in Betrieb genommene Versuchsanlage besteht aus drei Komponenten: einem Elektrolyseur, der aus Luft-CO_2 Kohlenmonoxid herstellt, einem Wasser-Elektrolyseur und einem Bioreaktor. In diesem stellen verschiedene Arten von Bakterien, die in Sedimenten tiefer Seen vorkommen, aus dem elektrolytisch erzeugten Gas und weiterem zugeführten CO_2 Verbindungen wie Butanol und Hexanol her. Bislang muss deren Synthese aus fossilen Grundstoffen aufwendig in mehreren Schritten erfolgen. Aus diesen Alkoholen können dann Schmierstoffe, Hautpflege-, Wasch- und Nahrungsergänzungsmittel, synthetische Kraftstoffe und andere Produkte gewonnen werden. Geplant ist bis Ende des Jahrzehnts die Inbetriebnahme einer industriellen Anlage mit einer Jahresproduktion von 10 000 Tonnen Butanol und Hexanol. Sie würde jährlich 25 000 Tonnen CO_2 aus Industrieabgasen oder Biogasanlagen binden, die ansonsten in der Atmosphäre landen würden.[47] Die Kosten der fertigen Produkte dürften letztlich etwa doppelt so hoch sein wie bei der bisher üblichen Herstellung aus Erdöl. Verbraucher hätten dann die Wahl zwischen Erzeugnissen aus emissionsfreier oder konventioneller Fertigung.[48]

Allerdings: Da *Rheticus* Strom aus regenerativen Quellen nutzt, um aus Wasser und CO_2 komplexere Kohlenstoffverbindungen herzustellen, handelt es sich um eine klassische Power-to-X-Technologie, also streng genommen nicht um eine Anwendung der Künstlichen Photosynthese, die ja ohne externe Stromzufuhr auskommen müsste.[49]

Optimierte Photosynthese

In vielen Laboren der Welt wird daran gearbeitet, Pflanzen, vor allem mikroskopisch kleine Algen und Cyanobakterien, durch Optimierung der Photosynthese mit gentechnischen Methoden zu noch besseren CO_2-Verwertern zu machen. In welcher Weise und in welchem Ausmaß diese Forschungen einmal in großem Maßstab anwendbar sein und ob sie einen wichtigen Beitrag zum Klimaschutz leisten werden, ist momentan noch offen.[50]

Hinweisen möchte ich an dieser Stelle aber auf einen besonders radikalen biologischen Ansatz, obwohl er erst recht, wenn überhaupt, nur mittel- bis langfristig zu Resultaten führen wird. Dann könnten seine Auswirkungen allerdings enorm sein. Und da uns der anthropogen verursachte hohe und immer noch weiter steigende CO_2-Gehalt der Atmosphäre noch über viele Jahrzehnte beschäftigen wird, sind auch Ideen von Interesse, die vielleicht erst in 20 oder 30 Jahren helfen können.

Ein solcher Ansatz wird im hessischen Marburg im Max-Planck-Institut für terrestrische Mikrobiologie verfolgt, im Labor des gerade mit dem wichtigsten deutschen Forschungspreis ausgezeichneten Biologen Tobias Erb: Der Gottfried-Wilhelm-Leibniz-Preis 2024 ist der vorläufige Höhepunkt einer außergewöhnlichen Forscherkarriere.

Erb ist zuallererst Wissenschaftler. Er will die biologischen Prozesse, mit denen er sich beschäftigt, im Detail verstehen, aber er möchte dieses Wissen auch anwenden, und ihn treibt die Vision an, das menschengemachte Zuviel an CO_2 in der Atmosphäre als Rohstoff und Kohlenstoffquelle zu nutzen.

Im Zusammenhang mit den vielen angedachten Lösungen für den Klimawandel wäre das sicher ein Königsweg: den CO_2-Gehalt der Atmosphäre zu senken, indem man aus dem Treibhausgas biologisch und emissionsfrei Kohlenstoffverbindungen herstellt. Da das mit rein chemischen Methoden bislang unmöglich ist, lag es für Tobias Erb nahe, mit biologischen Systemen zu arbeiten, mit Photosynthese betreibenden Organismen, den Spezialisten der Kohlenstofffixierung. Das Fernziel lautet in Erbs eigenen Worten: »Mit maßgeschneiderten Enzymen einen künstlichen Stoffwechsel 2.0 zu erschaffen, der jede beliebige organische Verbindung aus Kohlendioxid herstellen kann.« [51]

Vielleicht muten die folgenden Vergleiche zunächst weit hergeholt an, aber sie verdeutlichen, worauf sich Erbs Forschungsweg stützt. Da wäre zuerst die Frage, warum wir Menschen körperlich nicht besser ausgestattet sind. Wäre es für uns nicht von großem Vorteil, wenn wir zwei voll funktionsfähige Armpaare besäßen oder ein drittes Auge am Hinterkopf? Flügel wären auch nicht zu verachten oder Kiemen, um unter Wasser atmen zu können. Oder nehmen wir die Vögel. Sie können fantastisch fliegen, am Boden jedoch hüpfen viele von ihnen nur unbeholfen herum. Mit vier Beinen wären sie sicher beweglicher und alles in allem besser bedient.

Leider ist das eine wie das andere unmöglich, und zwar nicht, weil Lebewesen mit einer solchen Ausstattung grundsätzlich nicht existenzfähig wären, sondern weil sie während der Evolution aus Vorfahren hervorgegangen sind, die ihnen sehr ähnlich sahen und eben nicht mit drei Extremitätenpaaren und drei Augen ausgestattet waren, und auch deren Vorläufer besaßen nur vier Beine und zwei Augen, genauso wie deren Ururgroßeltern und so weiter und so fort. Will sagen: Irgendwann, früh in der Entstehungsphase einer Entwicklungslinie, werden während der Evolution grundlegende Entscheidungen getroffen, werden Tatsachen geschaffen, die später nicht mehr zu revidieren sind. Die Evolution muss dann mit dem arbeiten, was sie hat, und kann aus dem Nichts keine grundlegenden anatomischen oder biochemischen Neuheiten mehr hervorzaubern. Natürlich wird sie in der langen Kette der Generationen alles aus der ererbten Konstruktion herausholen, was möglich ist, aber der Weg zu einem völlig neuen Design ist verbaut.

Lektion eins lautet daher: Merkmale, Fähigkeiten und Anatomie eines Lebewesens sind über lange Zeiträume verbessert und optimiert worden, aber sie repräsentieren nicht notwendigerweise und in jedem Fall die beste aller Möglichkeiten. Die Evolution bringt nur selten echte Innovationen hervor; meistens arbeitet sie mit dem Vorhandenen. So funktioniert die Photosynthese seit Langem wunderbar – so gut, dass wir uns große Mühe geben, sie nachzuahmen –, aber sie ist, wie wir gehört haben, keineswegs in allen Teilen optimal.

Nun stellen Sie sich vor, Sie wollten Ihre engsten Freunde einladen und ihnen das beste aller möglichen Essen servieren, ein mehrgängiges Menü mit dem Feinsten vom Feinen, von Geschmacks- und Stilfragen sehen wir hier einmal ab. Die leckersten Suppen kommen Ihrer Meinung nach aus Vietnam und Thailand, also gibt es zu Beginn Tom Kha Gai. Danach reichen Sie italienische Pasta, argentinische Steaks mit frischem Salat aus dem eigenen Garten, dazu spanischen Wein, Käse aus Frankreich und Brot aus Deutschland.

Falls Sie weniger an Essen als an Fußball interessiert sind, können wir auch das Beispiel der Nationalmannschaft heranziehen. Natürlich sollen in diesem Team auf allen Positionen nur die Besten spielen, und die finden sich in vielen unterschiedlichen Mannschaften.

Lektion zwei: In jeder Spezies nimmt die Evolution ihren eigenen Verlauf. Manchmal, in Einzelfällen, durch Zufall und weil die Bedingungen dafür günstig waren, führt sie zu Spitzenleistungen; manchmal, da die Umwelt es nicht erforderte oder die Voraussetzungen nicht mehr hergaben, ist das Ergebnis nur gut oder sehr gut. Suppen kennt man wahrscheinlich überall auf der Welt, aber nirgendwo sind sie so köstlich wie in Südostasien; nirgendwo ist das Angebot an Brotsorten so groß wie in Deutschland. Und obwohl es in jedem Fußballteam einen Torhüter gibt, reifte nur im Umfeld des FC Schalke 04, wo er sämtliche Jugendmannschaften bis hinauf zum Profiteam durchlief, ein Manuel Neuer heran.

Was hat das mit der Arbeit von Tobias Erb und seiner Forschungsgruppe zu tun?

Sie erinnern sich sicher an RuBisCO, das Enzym, das während der Dunkelreaktion der Photosynthese CO_2 aus der Luft bindet und es in den Reaktions-Kreislauf zur Zuckersynthese einschleust, den Calvin-Zyklus. RuBisCO ist das mengenmäßig häufigste Protein auf der Erde (auf jeden Menschen kommen 5 Kilogramm davon), ein Enzym, das sich über Hunderte von Millionen Jahren nur wenig verändert hat. Offenbar leistete es genau das, was Pflanzen brauchten, um zu gedeihen und zu überleben, nicht weniger, aber auch nicht mehr. Denn RuBisCO hat einen großen Nachteil: Es arbeitet langsam. Pro Sekunde kann es nur maximal zehn Kohlendioxidmoleküle umsetzen.[52]

Nicht zuletzt das ist der Grund, warum es zu der oben dargestellten Lichtsättigung kommt, die es den meisten Pflanzen unmöglich macht, von größeren Lichtintensitäten zu profitieren. Ein grundsätzlicher Umbau dieses Enzyms, um eine deutlich höhere Effizienz zu erreichen, war wohl nicht nötig und vielleicht auch nicht praktikabel. Für Pflanzen war das Leistungsvermögen ausreichend. Menschen wie Tobias Erb, die nach immer besseren Lösungen suchen, reicht es nicht. Sie wollen darüber hinausgehen.

Bereits in seiner Doktorarbeit beschäftigte sich Tobias Erb mit den Stoffwechselwegen in Mikroorganismen, die diesbezüglich sehr viel mehr zu bieten haben als höherentwickelte Lebewesen. »Mich hat immer schon interessiert, wie so winzige Lebewesen wie Bakterien Dinge vollbringen, die für Chemiker bis heute unerreichbar sind.«[53]

So dachte man lange, der Calvin-Zyklus mit RuBisCO sei die einzige Option für Organismen, Kohlendioxid zu binden. Bis man in photosynthetisch aktiven Bakterien und Archaeen, die stammesgeschichtlich viel älter als Pflanzen sind, auf ein halbes Dutzend alternativer Reaktionswege stieß. Eigentlich kein Wunder, denn, so Tobias Erb, »mehr als ein Drittel des Kohlendioxids auf diesem Planeten wird von Kleinstlebewesen gebunden«.[54]

In einem Purpurbakterium, das man aus Seewasser isoliert hatte, einem erstaunlichen Alleskönner namens *Rhodobacter sphaeroides*, der neben vielem anderen auch zur Photosynthese befähigt ist, entdeckte Erb schließlich ein CO_2-bindendes Enzym, das wir der Einfachheit halber »CCR« nennen wollen. Dazu kamen aus anderen Bakterien die ECRs, eine ganze Klasse verwandter Moleküle.[55] Und wie sich herausstellte, arbeiten beide viel schneller als RuBisCO. ECRs binden bis zu 80 Moleküle CO_2 in der Sekunde, und ihre Neigung, mit Sauerstoff fremdzugehen, ist kaum ausgeprägt. Ein höherer Stoffumsatz und eine geringere Fehleranfälligkeit – die neu entdeckten Enzyme sind gleichsam »Turbo-RuBisCOs«.

Ausgehend von dieser Entdeckung entwarf Tobias Erb mit seinem internationalen Mitarbeiterstab[56] einen völlig neuen Reaktionskreislauf, der sich nicht an natürlichen Vorbildern, sondern allein an chemischen Notwendigkeiten und Effizienzkriterien orientierte – ein Entwurf am Reißbrett, erstellt in nur ein bis zwei Wochen.

Heraus kam der »CETCH-Zyklus«, vergleichbar mit der Fußballnationalmannschaft oder dem exklusiven Dinner, das Sie Ihren Freunden servieren möchten. Denn für jeden einzelnen Reaktionsschritt des Zyklus wurde ein möglichst effektiver Biokatalysator gebraucht, ein Enzym, das diese Reaktion überhaupt erst möglich machte. Die Suche danach dauerte viel länger als der Entwurf.

Sie hätten »mehr als zwei Jahre damit verbracht, den theoretisch entworfenen Zyklus experimentell umzusetzen«, erzählt Tobias Erb. »Wir mussten alle biologischen Einzelteile des Zyklus, die Enzyme, erst einmal finden und zusammenbringen. Dazu mussten wir unter mehr als 50 Millionen bekannten Genen und 40 000 Enzymen eine Handvoll potenzieller Kandidaten identifizieren und diese jeweils einzeln und im Zusammenspiel mit den anderen Komponenten testen.«

Denn auch das ist wichtig. Besetzt man alle Positionen der Nationalmannschaft mit den besten Spielern, erhält man nicht notwendigerweise das beste Team. Und vielleicht schmeckt ein Dinner nicht, wenn in jedem Gang nur Erlesenes serviert wird. Die einzelnen Komponenten müssen miteinander harmonieren, sie müssen zusammen ein perfekt funktionierendes Ganzes ergeben.

Das hocheffiziente enzymatische »Dream-Team«, das Tobias Erb und seine Arbeitsgruppe zusammenstellten, bestand schließlich aus 17 Enzymen, die neun verschiedenen Organismen entnommen waren. Um in einem unserer Bilder zu bleiben: Die nominierte Nationalmannschaft umfasste 17 Spieler aus neun verschiedenen Vereinen. Auf natürliche Weise hätte dieses »Team« nie zusammenfinden können. Die Enzyme stammten vor allem aus Bakterien und Archaeen, aber auch aus einem beliebten Forschungsobjekt der Botaniker, der Acker-Schmalwand (*Arabidopsis thaliana*), und – *last, but not least* – vom Homo sapiens.

Zuerst lief der Zyklus nicht rund. Drei der Enzyme mussten umgebaut werden, bevor sie ihre Arbeit verrichteten. Und auch dann kam der Zyklus noch allzu oft ins Stocken, weil diverse Fehlreaktionen auftraten. Erb und seine Mitstreiter lösten die Probleme, indem sie weitere Enzyme hinzufügten, die die Ausreißer wieder zurück ins Boot holten. »Bislang haben wir Biologen diesen Korrekturschleifen des Stoffwechsels offenbar zu wenig Beachtung geschenkt«, erläutert Tobias Erb, »aber sie scheinen auch im natürlichen Metabolismus sehr wichtig zu sein.«

Dann vollzog sich der Zyklus, verbrauchte CO_2 und produzierte Kohlenstoffverbindungen, wie seine Erfinder es geplant hatten. Neben den sechs natürlichen gab es nun einen siebten CO_2 fixierenden Reaktionskreislauf – den ersten komplett synthetischen, der realisiert werden konnte. Während die natürliche Photosynthese bis zu 34 Lichtquanten benötigt, um ein Kohlendioxidmolekül zu binden, schafft das der CETCH-Zyklus mit 24 bis 28 Lichtquanten. Er kann also mit derselben Lichtenergie etwa 20 Prozent mehr Kohlendioxid binden.[57]

Allerdings verrichtete er seine Arbeit zunächst nur im Erlenmeyerkolben. »Wir haben damit quasi ein metabolisches Organ im Reagenzglas geschaffen«, sagt Erb. »Dieses metabolische Organ in lebende Organismen zu transplantieren, ist aber eine völlig andere Herausforderung.«

Vielleicht ist das gar nicht nötig. Bisher läuft der Zyklus ab, weil die Forscherinnen und Forscher ihn reichlich mit chemischer Energie versorgen, mit ATP und NADPH. Gleichzeitig wird an sparsameren Zyklen geforscht. Vorstellbar wäre auch, ihn an künstliche Blätter oder Solarzellen zu koppeln. Der Zyklus würde dann allein mithilfe der Strahlung der Sonne und der Spaltung von Wasser angetrieben.

Der Ansatz der synthetischen Biologie sieht vor, die Gene aller 17 Enzyme des Zyklus in das Erbgut einer synthetischen Zelle einzufügen, an der gerade im Rahmen des interdisziplinären Forschungsnetzwerks MaxSynBio unter dem Dach der Max-Planck-Gesellschaft gearbeitet wird. Tobias Erb spricht von einem neuen Betriebssystem für die Photosynthese. Es sei eine »spannende Frage, ob natürliche Zellen nach Milliarden Jahren Evolution solche neuen Programme überhaupt ablaufen lassen können – oder ob künstliche Zellen vielleicht dazu besser geeignet sind«.[58]

Das Erb-Labor sondiert das Terrain weiterhin in alle Richtungen. 2020 meldeten die Forscherinnen und Forscher die Entwicklung einer Art künstlicher Chloroplasten.[59] Ihnen gelang das Kunststück, in Tröpfchen – »Einfach ausgedrückt sind es winzige Wasserbläschen in einer Öl-Lösung«[60] – mit einem Durchmesser von nur einem zehntel Millimeter sowohl funktionsfähige Fragmente von Chloroplasten aus Spinatpflanzen als auch den gesamten CETCH-Zyklus, mittlerweile in der Version 6.0, unterzubringen. Was wie ein Wunder anmutet: Der so konstruierte künstliche Chloroplast funktionierte, wohlgemerkt ein Konglomerat aus natürlichen Photosynthesemembranen, an denen die Lichtreaktion ablief, und einem synthetischen Reaktionskreislauf, der die Dunkelreaktion ersetzte. Mehr noch: Die Herstellung der Bläschen ist hochgradig automatisiert, und in jedem einzelnen können die Komponenten in anderer Konstellation kombiniert werden, was die Forschung ungemein beschleunigt. »Unsere Bemühungen zeigen«, resümiert die Forschergruppe, »wie natürliche und synthetische biologische Module gemischt und angepasst werden können, um hochintegrierte Systeme mit lebensechten Funktionen zu schaffen.«[61]

Welche experimentelle und methodische Raffinesse sich hinter all dem verbirgt, ist für den staunenden Laien nur zu erahnen. Das gilt auch für den jüngsten Streich aus dem Marburger Labor. Was Tobias Erb 2016 bei der Vorstellung des CETCH-Zyklus noch als »völlig andere Herausforderung« bezeichnet hatte, gelang nur wenige Jahre später, zumindest in Teilen: die Implementation eines synthetischen Reaktionszyklus zur Bindung von CO_2 *in vivo*, also in lebenden Zellen.[62]

Neben dem CETCH-Zyklus gibt es mittlerweile einen weiteren synthetischen Reaktionskreislauf, den »THETA-Zyklus«. Seine Besonderheit: Er lässt sich in drei Module aufteilen, die schon einzeln interessante Produkte liefern. Zusammen verwandeln sie im kompletten Zyklus zwei Moleküle Kohlendioxid in ein Molekül Coenzym A, ein Stoff, der in den Zellen in vielen Zusammenhängen eine zentrale Rolle spielt und als Baustein für eine ganze Reihe von Folgeprodukten dienen kann, unter anderem von Biotreibstoffen und Medikamenten.[63] Aus dem Treibhausgas CO_2 könnten so unter anderem lebenswichtige Antibiotika entstehen.

2016 sagte Tobias Erb vorsichtig, man könne nicht vorhersagen, wie sich die synthetischen Zyklen in lebenden Zellen verhalten würden, in denen 3000 chemische Reaktionen gleichzeitig stattfänden. Heute wissen wir: In *Coli*-Bakterien funktionieren sie und schaden den Zellen nicht; bislang gilt das allerdings nur für die drei einzelnen Module des THETA-Zyklus. Es sei »noch nicht gelungen, den gesamten Zyklus zu schließen, so dass *E. coli* vollständig mit Kohlendioxid wachsen kann«, erläuterte Shanshan Luo, die Erstautorin einer Studie aus dem Erb-Labor über synthetische Wege der Fixierung von CO_2 in lebenden Zellen.[64]

Auch wenn das vielleicht nicht jedem gefallen wird – die synthetische Biologie ist nicht unumstritten, sie wirft ethische Fragen auf, und manche warnen vor der Gefahr des Missbrauchs zum Beispiel durch Bioterroristen, aber sie funktioniert offenbar. Dafür liege nun »ein wichtiger Grundsatzbeweis« vor, sagte Erb.[65]

Was wird die Zukunft bringen? Werden wir rechts und links der Autobahnen Parks von künstlichen Blättern sehen, die mit synthetischen Enzymzyklen zur CO_2-Bindung gekoppelt sind? Superalgen oder -bakterien, die in Bioreaktoren mit der Luft entzogenem Kohlendioxid gleichsam nach Wunsch Kohlenstoffverbindungen produzieren? Oder werden es von Grund auf neu konstruierte Zellen sein, die das übernehmen – synthetisches Leben?

Eines scheint jedenfalls klar: Aus dem Labor von Tobias Erb und seinen ehrgeizigen Mistreitern und Mitstreiterinnen sind weitere Überraschungen zu erwarten.

7
Mit Pflanzen die Welt retten?

Wenn wir nun – nach allem, was wir erfahren haben – den Titel dieses Buches als Frage formulieren, wie müsste die Antwort lauten? Können wir mithilfe von Pflanzen die Welt retten?

Sie wissen, diese Frage ist zugespitzt. Es geht nicht darum, *die* Welt zu retten. Gemeint ist die Welt, wie wir sie kennen, die vertraute Pflanzen- und Tierwelt unseres Planeten; gemeint sind vor allem wir selbst, die Menschen.

Als hätte er die Frage noch rechtzeitig vor Drucklegung dieses Buches beantworten wollen, meldete sich kürzlich der geballte deutsche Sachverstand in Umweltfragen zu Wort. Mit dabei waren Wissenschaftlerinnen und Wissenschaftler der wichtigsten deutschen Forschungseinrichtungen, unter anderem von dem Kieler GEOMAR Helmholtz-Zentrum für Ozeanforschung, dem Alfred-Wegener-Institut in Bremerhaven, dem Leipziger Helmholtz-Zentrum für Umweltforschung, dem Deutschen GeoForschungsZentrum Potsdam und dem Forschungszentrum Jülich. Es ging um eine »umfassende Bewertung der Optionen zur Kohlenstoffdioxid-Entfernung in Deutschland«,[1] wobei sowohl deren Machbarkeit als auch mögliche Konsequenzen für Umwelt, Ökonomie und Gesellschaft berücksichtigt wurden. Mit im Rennen waren neben mehreren technischen und chemischen auch einige Varianten der in diesem Buch dargestellten pflanzenbasierten Verfahren. (Manche können in Deutschland nicht zur Anwendung kommen; es gibt bei uns zum Beispiel keine Mangroven.) Am Ende wurde mithilfe eines einfachen Ampelfarbensystems eine Einschätzung der Hürden gegeben, die eine Implementierung der ausgewählten Optionen in Deutschland zu überwinden hätte: Grün für keine oder niedrige bis hin zu Rot für hohe Hürden.

Generell schneiden biologische und hybride biologisch-technische Optionen recht gut ab, die Tabellen zeigen viel Grün. *Go!* Zu den hybriden Verfahren wird die Verwertung von Holz, Makroalgen oder Paludibiomasse in Biogasanlagen oder als Biokohle gezählt. Das bei der anschließenden Verbrennung anfallende CO_2 müsste dabei aber grundsätzlich abgeschieden und geologisch, also in unterirdischen Gasspeichern, deponiert werden, was keineswegs unumstritten und in Deutschland nicht möglich ist, da hierzulande bislang keine bewilligten CO_2-Speicher existieren.[2] Skeptisch beurteilt – die Ampel steht auf Gelb – werden ein verstärkter Anbau von Energiepflanzen oder die Aufforstung von Agrarflächen, aber vor allem deshalb, weil ein solches Vorgehen früher oder später in Konkurrenz zur Produktion von Nahrungs- und Futtermitteln geraten würde.

Die Umwelteffekte der rein biologischen Verfahren, ihre Wirkung auf die Artenvielfalt sowie die Luft- und Wasserqualität, werden dagegen durchweg positiv bewertet, die technologischen und institutionellen Hürden, die überwunden werden müssten, sind eher gering. Das gilt besonders, wenn die Maßnahmen auf die Erholung oder Renaturierung bereits bestehender Kohlenstoffsenken abzielen. Fast alle diese Verfahren werden in kleinem Maßstab bereits praktiziert und wären sofort oder in naher Zukunft auf größeren Flächen einsetzbar, auch wenn im konkreten Fall noch viel Arbeit zu leisten wäre und bei Weitem nicht alle Fragen beantwortet sind. Wir haben das am Beispiel eines Wiedervernässungsprojekts in Mecklenburg-Vorpommern (Kap. 4) deutlich gemacht.

Gering – das ist die schlechte Nachricht – wären allerdings nicht nur die zu überwindenden Widerstände, sondern in vielen Fällen leider auch die Effekte. Das hat zum Teil mit den Arealen zu tun, die in Deutschland zur Verfügung stehen. Die Rekultivierung von Seegraswiesen könnte zum Beispiel relativ bald in Angriff genommen werden, aber die Gebiete, die dafür in deutschen Meeren infrage kommen, sind eben längst nicht groß genug, um damit eine spürbare Klimaschutzwirkung zu erzielen. Ein Gewinn für den Artenschutz wären sie allemal. Dazu kommt, dass gerade die biologischen Optionen – man ist versucht zu sagen: naturgemäß – besonders empfindlich auf mögliche Veränderungen des Klimas reagieren und deshalb in Zukunft an Effektivität verlieren könnten.

Im Fall der Moore wird nicht durch die Negativemissionen, also den CO_2-Verbrauch der dort nach einer Restauration wachsenden Vegetation, ein merklicher Effekt erzielt (nur etwa 0,5 Megatonnen CO_2 pro Jahr), sondern durch den CO_2-Emissionsstopp, der sich sofort als Folge der Wiedervernässung einstellt (bis zu 43 Mt CO_2/Jahr). Das größte Potenzial biologischer CO_2-Entfernung weist der Studie zufolge ein Verfahren der landwirtschaftlichen Praxis auf, das wir gar nicht erwähnt haben: Allein durch eine Verbesserung der Fruchtfolge könnten 10 Prozent der auch in Zukunft unvermeidbaren deutschen Kohlendioxidemissionen ausgeglichen werden.

Insgesamt, das muss man leider festhalten, ist das Resümee eher ernüchternd. Selbst wenn alle untersuchten Maßnahmen ergriffen würden, also auch technische und chemische, die wir in diesem Buch nicht betrachtet haben, käme man laut der Prognose der Fachleute bis Mitte des Jahrhunderts auf eine Kohlendioxidentfernung von lediglich etwa 60 Millionen Tonnen CO_2 pro Jahr. Vergleicht man diesen Wert mit den deutschen Emissionen im Jahr 2020 in Höhe von 644 Megatonnen CO_2, heißt das, dass wir mit sämtlichen in Betracht gezogenen Methoden bis 2050 bestenfalls 10 Prozent der Emissionen wieder aus der Atmosphäre zurückholen können. Das ist auch die Zahl, die kürzlich von Andreas Oschlies genannt wurde, der maßgeblich an der Machbarkeitsstudie beteiligt war und im GEOMAR die Forschungseinheit Biogeochemische Modellierung leitet. In einer Pressemitteilung des Helmholtz-Zentrums wird er mit dem Satz zitiert: »Die in den Eckpunkte-Papieren und Strategien betrachteten Ansätze können zusammen höchstens zehn Prozent unserer derzeitigen Emissionen ausgleichen – 90 Prozent müssen wir vermeiden, und dabei benötigen wir ein deutlich ambitionierteres Vorgehen.«[3] An einer drastischen Reduktion unserer Treibhausgasemissionen führt also kein Weg vorbei.

Die Autorinnen und Autoren der Studie[4] betonen, die Liste der untersuchten Optionen zur Kohlendioxid-Entfernung sei keineswegs vollständig, sondern nur eine Auswahl. Außerdem gelten diese Einschätzungen nur für Deutschland, weltweit stellt sich die Situation anders dar. Die Gebiete, die sich für Aufforstungen im großen Stil eignen würden, liegen nicht in einem kleinen Industrieland wie Deutschland, das noch dazu bereits (oder noch) über verhältnismäßig viel Wald verfügt. Dasselbe gilt für die großen wiederzuvernässenden Moore, die potenziellen Renaturierungsflächen für Mangrovenwälder und Seegraswiesen, die Meeresgebiete, in denen sich künstlicher ozeanischer Auftrieb und die Zucht von Makroalgen lohnen könnten. Grundlegende technische Innovationen wie etwa die Künstliche Photosynthese wurden gar nicht berücksichtigt. Eine vergleichbar detaillierte Analyse auf ähnlich guter Datengrundlage existiert im globalen Maßstab nicht, doch es gibt berechtigten Anlass zur Hoffnung, dass sie deutlich positiver ausfallen würde.

Natürlich heißt das nicht, dass wir uns in Deutschland derartige Maßnahmen sparen können, weil sie ohnehin nichts bringen. Die 10 Prozent, von denen Andreas Oschlies sprach, werden wir dringend brauchen. Wir werden unsere Wälder umbauen und aufforsten müssen, um sie fit für die Zukunft zu machen, und wir werden unsere Moore wiedervernässen und Seegraswiesen anpflanzen müssen, weil die Klimaziele, zu denen wir uns verpflichtet haben, anders gar nicht zu erreichen sind.

Trotzdem beginnt man zu ahnen, dass Pflanzen allein das Problem wohl nicht lösen werden. War die Erwartung, sie könnten die Karre für uns aus dem Dreck ziehen, nicht von vornherein überzogen?

Was man sich von naturbasierten Strategien für den Klimaschutz versprochen und wie man sie bewertet hat, war von Anfang an starken Schwankungen unterworfen. Die Bestrebungen durchliefen Phasen der Euphorie, des Hypes, der Kontroversen und Enttäuschungen und mündete in Pragmatismus und Normalisierung – jeweils abhängig von wissenschaftlichen Erkenntnissen und gesellschaftlichen Konstellationen und Koalitionen.[5] Man denke nur an die Begeisterung über die Züricher Studie zur globalen Aufforstung,[6] die das Pflanzen von Bäumen als *die* Klimaschutzmaßnahme schlechthin feierte, und an die massive, zum Teil vernichtende Kritik, die darauf folgte.

Je ernüchternder die genauere Betrachtung der landgebundenen Verfahren ausfiel, desto interessierter blickte die Fachwelt auf die Ozeane. Doch auch im Zusammenhang mit den ONETs, den ozeanbasierten Negativemissionstechnologien, haben die Genfer Umwelt- und Politikwissenschaftlerin Kari De Pryck und ihre für die Berliner Stiftung Wissenschaft und Politik forschende Kollegin Miranda Böttcher ausgeprägte Wellenbewegungen des wissenschaftlichen und öffentlichen Interesses ausgemacht. Sie sprechen von »*rise, fall and rebirth*«, von »Aufstieg, Fall und Wiedergeburt der marinen Kohlenstoffbindung als Klima-›Lösung‹«.[7]

In den Jahren 1960 bis 2000 wuchs das Verständnis für den globalen Kohlenstoffkreislauf und die in diesem Zusammenhang überragende Bedeutung der Ozeane. Parallel zu der Erkenntnis, wie viel des von Menschen emittierten Kohlendioxids die Meere aufnehmen, entwickelten sich Ideen, wie diese Fähigkeit für den Klimaschutz genutzt und, wenn möglich, noch ausgebaut oder künstlich verstärkt werden könnte, zum Beispiel durch eine Düngung mit Eisen, um das Algenwachstum anzuregen.

Von John H. Martin, der in den Moss Landing Marine Laboratories in Kalifornien arbeitete und als Erfinder der Eisendüngung gilt, ist der Spruch überliefert: »Gebt mir einen halben Tanker mit Eisen, und ich liefere euch eine Eiszeit.«[8] Der Satz fiel auf einer Konferenz im Jahr 1988. Viele Menschen fanden derartige *Geoengineering*-Fantasien damals eher beunruhigend.

Es folgte eine Phase des Experimentierens, der Diskussionen, Meetings und Kongresse. Die Skepsis wuchs und führte schließlich zu einem Moratorium für derartige Maßnahmen.

Gleichzeitig stellte sich aber auch ein »verstärktes Gefühl der Dringlichkeit«[9] ein, stieg der Druck, endlich etwas unternehmen zu müssen, und entwickelte sich das Bewusstsein, dass wir auf Methoden der Kohlendioxid-Entfernung nicht würden verzichten können. So verschob sich der Fokus von den eher technischen Lösungen hin zu naturbasierten, vor allem zu einem Ausbau der *Blue-Carbon*-Systeme, da sie mit weniger schwerwiegenden Eingriffen ins Naturgeschehen verbunden sind und zudem eine Reihe von positiven Nebeneffekten für die Natur und die betroffenen Menschen versprechen. Der Ozean, so De Pryck und Böttcher[10], wurde zum »Schlüssellösungsraum« (»*key solution space*«). Unter der neuen Bezeichnung der »ozeanbasierten Negativemissionstechnologien« fanden sich sogar einige der Ansätze wieder, die noch wenige Jahre zuvor als *Geoengineering* geschmäht worden waren, zum Beispiel die Ozean-Alkalinisierung.

Welche Methoden und Verfahren gerade favorisiert und im Mittelpunkt des Interesses stehen, folgt also nicht nur wissenschaftlichen Erkenntnissen und Machbarkeitsüberlegungen, sondern wird immer auch von aktuellen Koalitionen und Narrativen beeinflusst.

Momentan erregen die Verfahren zum Klimaschutz, die auf natürlichen Phänomen oder Prozessen basieren, großes Interesse. Sie sind vielen Menschen sympathisch und werden gegenüber technischen Alternativen favorisiert. Umso wichtiger ist es, keine überzogenen Erwartungen zu wecken – das haben mir gegenüber auch alle meine Gesprächspartner zum Ausdruck gebracht. Keine seriöse Wissenschaftlerin, kein seriöser Wissenschaftler behauptet, Pflanzen und naturbasierte Verfahren könnten uns, quasi nebenbei und ohne größere Anstrengungen unsererseits, von der Last des Klimawandels befreien. Darauf zu spekulieren, sie würden die gesamten Kohlendioxidemissionen eines Landes oder gar der Menschheit insgesamt in Biomasse oder nutzbringende Substanzen verwandeln, während wir uns weiterhin amüsieren, wäre vollkommen unrealistisch. Die in diesem Fall vorprogrammierten Enttäuschungen bergen die Gefahr, die wichtigen Leistungen, die diese Verfahren erzielen können, in Misskredit zu bringen.

Insofern führt der Vergleich mit den Emissionen des Jahres 2020 ein wenig in die Irre. Es geht dabei vor allem darum, deutlich zu machen, wie wichtig und entscheidend die Reduktion der Treibhausgasemissionen bleibt, auch wenn die untersuchten naturbasierten Verfahren zur Anwendung kommen sollten.

Viel sinnvoller ist ein Vergleich mit den in Zukunft – auch nach einer weitgehenden Reduktion – nicht zu vermeidenden Treibhausgasemissionen, der uns eigentlich als Ausgangspunkt diente. Und wenn man ihn vornimmt, erscheinen die 10 Prozent, die Oschlies nennt, plötzlich gar nicht mehr so schlecht, zumal die Zahl global gesehen vermutlich höher liegen dürfte. Denn der unumgängliche Kohlenstoffausstoß wird auf 10 bis 20 Prozent unserer gegenwärtigen Emissionen geschätzt. Die Vorstellung, dass Pflanzen einen ganz entscheidenden Beitrag dazu leisten könnten, diese Emissionen auszugleichen, ist also keineswegs abwegig, im Gegenteil.

Nur – auch auf die Gefahr hin, mich zu wiederholen: Es ist vollkommen absurd, enorme finanzielle Mittel und unendlich viel Arbeit in die Aufforstung von Wäldern, die Wiedervernässung von Mooren und die Wiederherstellung von Seegraswiesen, Tangwäldern und Mangroven zu investieren und gleichzeitig die noch existierenden intakten Reste dieser Ökosysteme an anderer Stelle großflächig zu zerstören. Doch genau das geschieht. Noch sägen wir also den Klimaast, auf dem wir sitzen, an gleich zwei Stellen an: indem wir fossile Energieträger verbrennen und damit die globale Temperatur in die Höhe treiben und indem wir die Ökosysteme, auf deren Dienstleistungen wir angewiesen sind und die CO_2 aus der Atmosphäre holen könnten, schwächen und zerstören und zum Teil sogar in Kohlendioxidemittenten verwandeln. Im Fall der Moore ist dies bereits in großem Maße geschehen, im Fall des Amazonasregenwalds und des borealen Nadelwalds zumindest zeitweise.[11]

Wenn wir das Potenzial der Pflanzen als grüne Verbündete nutzen, es nach Möglichkeit sogar verstärken und darüber hinaus den rasanten Verlust an biologischer Vielfalt stoppen wollen, muss dieses widersinnige Handeln aufhören. Sofort. Jetzt. Von jemandem Hilfe zu erwarten und ihm gleichzeitig Knüppel zwischen die Beine zu werfen, ist schäbig und alles andere als hilfreich. Im Gegenteil, wir werden uns und die Tier- und Pflanzenwelt auf diese Weise in eine nahezu ausweglose Lage bringen.

Um nur ein Beispiel zu nennen: Durch den Schutz bestehender *Blue-Carbon*-Küstenökosysteme werden jährliche CO_2-Emissionen in Höhe von 140 bis 460 Megatonnen vermieden.[12] Nimmt man an, dass der Verlust an Mangroven im selben Tempo weitergeht wie in den letzten Jahren, entstünden allein dadurch bis zum Ende des Jahrhunderts Emissionen in Höhe von fast 2,4 Gigatonnen – die uns erspart blieben, wenn die Zerstörung dieser Tropenwälder jetzt gestoppt würde. Berücksichtigt man zusätzlich noch die CO_2-Mengen, die von den Mangroven in dieser Zeit im Boden gebunden würden, wenn man sie stehen ließe, würden sich die Emissionen sogar auf fast 3,4 Gigatonnen summieren.[13]

Naturschutz ist Klimaschutz – oder anders formuliert: Klimaschutz muss mit dem Schutz der (noch) vorhandenen Natur beginnen. Auch in einer neueren Untersuchung verschiedener Lösungsoptionen am Beispiel Kaliforniens wurde der Bewahrung existierender intakter Natur eine überragende Bedeutung für den Klimaschutz attestiert. Allein dadurch, dass der Flächenverbrauch durch die Urbanisierung und die Umwandlung natürlicher Gebiete in Agrarflächen in den nächsten Jahren deutlich begrenzt würde, ergäbe sich bis 2050 ein Potenzial an gebundenem Kohlenstoff, das alle anderen Optionen inklusive der Aufforstung bei Weitem überträfe.[14]

Wir haben in Kapitel 2 gesehen, dass Pflanzen uns schon jetzt in beträchtlichem Ausmaß helfen, dass sie es in der Vergangenheit getan haben und auch in Zukunft tun werden, wenn wir sie denn lassen. Zweifellos können sie noch mehr bewirken, wenn wir – über die unabdingbare Senkung der Treibhausgasemissionen hinaus – resiliente artenreiche Wälder aufforsten, wenn wir Moore wiedervernässen und mit Paludikultur bewirtschaften, wenn wir *Blue-Carbon*-Ökosysteme renaturieren und weiter erforschen, wie Pflanzen zu Lande und zu Wasser das Wunder der Photosynthese vollbringen, um uns diese Fähigkeit eines Tages mithilfe einer technischen Umsetzung direkt zunutze zu machen. Das sind die vier großen Maßnahmenkomplexe, die in diesem Buch untersucht wurden. Wir haben aufgezeigt, welche großen Potenziale hier verborgen liegen, aber auch auf die Unsicherheiten hingewiesen, die Fragen, die bislang noch unbeantwortet geblieben sind.

Der Beitrag der Pflanzen für das Klima und das Leben auf der Erde, nicht zuletzt auch für den Erhalt der biologischen Vielfalt, ist von überragender Bedeutung und absolut unverzichtbar – heute und erst recht in der Zukunft.

Am besten lässt sich die Sachlage wohl in Abwandlung eines Satzes von Hans Joosten (siehe S. 110) zusammenfassen: Pflanzen allein werden die Welt nicht für uns retten, aber ohne sie, ohne unsere wichtigsten natürlichen Helfer, schaffen wir es bestimmt nicht.

Anmerkungen

Einleitung

1 Kegel 1993.
2 World Meteorological Organization 1979, S. 3.
3 Rich 2019.
4 Vgl. »The Global Carbon Project«-Website: www.globalcarbonproject.org
5 IPCC 2021.
6 Reto Knutti, zitiert nach Patrick Eickemeier: »›Wäre das ein Laborversuch, würde man Messfehler suchen‹ – 2023 war kein wärmstes Jahr wie jedes andere«, in: *Tagesspiegel*, 18.01.2024; https://www.tagesspiegel.de/wissen/unfassbare-temperaturen-2023-war-kein-warmstes-jahr-wie-jedes-andere-11067010.html
7 Alle Medien haben darüber berichtet. Hier der Link zur Meldung »Erderwärmung erstmals durchschnittlich über 1,5 Grad« der *Tagesschau* vom 08.02.2024: https://www.tagesschau.de/wissen/erderwaermung-copernicus-100.html
8 Lenton u. a. 2023, S. 1.
9 Vgl. Wiegandt 2022.
10 Claudia Traidl-Hoffmann, zitiert nach: Ruth Ciesinger: »Wie der Klimawandel krank macht – ›Das werden viele Menschen nicht überleben‹«, in: *Tagesspiegel*, 13.07.2023; https://www.tagesspiegel.de/wissen/wie-der-klimawandel-krank-macht-das-werden-viele-menschen-nicht-uberleben-10125952.html
11 Die Folgen des Klimawandels für die Tier- und Pflanzenwelt der Erde habe ich ausführlich in meinem Buch *Die Natur der Zukunft* dargestellt: Kegel 2021.
12 Matthews & Caldeira 2008; IPCC 2021.
13 Friederike Otto, zitiert nach: Otto Wöhrbach: »Modelle lagen lange falsch – Wie sich die Klimaerwärmung sofort bremsen ließe«, in: *Tagesspiegel*, 23.08.2023; https://www.tagesspiegel.de/wissen/modelle-lagen-lange-falsch-wie-sich-die-klimaerwarmung-sofort-bremsen-liesse-10332190.html

14 Das habe ich in meinem Buch *Die Natur der Zukunft* noch so dargestellt. Mir war diese Nachricht leider auch entgangen.
15 CDRmare 2024.
16 IPCC 2018.
17 Achat Rathi & Stefan Nicola: »Diese Start-ups wollen CO_2 aus der Atmosphäre holen«, in: *Capital*, 11.05.2022; https://www.capital.de/wirtschaft-politik/diese-start-ups-wollen-co2-aus-der-atmosphaere-holen-31848104.html
18 Vgl. Website »XPRIZE Carbon Removal« der Musk Foundation: https://www.xprize.org/prizes/carbonremoval
19 Rathi & Nicola: »Diese Start-ups wollen CO_2 …«, 2022, a. a. O.
20 Hanna u. a. 2021.
21 Glaubrecht 2019.

1 Stoffflüsse und Zyklen

1 Gotthelf 1842, S. 3.
2 Die Darstellung folgt Boenigk & Wodniok 2014.
3 Die folgenden Zahlen stammen aus Turk & Turk 1988. Es handelt sich um Durchschnittswerte.
4 Reich u. a. 2016.
5 Diese und die folgenden Zahlen stammen aus Nentwig u. a. 2003.
6 Kohlenstoff kommt in der Atmosphäre in deutlich geringeren Anteilen auch als Kohlenmonoxid (CO), Methan (CH_4) und in halogenierten Kohlenwasserstoffen vor.
7 Siegenthaler u. a. 2005; EPICA community members 2004; Wanner u. a. 2008.
8 Siegenthaler u. a. 2005.
9 Scheffer, Brovkin & Cox 2006.
10 Zeebe, Ridgwell & Zachos 2016.
11 Ganopolski, Winkelmann & Schellnhuber 2016.

2 Luftdünger

1 Zhu u. a. 2016.
2 Myneni u. a. 1997.
3 Ebd., S. 698.
4 »FACE« steht für *Free Air Carbon Dioxide Enrichment*; siehe Ainsworth & Long 2005, Norby & Zak 2011.
5 Bayerisches Landesamt für Umwelt 2014.
6 Lucht u. a. 2002.
7 Hickler u. a. 2005.

8 Piao u. a. 2020. Die erheblichen Veränderungen der Tier- und Pflanzenwelt, die ich in *Die Natur der Zukunft* (Kegel 2021) beschrieben habe, sind hier ausgenommen.
9 Oft gemessen als sogenannter Blattflächenindex oder *leaf area index* (LAI): die Blattfläche, geteilt durch die darunterliegende Bodenfläche.
10 Piao u. a. 2020.
11 Chen u. a. 2019.
12 Zeng u. a. 2017.
13 Piao u. a. 2020.
14 Kegel 2021.
15 Chen u. a. 2019, S. 124.
16 Chen u. a. 2019.
17 Schwärzel u. a. 2020.
18 Keenan u. a. 2013.
19 Piao u. a. 2020 und die dort aufgeführte Literatur.
20 Siehe Myers u. a. 2014; Ebi & Ziska 2018; Smith & Myers 2018.
21 Ainsworth & Long 2005; Norby & Zak 2011.
22 Zhu u. a. 2018; Myers u. a. 2014.
23 Smith & Myers 2018.
24 Wang u. a. 2020.
25 Ebd.

3 Neue Wälder braucht die Welt

1 Kegel 2021, 2022.
2 WWF 2020.
3 Hochkirch u. a. 2023.
4 Proulx 2023, S. 116.
5 Pressemitteilung des Europäischen Parlaments, 09.11.2023; https://www.europarl.europa.eu/news/de/press-room/20231031IPR08714/eu-nature-restoration-law-meps-strike-deal-to-restore-20-of-eu-s-land-and-sea
6 West u. a. 2023.
7 Bastin u. a. 2019.
8 »Diese Maßnahme zur Rettung des Klimas klingt ganz einfach«, in: *WELT*, 05.07.2019; https://www.welt.de/wissenschaft/umwelt/article196376099/Klimawandel-Baeume-sind-laut-Studie-effizienteste-Schutzmassnahme.html?icid=search.product.onsitesearch; Hanno Charisius: »Lasst uns Milliarden Bäume pflanzen«, in: *Süddeutsche Zeitung*, 07.07.2019; https://www.sueddeutsche.de/wissen/russland-china-usa-brasilien-klimawandel-wald-baeume-co2-treibhausgas-1.4513739

9 Ulf von Rauchhaupt: »Ist hier noch Platz für eine Billion Bäume?«, in: *Frankfurter Allgemeine Zeitung*, 08.09.2019; https://www.faz.net/aktuell/wissen/erde-klima/not-nach-waeldern-wie-viel-wald-es-auf-der-welt-noch-gibt-16361938.html

10 Nach Bastin u. a. 2019.

11 Ebd., S. 77.

12 IPCC 2018.

13 Christian Lindner, zitiert nach: Daniel Lingenhöhl: »Die übertriebene Hoffnung namens Aufforstung«, *Spektrum.de*, 17.10.2019; https://www.spektrum.de/kolumne/die-uebertriebene-hoffnung-namens-aufforstung/1680194

14 Stefan Rahmstorf: »Retten Bäume das Weltklima?«, in: *Spektrum*, 16.07.2019; https://www.spektrum.de/kolumne/retten-baeume-das-weltklima/1659686

15 Z. B. Friedlingstein u. a. 2019.

16 Rahmstorf: »Retten Bäume das Weltklima?«, 2019, a. a. O.

17 Friedlingstein u. a. 2019.

18 »Heftige Kritik an Schweizer Aufforstungsstudie«, MDR, 22.10.2019; https://www.mdr.de/wissen/kritik-an-studie-zur-wiederaufforstung-100.html; siehe auch Lüdeling u. a. 2019.

19 Rohatyn u. a. 2022.

20 Martin Lukac, zitiert nach: Marlene Weiß: »Klimawandel: ›Zu schön, um wahr zu sein‹«, in: *Süddeutsche Zeitung*, 10.07.2019; https://www.sueddeutsche.de/wissen/aufforstung-klimawandel-waelder-geoengineering-1.4516765

21 Sofern nicht anders angegeben, folgt die Darstellung Ahrends u. a. 2017.

22 Christoph Behrens: »Chinas grüne Armee soll die Wüste aufhalten«, in: *Süddeutsche Zeitung*, 22.12.2016; https://www.sueddeutsche.de/wissen/sz-serie-am-gelben-fluss-chinas-gruene-armee-soll-die-wueste-aufhalten-1.3305870

23 Xu 2011.

24 Ebd.

25 Sternberg, Rueff & Middleton 2015.

26 Ebd., S. 1353.

27 Xu 2011.

28 Damit sind Länder mit einem Waldbestand von mehr als 1 000 000 km^2 gemeint.

29 Ahrends u. a. 2017.

30 Ebd., S. 8.

31 Xu 2011.

32 Ebd.

33 Hua u. a. 2016, 2018.

34 Ahrends u. a. 2017, S. 8.
35 Schwärzel u. a. 2018, 2020.
36 Mosandl 2022.
37 Xu 2011.
38 UNCCD 2020.
39 Giuliani, Descombes & Sy 2022.
40 »Editorial: Is Africa's Great Green Wall project withering?«, in: *Nature* 616 (2023), S. 412.
41 Bond u. a. 2019, S. 963.
42 Stevens & Bond 2024.
43 Eine von Gastgeber Deutschland, der IUCN und Global Partnership on Forest and Landscape Restoration am 2. September 2011 in Bonn gestartete Initiative, die bis zum Jahr 2030 350 Millionen Hektar entwaldete Flächen renaturieren will. Das erste Ziel, 150 Millionen Hektar Renaturierungsfläche bis 2020 zu schaffen, ist erreicht worden. Beteiligt sind mehr als 60 Länder. Siehe: https://www.bonnchallenge.org
44 Bond u. a. 2019.
45 Ebd., S. 965.
46 Ebd., S. 963.
47 1000 kg geteilt durch 80.
48 Popkin 2019 und die darin zitierte Literatur.
49 Pangala u. a. 2017; Covey & Megonigal 2019; Zitat von Kristofer Covey nach: Popkin 2019, S. 282.
50 Nadine Unger: »To Save the Planet, Don't Plant Trees«, in: *The New York Times*, 19.09.2014; http://www.nytimes.com/2014/09/20/opinion/to-save-the-planet-dont-plant-trees.html?_r=1
51 Ebd.
52 Christopher Williams, zitiert nach: Popkin 2019, S. 282.
53 Ebd., S. 281.
54 Myles Allen, zitiert nach: Marlene Weiß: »Klimawandel: ›Zu schön, um wahr zu sein‹«, 2019, a. a. O.
55 Bastin u. a. 2019.
56 Kegel 2021, S. 100 ff.
57 Holl & Brancalion 2020, S. 581.
58 Warner u. a. 2023.
59 Küster 1998, S. 203 f.
60 Peter Clark, zitiert nach: University of Vermont: »Plans to plant billions of trees threatened by massive undersupply of seedlings«, *EurekAlert!*, 31.07.2023; https://www.eurekalert.org/news-releases/997148
61 Rohatyn u. a. 2022.
62 Mosandl 2022.
63 Siehe Mo u. a. 2023.

64 Weiter heißt es allerdings einschränkend: »... falls nicht die Umwandlung in eine andere Nutzungsart genehmigt worden oder sonst zulässig ist.«
65 Mo u. a. 2023.
66 Clark u. a. 2023.
67 Zitat nach: University of Vermont: »Plans to plant billions of trees ...«, 2023, a. a. O.
68 Peter Clark, zitiert nach: ebd.
69 Forstvermehrungsgutgesetz (FoVG) vom 22. Mai 2002, Abschnitt 1, § 1; https://www.ble.de/SharedDocs/Downloads/DE/Landwirtschaft/Saat-und-Planzgut/Forstvermehrungsgutgesetz.pdf?__blob=publicationFile&v=1
70 Als Begründer der Fortwissenschaften gilt Johann Heinrich Cotta (1763–1844), der mit seiner Forstlehranstalt aus der Rhön nach Tharandt bei Dresden umzog, wo sie 1816 zur international renommierten Königlich-Sächsischen Forstakademie wurde. Heute ist Tharandt der Sitz der Forstwissenschaftlichen Fakultät der TU Dresden. Im Tharandter Wald befindet sich auch Cottas Grabstätte.
71 Später trug die Industrialisierung paradoxerweise eher zur Entspannung der Situation bei, da immer stärker auf Kohle als Energiequelle zurückgegriffen wurde. Das entlastete die Wälder. (Küster 1995, 1998)
72 Forstvermehrungsgutgesetz (FoVG)vom 22. Mai 2002, Abschnitt 1, § 2, Punkt 8; https://www.ble.de/SharedDocs/Downloads/DE/Landwirtschaft/Saat-und-Planzgut/Forstvermehrungsgutgesetz.pdf
73 Küster 1995, S. 320.
74 Stephanie Kiel, zitiert nach: Jan Petter & Kieran Dodds: »Ein Masterplan für die Highlands«, *Spiegel.online*, 17.11.2022; https://www.spiegel.de/ausland/klimaschutz-wie-schottland-nach-fast-1000-jahren-wieder-aufforstet-a-74093d85-bc08-4430-8517-cfc3f8d60d70
75 Jalonen u. a. 2018, S. 1.
76 Mosandl 2022, S. 153.
77 Schellnhuber 2022, S. 173.
78 Carvalhais u. a. 2014.
79 Schellnhuber 2022, S. 175.
80 Z. B. Churkina u. a. 2020.

4 Ohne Moore geht es nicht

1 »(The) Powte's Complaint« (anonym); https://www.literarynorfolk.co.uk/Norfolk%20Poems/powte's_complaint.htm
2 Weitere Beispiele in Tanneberger & Schroeder 2023, S. 16.
3 Tanneberger & Schroeder 2023; Proulx 2023.

4 Zitiert nach: Tanneberger & Schroeder 2023, S. 77. Leider wird nicht angegeben, woher der Spruch stammt. Laut Wikipedia gibt es den Spruch in ähnlicher Form auch in einer nieder- und einer plattdeutschen Version (vgl. etwa den Beitrag zur »Moorkolonisierung«).

5 Tanneberger & Schroeder 2023, S. 37.

6 Mithilfe der Mesokosmenanlage, die weitgehend automatisiert ist, können unterschiedliche Fragestellungen untersucht werden. Im Augenblick (Frühjahr 2024) sind die Gefäße mit Rohrkolben bepflanzt. Erfasst werden nicht nur die Emissionen, sondern auch ober- und unterirdische Biomasse sowie etliche weitere Parameter.

7 Bundesministerium für Umwelt, Naturschutz, nukleare Sicherheit und Verbraucherschutz 2022.

8 *Mooratlas* 2023, S 43. Sehr informativ und schön gemacht. Der *Mooratlas* kann kostenlos heruntergeladen werden: https://www.greifswald-moor.de/mooratlas.html

9 Joosten 2022, S. 218.

10 UN-Klimakonferenz in Dubai 2023: https://www.youtube.com/watch?v=48FUJ8O-fbg. Franziska Tannebergers Beitrag beginnt etwa nach 7,5 Minuten, um die im Text erwähnte Grafik geht es etwa ab Minute 16.

11 Andreas Gensior u. a.: »Treibhausgasemissionen durch Landnutzung, Landnutzungsänderung und Forstwirtschaft (LULUCF)«, Thünen-Website, 15.04.2024; https://www.thuenen.de/de/themenfelder/klima-und-luft/emissionsinventare-buchhaltung-fuer-den-klimaschutz/standard-titel

12 Man spricht vom »LULUCF-Sektor«. »LULUCF« steht für *Land Use, Land-Use Change and Forestry*.

13 Mit dieser Zahl wird nicht nur das Kohlendioxid erfasst, sondern auch die Treibhausgase Methan (CH_4) und Lachgas (N_2O). Um die Effekte insgesamt besser vergleichen zu können, wird die emittierte Menge an Methan und Lachgas in die entsprechende Menge CO_2 umgerechnet, die über einen gegebenen Zeitraum dieselbe Erwärmung bewirkt. Die Emissionen werden daher als »Tonnen CO_2-Äquivalente« angegeben.

14 *Mooratlas* 2023.

15 Bei einem geringeren organischen Anteil von 15 bis 30 Prozent spricht man von »anmoorigen Böden«. Auch sie emittieren Kohlendioxid, wenn sie trockengelegt werden.

16 Erkens, Van der Meulen & Middelkoop 2016.

17 Joosten 2022, S. 219.

18 Erkens, Van der Meulen & Middelkoop 2016, S. 565.

19 *Mooratlas* 2023.

20 Hooijer u. a. 2012.

21 *Mooratlas* 2023, S. 15.
22 Couwenberg & Hooijer 2013; Joosten 2022.
23 Julia Merlot: »Moorbrand setzt bis zu 1,4 Millionen Tonnen CO_2 frei«, *Spiegel online*, 21.09.2018; https://www.spiegel.de/wissenschaft/natur/meppen-moorbrand-setzt-hunderttausende-tonnen-co2-frei-a-1229135.html
24 Kiely u. a. 2021.
25 Der indonesische Name lautet: Badan Restorasi Gambut (BRG).
26 Tanneberger & Schroeder 2023.
27 Ebd., S. 56.
28 Dargie u. a. 2017.
29 Garcin u. a. 2022.
30 Tanneberger & Schroeder 2023, S. 61.
31 Garcin u. a. 2022.
32 Joosten 2022.
33 Z. B. Tanneberger u. a. 2021.
34 Joosten 2022.
35 Bundesministerium für Umwelt, Naturschutz, nukleare Sicherheit und Verbraucherschutz: »Nationale Moorschutzstrategie – Kabinettsbeschluss«, 09.11.2022.
36 Tanneberger & Schroeder 2023.
37 Ebd. und die darin zitierte Literatur.
38 Ebd, S. 161; Hans Joosten im Interview mit dem Autor, 02.05.2024.
39 Deutscher Verband für Landschaftspflege: »Moor-Klimawirte – Zukunft der Landwirtschaft im Moor«, 2021, S. 5.
40 Hans Joosten im Interview mit dem Autor, 02.05.2024.
41 Tanneberger & Schroeder 2023, S. 203.
42 Stefanie Otto: »Umgang mit Mooren offenbart Dilemma zwischen Klimaschutz und Landwirtschaft«, RBB 24, 19.11.2023; https://www.rbb24.de/panorama/beitrag/2023/11/brandenburg-moor-torf-co2-moorschutz-wiedervernaessung-klimaschutz.html
43 Helmut Querhammer, zitiert nach: Deutscher Verband für Landschaftspflege: »Moor-Klimawirte – Zukunft der Landwirtschaft im Moor«, 2021, S. 35.
44 Ebd.
45 Umweltstiftung Michael Otto (Hrsg.): *Vorstudie zur Schaffung von skalierbaren Wertschöpfungsketten für die Nutzung von Paludi-Biomasse – Wiedervernässung von Mooren*, 2023; https://assets-global.website-files.com/60e835f106e8ed6d05abb826/6526c16499ca6b82a8161bdc_toMOORow_Broschüre%20zur%20Studie.pdf
46 Deutscher Verband für Landschaftspflege: »Moor-Klimawirte – Zukunft der Landwirtschaft im Moor«, 2021, S. 17.

47 Hans Joosten im Interview mit dem Autor, 02.05.2024.
48 Ebd.
49 Tanneberger & Schroeder 2023, S. 165.
50 Die Michael Succow Stiftung und die Umweltstiftung Michael Otto.
51 toMOORow-Initiative: »Allianz der Pioniere – Grundsatzerklärung«, April 2024, S. 4; https://assets-global.website-files.com/60e835f106e8ed6d05abb826/662b780b629a147d93f3d6a8_toMOORow_Grundsatzerklärung_Allianz.pdf
52 Ebd., S. 3.
53 Steffi Lemke in ihrer Rede zur Auftaktveranstaltung der ToMOORow Initiative – Allianz der Pioniere, 30.04.2024; https://www.bmuv.de/rede/rede-von-steffi-lemke-zur-auftaktveranstaltung-der-tomoorow-initiative-allianz-der-pioniere
54 Greifswald Moor Centrum 2019.
55 Hans Joosten im Interview mit dem Autor, 02.05.2024.
56 Greifswald Moor Centrum 2019.
57 Hans Joosten im Interview mit dem Autor, 02.05.2024.
58 Ebd.
59 Ebd.

5 Blauer Kohlenstoff

1 Mcleod u. a. 2011.
2 Siehe Website von OceanNETs: https://www.oceannets.eu
3 Siehe CDRmare 2024: https://cdrmare.de
4 Boyce, Lewis & Worm 2010.
5 Die Darstellung folgt dem *World Ocean Review* 8, 2024, Kap. 6; https://worldoceanreview.com/de/wor-8/
6 Jürchott, Oschlies & Koeve 2023.
7 Reportage und Video unter: CDRmare Science Stories: Sina Löschke: »Alle Hoffnung auf die neongrüne Wolke«; https://storymaps.arcgis.com/stories/6bce3a0e4cc145858f4ed9001cd4ad8f
8 *World Ocean Review* 8, 2024, a. a. O.
9 Röschel & Neumann 2023.
10 Shoenfelt u. a. 2017.
11 Duprat, Bigg & Wilton 2016.
12 Martin 1990.
13 Sven Stockrahm: »Zerstreute Zweifel«, *ZEIT online*, 29.01.2009; https://www.zeit.de/online/2009/05/eisenduengung-kommunikation-rechtslage/
14 Wallace u. a. 2010, S. 7.

15 Hans Schuh: »Düngerwirbel«, *ZEIT online*, 22.01.2009; https://www.zeit.de/2009/05/Glosse

16 Sven Stockrahm: »Zerstreute Zweifel«, 2009, a. a. O.

17 Experimentverlauf und Zitate nach: AWI-Pressemitteilung »Polarsternexpedition Lohafex gibt neue Einblicke in die Planktonökologie – Wenig atmosphärisches Kohlendioxid im Südlichen Ozean gebunden«, 23.03.2009; https://www.awi.de/ueber-uns/service/presse/presse-detailansicht/polarsternexpedition-lohafex-gibt-neue-einblicke-in-die-planktonoekologie-wenig-atmosphaerisches-kohlendioxid-im-suedlichen-ozean-gebunden.html

18 Umweltbundesamt: »Das De Facto-Moratorium für Geoengineering unter der Biodiversitätskonvention«, 02.01.2019; https://www.umweltbundesamt.de/sites/default/files/medien/2378/dokumente/factsheet_cbd_moratorium_12_02_2019.pdf

19 Albright u. a. 2016.

20 »Alkalinisierung – Wie Ozeane mehr CO_2 schlucken können«, Deutschlandfunk Nova, 01.04.2024; https://www.deutschlandfunknova.de/beitrag/alkalinisierung-wie-ozeane-mehr-co2-schlucken-koennen

21 Vgl. ebd. sowie Website von Planetary Technologies: https://www.planetarytech.com

22 *World Ocean Review* 8, 2024, S. 146.

23 Verena Kern: »Klimaretter Gesteinsmehl?«, in: *Frankfurter Rundschau*, 27.05.2022; https://www.fr.de/wissen/klimaretter-gesteinsmehl-91574862.html

24 Tomma Schröder: »Klimaexperiment – Gesteinsmehl im Meer soll CO_2 binden«, Deutschlandfunk, 22.06.2023; https://www.deutschlandfunk.de/klimaexperiment-auf-helgoland-gesteinsmehl-im-meer-soll-co2-binden-dlf-33ce2488-100.html (Audiodatei).

25 Gonzáles u. a. 2018.

26 *World Ocean Review* 8, 2024, S. 148.

27 Edgeloe u. a. 2022.

28 Zitate von Elizabeth Sinclair und Jane Edgeloe nach: University of Western Australia: »Largest known plant on earth discovered at Shark Bay and it's 4,500 years old«, 01.06.2022; https://www.uwa.edu.au/news/Article/2022/June/Largest-known-plant-on-earth-discovered-at-Shark-Bay-and-its-4500-years-old

29 Macreadie u. a. 2019; Bertram u. a. 2021; WWF-Website: »Seegras / Seegräser«, 30.11.2023; https://www.wwf.de/themen-projekte/artenlexikon/seegras

30 Thorsten Reusch, Evolutionsbiologe am GEOMAR Helmholtz-Zentrum für Ozeanforschung in Kiel, im Interview mit dem Autor, 10.05.2024.

31 WWF-Website: »Seegras / Seegräser«, 2023, a. a. O.
32 Thorsten Reusch im Interview mit dem Autor, 10.05.2024.
33 Tomas u. a. 2024.
34 *World Ocean Review* 8, 2024, S. 100; »Rekordpflanze in der Ostsee ist 1400 Jahre alt«, *Spektrum*, 11.06.2024; https://www.spektrum.de/news/seegraswiese-rekordpflanze-in-der-ostsee-ist-1400-jahre-alt/2219416; Yu u. a. 2024.
35 *World Ocean Review* 8, 2024, S. 100.
36 Fink & Ratter 2024.
37 WWF-Website: »Seegras / Seegräser«, 2023, a. a. O.
38 Jana Willim, Doktorandin bei Thorsten Reusch, im Interview mit dem Autor, 10.05.2024.
39 Thorsten Reusch im Interview mit dem Autor, 10.05.2024. Falls nicht anders angegeben, gehen auch alle folgenden Zitate von Thorsten Reusch und Jana Willim auf das Interview mit dem Autor am 10.05.2024 zurück.
40 GEOMAR-Website: »Seegraswiesen«, 2024; https://www.geomar.de/entdecken/seegraswiesen
41 De los Santos u. a. 2019.
42 Ebd.
43 Website der Helmholtz-Klima-Initiative: Sarah Werner: »Kohlenstoff-Hotspots in der Ostsee«, 13.04.2021; https://www.helmholtz-klima.de/presse/kohlenstoff-hotspots-der-ostsee. Siehe auch: »Ein Forscherteam sucht das Super-Seegras«, in: *Frankfurter Rundschau*, 21.04.2023; https://www.fr.de/wissen/ein-forscherteam-sucht-das-super-seegras-zr-92225219.html
44 Bobsien u. a. 2021, Thorsten Reusch im Interview mit dem Autor, 10.05.2024.
45 Clara Vuillemin: »Aufforsten unter Wasser«, *ZEIT online*, 13.08.2023; https://www.zeit.de/wissen/2023-08/ostsee-wiederbegruenung-seegras-biodiversitaet
46 Angela Stevenson, zitiert nach: »Ein Forscherteam sucht das Super-Seegras«, 2023, a. a. O.
47 Thorsten Reusch, zitiert nach: Jörn Zahlmann: »Seegras: Warum Kieler Forscherinnen den Meeresboden ›impfen‹«, NDR – *Schleswig-Holstein Magazin*, 01.03.2024; https://www.ndr.de/nachrichten/schleswig-holstein/Seegras-Warum-Kieler-Forscherinnen-Meeresboden-impfen,seegras204.html#seegras220
48 Ebd.
49 Die Angaben zur Flächenausdehnung sowie zu Kohlenstoffeinlagerung und -speicherung sind dem *World Ocean Review* 8 von 2024 (Kap. 5) entnommen.

50 Spalding u. a. 2014.
51 Sheaves 2017.
52 WWF-Website: »Mama Mikoko: Die Mutter der Mangroven«, 26.07.2022; https://www.wwf.de/themen-projekte/meere-kuesten/mama-mikoko-die-mutter-der-mangroven
53 NABU-Website: »Mangroven – Multitalente in Gefahr«, 2024; https://www.nabu.de/natur-und-landschaft/waelder/lebensraum-wald/mangroven.html
54 Taillardat, Friess & Lupascu 2018.
55 *World Ocean Review* 8, 2024, S. 114.
56 Ebd., S. 102.
57 Ebd., S. 115.
58 Taillardat, Friess & Lupascu 2018; WWF-Website: »Mama Mikoko«, 2022, a. a. O.
59 Taillardat, Friess & Lupascu 2018; *World Ocean Review* 8, 2024, S. 106.
60 *World Ocean Review* 8, 2024, S. 106.
61 NABU-Website: »Mangroven«, 2024, a. a. O.
62 WWF-Website: »Mama Mikoko«, 2022, a. a. O.
63 Community Forests Pemba ist ein Teil von Community Forests International, die auf Sansibar, in Mosambik und Kanada aktiv sind. Website der Community Forests International: »Mangrove Forests For Coastal Resilience«, 2024; https://forestsinternational.org/restoration/man grove/
64 Vgl. Website von Brilliant Planet: https://www.brilliantplanet.com; siehe auch Raffael Jovines Buch *Light to Life*, London: Short Books 2021.
65 Website von Blue Evolution: https://www.blueevolution.com
66 Leyland Cecco: »Meet the ›star ingredient‹ changing fortunes in Alaska's waters: seaweed«, in: *The Guardian*, 11.06.2019; https://www.theguardian.com/environment/2019/jun/11/ingredient-changing-fortunes-alaska-seaweed-kelp
67 Alf Pryor, zitiert nach: ebd.
68 Wu u. a. 2023.
69 Vgl. Website von Brilliant Planet, a. a. O.
70 Vgl. Website von Climate Foundation: https://www.climatefoundation.org. Svenja Beller: »Algenfarmen gegen den Klimawandel: ›Wir können die Erde retten‹ – Wirklich?«, in: *der Freitag*, 16.11.2023; https://www.freitag.de/autoren/svenja-beller-bnd/marine-permakultur-algen farmen-sollen-erde-vor-klimawandel-retten
71 *World Ocean Review* 8, 2024, S. 117.
72 Wu u. a. 2023; *World Ocean Review* 8, 2024, S. 117.

73 IPCC 2018.
74 Wu u. a. 2023.

6 Ein alter Traum – Energieerzeugung nach Art der Pflanzen

1 Bundesministerium für Ernährung und Landwirtschaft: »Nutzen und Bedeutung der Bioenergie«, 16.03.2022; https://www.bmel.de/DE/themen/landwirtschaft/bioeokonomie-nachwachsende-rohstoffe/bioenergie-nutzen-bedeutung.html#:~:text=Biomasse%20leistet%20mit%20einem%20Anteil,und%20Geothermie%20(4%20Prozent)
2 Bundesverband der Energie- und Wasserwirtschaft 2019.
3 Jules Verne, zitiert nach: Dau, Kurz & Weitze 2019, S. 29 f.
4 Dau, Kurz & Weitze 2019.
5 Ebd.
6 Von altgriechisch *thylakos* – »Sack«.
7 Al-Khalili & McFadden 2015, S. 148.
8 Lane 2009, S. 68. Allen, die sich dafür interessieren, wie die Photosynthese in der Evolution entstanden sein könnte, sei Nick Lanes Buch *Life Ascending* (2009) bzw. die deutsche Übersetzung *Leben: Verblüffende Erfindungen der Evolution* (2013) empfohlen.
9 Die seltsame Nummerierung der Photosysteme hat historische Gründe.
10 Siehe Lane 2009; Dau, Kurz & Weitze 2019.
11 Lane 2009, S. 72.
12 Noch so ein Bandwurmname: »Ribulose-1,5-bisphosphat-carboxylase/-oxygenase«.
13 Gemeint ist der »Calvin-Zyklus«.
14 Dau, Kurz & Weitze 2019, S. 51.
15 Ebd., S. 89.
16 Tagesaktueller Ruthenium-Preis siehe: https://www.gold.de/kurse/rutheniumpreis/
17 Siehe Dau, Kurz & Weitze 2019.
18 Blankenship u. a. 2011.
19 Robert Blankenship, zitiert nach: »Photovoltaik schlägt Photosynthese«, *scinexx*, 13.05.2011; https://www.scinexx.de/news/biowissen/photovoltaik-schlaegt-photosynthese/#
20 Die Darstellung folgt Dau, Kurz & Weitze 2019.
21 Kellog 2013. Der Name »C_4-Pflanzen« rührt daher, dass die Verbindung, die nach der Übertragung des Kohlenstoffs mithilfe von RuBisCO entsteht, 4 Kohlenstoffatome enthält (Oxalacetat), während es bei den C_3-Pflanzen eine Verbindung mit 3 Kohlenstoffatomen ist (D-3-Phosphoglycerat).
22 Sage 2016.

23 Brandes 1995.

24 Ein Beispiel für diese gemeinsame Forschung ist »The C_4 Rice Project«, siehe: https://c4rice.com

25 »Weltrekord-Solarzelle: Vier Schichten für 47,6 Prozent«, *Solarserver*, 30.05.2022; https://www.solarserver.de/2022/05/30/weltrekord-solarzelle-vier-schichten-476-prozent/

26 Dau, Kurz & Weitze 2019.

27 Ebd.

28 Ebd.

29 Für die technischen Details siehe Dau, Kurz & Weitze 2019 oder acatech 2018.

30 Rahaman u. a. 2023.

31 Nocera 2012.

32 Wu u. a. 2021.

33 »Künstliche Blätter: Mit der Kraft der Natur«, in: *P.M.*, 03.03.2022; https://pm-wissen.com/kuenstliche-blaetter-mit-der-kraft-der-natur_13754

34 Andrei u. a. 2022.

35 Ebd.

36 Virgil Andrei, zitiert nach: »Schwimmende ›Blätter‹ erzeugen solaren Wasserstoff«, *scinexx*, 18.08.2022; https://www.scinexx.de/news/energie/schwimmende-blaetter-erzeugen-solaren-wasserstoff/

37 Pornrungroj u. a. 2023.

38 Erwin Reisner, zitiert nach: »›Künstliches Blatt‹ produziert grünen Wasserstoff und sauberes Wasser«, in: *SCIENCE*, 13.11.2023; https://science.apa.at/power-search/10983996181342714966

39 Rahaman u. a. 2023.

40 »›Künstliches Blatt‹ produziert grünen Wasserstoff …«, 2023, a. a. O.

41 Liu u. a. 2016 und 2017; Thomas Brandstetter: »Fotosynthese durch künstliches Blatt«, *Spektrum*, 22.06.2018; https://www.spektrum.de/video/fotosynthese-durch-kuenstliches-blatt/1572418

42 Holger Dau, zitiert nach: Gabriele Schönherr: »›Künstliche Photosynthese ist heute schon möglich‹«, *Welt der Physik*, 28.09.2023; https://www.weltderphysik.de/gebiet/technik/energie/erneuerbare-energien-kuenstliche-photosynthese-ist-heute-schon-moeglich/

43 Dau, Kurz & Weitze 2019, S. 138.

44 Ebd.

45 Turan u. a. 2016.

46 Holger Dau, zitiert nach: Schönherr: »›Künstliche Photosynthese ist heute schon möglich‹«, 2023, a. a. O.

47 Website von NRW.Energy4Climate: »Rheticus«; https://www.energy4climate.nrw/industrie-produktion/praxisbeispiele-industrietransformation/rheticus

48 Thomas Haas (Evonik): »Künstliche Photosynthese: Die Vision – und ein Weg dorthin«, YouTube, 06.11.2023; https://www.youtube.com/watch?v=9SBtiBGztjw&t=39s

49 Dau, Kurz & Weitze 2019.

50 Ebd.

51 Tobias Erb, zitiert nach: Wilhelm 2016, S. 69. Dieser Artikel ist auch auf der Website der Max-Planck-Gesellschaft abrufbar: Klaus Wilhelm: »Stoffwechsel 2.0«, 07.05.2020; https://www.mpg.de/14793996/kuenstliche-fotosynthese

52 Diese Zahl ist einem Kurzvortrag Erbs entnommen, der auf YouTube zu sehen ist: »Tobias Erb on Designing a More Efficient System for Harnessing Carbon Dioxide«, 18.11.2016; https://www.youtube.com/watch?v=CPFscyYRS10

53 Tobias Erb, zitiert nach: Wilhelm 2016, S. 66.

54 Ebd.

55 Es handelt sich um die Crotonyl-CoA Carboxylase/Reduktase (CCR) und die Enoyl-CoA Carboxylasen/Reduktasen (ECRs).

56 Das Folgende stützt sich auf Wilhelm 2016 und mehrere Beiträge aus dem »Newsroom« auf der Website der Max-Planck-Gesellschaft. Die Zitate stammen, falls nicht anders angegeben, aus: Tobias Erb im Gespräch mit Peter Hergersberg: »›Wir wollen CO_2 als Kohlenstoffquelle erschließen‹«, Max-Planck-Gesellschaft, 22.11.2016; https://www.mpg.de/10834735/synthetische-biologie-kohlendioxid-erb?c=2191. Für biochemisch bewanderte Leserinnen und Leser, und wirklich nur für die, sei auf die Originalveröffentlichung in *Science* verwiesen: Schwander u. a. 2016.

57 Wilhelm 2016.

58 Tobias Erb im Gespräch mit Benjamin Haerdle: »›Ohne Kohlenstoff geht es nicht‹«, Leopoldina – Nationale Akademie der Wissenschaften, 17.04.2024; https://www.leopoldina.org/presse/newsletter/interview-tobias-erb/

59 Miller u. a. 2020.

60 Tobias Erb im Interview mit Harald Rösch: »›Mit MaxSynBio sind wir Weltspitze!‹«, Max-Planck-Gesellschaft, 08.05.2020; https://www.mpg.de/14804169/tobias-erb-kuenstliche-fotosnthese

61 Miller u. a. 2020, S. 653.

62 Luo u. a. 2023.

63 Genauer gesagt: das Coenzym Acetyl-CoA.

64 Shanshan Luo, zitiert nach: »Auf dem Weg zu Zellen mit künstlicher Kohlendioxid-Fixierung«, Max-Planck-Gesellschaft, 20.12.2023; https://www.mpg.de/21272412/1215-terr-erster-schritt-zur-synthetischen-co2-fixierung-in-lebenden-zellen-153410-x

65 Tobias Erb, zitiert nach: ebd.

7 Mit Pflanzen die Welt retten?

1 So lautet die Übersetzung des englischen Titels der Studie: »A Comprehensive Assessment of Carbon Dioxide Removal Options for Germany«: Borchers u. a. 2024.

2 Zusammen mit einem wichtigen Eckpunktepapier zur »Carbon-Management-Strategie« der Bundesregierung hat das Kabinett am 29.05.2024 eine Novelle des Kohlendioxid-Speicherungsgesetzes (KSpG) beschlossen, die das ändern soll. Siehe: https://www.bmwk.de/Redaktion/DE/Downloads/E/entwurf-eines-gesetzes-zur-aenderung-des-kohlendioxid-speicherungs-gesetzes.pdf?__blob=publicationFile&v=2; siehe auch: Bundesministerium für Wirtschaft und Klimaschutz: »Eckpunkte der Bundesregierung für eine Carbon Management-Strategie«, 26.02.2024; https://www.bmwk.de/Redaktion/DE/Downloads/E/240226-eckpunkte-cms.pdf?__blob=publicationFile&v=12

3 Andreas Oschlies, zitiert nach: »Kohlendioxid mit Hilfe des Ozeans speichern – aber sicher«, GEOMAR-Website, 04.03.2024; https://www.geomar.de/news/article/kohlendioxid-mit-hilfe-des-ozeans-speichern-aber-sicher

4 Borchers u.a. 2024.

5 De Pryck & Boettcher 2024.

6 Bastin u. a. 2019, siehe Kap. 3.

7 De Pryck & Boettcher 2024.

8 John H. Martin, zitiert nach: De Pryck & Boettcher 2024, S. 3.

9 Ebd., S. 10.

10 Ebd., S. 6.

11 Kegel 2022; Hans Joosten im Interview mit dem Autor, 02.05.2024.

12 *World Ocean Review* 8, 2024, S. 115.

13 Adame u. a. 2021.

14 Marvin u. a. 2023.

Literatur

acatech – Deutsche Akademie der Technikwissenschaften, Nationale Akademie der Wissenschaften Leopoldina, Union der deutschen Akademien der Wissenschaften (Hrsg.): *Künstliche Photosynthese: Forschungsstand, wissenschaftlich-technische Herausforderungen und Perspektiven*, München, 2018.

Adame, M. F. u. a.: Future carbon emissions from global mangrove forest loss. *Glob Chang Biol* **27**, 2856–2866 (2021).

Ahrends, A. u. a.: China's fight to halt tree cover loss. *Proc R Soc B* **284**, 20162559 (2017).

Ainsworth, E. A. & Long, S. P.: What have we learned from 15 years of free-air CO_2 enrichment (FACE)? A meta-analytic review of the responses of photosynthesis, canopy properties and plant production to rising CO_2. *New Phytologist* **165**, 351–372 (2005).

Al-Khalili, J. & McFadden, J.: *Der Quantenbeat des Lebens. Wie Quantenbiologie die Welt neu erklärt*, Berlin: Ullstein, 2015.

Albright, R. u. a.: Reversal of ocean acidification enhances net coral reef calcification. *Nature* **531**, 362–365 (2016).

Andrei, V. u. a.: Floating perovskite-BiVO4 devices for scalable solar fuel production. *Nature* **608**, 518–522 (2022).

Babst, F. u. a.: Twentieth century redistribution in climatic drivers of global tree growth. *Science Advanced* **5**, eaat4313 (2019).

Bastin, J. F. u. a.: The global tree restoration potential. *Science* **365**, 76–79 (2019).

Bayerisches Landesamt für Umwelt (Hrsg.): *Beeinflusst der Klimawandel die Jahreszeiten in Bayern? Antworten der Phänologie*, Augsburg, 2014.

Bertram, C. u. a.: The blue carbon wealth of nations. *Nature Climate Change* **11**, 704–709 (2021).

Bezner Kerr, R. u. a.: *Food, Fibre, and Other Ecosystem Products.* In: *Climate Change 2022: Impacts, Adaptation and Vulnerability.* Contribution of Working Group II to the Sixth Assessment Report of the Intergovernmental Panel on Climate Change, hrsg. v. H.-O. Pörtner u. a., Cambridge (UK)/New York (USA): Cambridge University Press, 2022, 713–906.

Blankenship, R. E. u. a.: Comparing Photosynthetic and Photovoltaic Efficiencies and Recognizing the Potential for Improvement. *Science* **332**, 805–809 (2011).

Bobsien, I. C. u. a.: Modeling eelgrass spatial response to nutrient abatement measures in a changing climate. *Ambio* **50**, 400–412 (2021).

Boenigk, J. & Wodniok, S.: *Biodiversität und Erdgeschichte*, Berlin/Heidelberg: Springer Spektrum, 2014.

Bond, W. J. u. a.: The Trouble with Trees: Afforestation Plans for Africa. *Trends in Ecology & Evolution* **34**, 963–965 (2019).

Borchers, M. u. a.: Scoping carbon dioxide removal options for Germany – What is their potential contribution to Net-Zero CO_2? *Frontiers in Climate* **4**, 810343 (2022).

Borchers, M. u. a.: A Comprehensive Assessment of Carbon Dioxide Removal Options for Germany. *Earth's Future* **12**, e2023EF003986 (2024).

Boyce, D. G., Lewis, M. R. & Worm, B.: Global phytoplankton decline over the past century. *Nature* **466**, 591–596 (2010).

Brandes, D.: Breiten sich die C_4-Pflanzen in Mitteleuropa aus? *Schriftenreihe für Vegetationskunde* **27**, 365–372 (1995).

Bundesministerium für Umwelt, Naturschutz, nukleare Sicherheit und Verbraucherschutz (Hrsg.): *Nationale Moorschutzstrategie*, Berlin, 2022.

Bundesverband der Energie- und Wasserwirtschaft e. V.: *Gas kann grün: Die Potentiale von Biogas/Biomethan. Status Quo, Fakten und Entwicklung*, Berlin, 2019.

Bunyard, B. A.: *The Lives of Fungi. A Natural History of Our Planet's Decomposers,* Princeton/Oxford: Princeton University Press, 2022.

Carvalhais, N. u. a.: Global covariation of carbon turnover times with climate in terrestrial ecosystems. *Nature* **514**, 213–217 (2014).

CDRmare: *Gezielte Kohlendioxid-Entnahme: Welche Möglichkeiten meeresbasierte Verfahren bieten und wie diese erforscht werden*, Kiel, 2024.

Chen, C. u. a.: China and India lead in greening of the world through land-use management. *Nature Sustainability* **2**, 122–129 (2019).

Chen, C. u. a.: CO_2 fertilization of terrestrial photosynthesis inferred from site to global scales. *PNAS* **119**, e2115627119 (2022).

Churkina, G. u. a.: Buildings as a global carbon sink. *Nature Sustainability* **3**, 269–276 (2020).

Clark, P. W. u. a.: A lack of ecological diversity in forest nurseries limits the achievement of tree-planting objectives in response to global change. *BioScience* **73**, 575–586 (2023).

Couwenberg, J. & Hooijer, A.: Towards robust subsidence-based soil carbon emission factors for peat soils in South-East Asia, with special reference to oil palm plantations. *Mires and Peat* **12**, 1–13 (2013).

Covey, K. R. & Megonigal, J. P.: Methane production and emissions in trees and forests. *New Phytologist* **222**, 35–51 (2019).
Dargie, G. C. u. a.: Age, extent and carbon storage of the central Congo Basin peatland complex. *Nature* **542**, 86–90 (2017).
Dau, H., Kurz, P. & Weitze, M.-D.: *Künstliche Photosynthese: Besser als die Natur?* Berlin: Springer, 2019.
De los Santos, C. B. u. a.: Recent trend reversal for declining European seagrass meadows. *Nature Communications* **10**, 3356 (2019).
De Pryck, K. & Boettcher, M.: The rise, fall and rebirth of ocean carbon sequestration as a climate ›solution‹. *Global Environmental Change* **85**, 102820 (2024).
Deutscher Verband für Landespflege (DVL) e. V. (Hrsg.): *Moor-Klimawirte. Zukunft der Landwirtschaft im Moor*, Ansbach, 2021.
Duprat, L. P. A. M., Bigg, G. R. & Wilton, D. J.: Enhanced Southern Ocean marine productivity due to fertilization by giant icebergs. *Nature Geoscience* **9**, 219–221 (2016).
Ebi, K. L. & Ziska, L. H.: Increases in atmospheric carbon dioxide: Anticipated negative effects on food quality. *PLoS Med* **15**, e1002600 (2018).
Edgeloe, J. M. u. a.: Extensive polyploid clonality was a successful strategy for seagrass to expand into a newly submerged environment. *Proc R Soc B* **289**, 20220538 (2022).
EPICA community members: Eight glacial cycles from an Antarctic ice core. *Nature* **429**, 623–628 (2004).
Erkens, G., Van der Meulen, M. J. & Middelkoop, H.: Double trouble: Subsidence and CO_2 respiration due to 1,000 years of Dutch coastal peatlands cultivation. *Hydrogeology Journal* **24**, 551–568 (2016).
Fink, M. & Ratter, B.: Blurring societal acceptance by lack of knowledge – insights from a German coastal population study on blue carbon. *Frontiers in Climate* **6**, 1283712 (2024).
Friedlingstein, P. u. a.: Comment on »The global tree restoration potential«. *Science* **366**, eaaz0388 (2019).
Ganopolski, A., Winkelmann, R. & Schellnhuber, H. J.: Critical insolation-CO_2 relation for diagnosing past and future glacial inception. *Nature* **529**, 200–203 (2016).
Gao, G. u. a.: Using macroalgae as biofuel: current opportunities and challenges. *Botanica Marina* **63**, 355–370 (2020).
García Criado, M. u. a.: Woody plant encroachment intensifies under climate change across tundra and savanna biomes. *Global Ecology and Biogeography* **29**, 925–943 (2020).
Garcin, Y. u. a.: Hydroclimatic vulnerability of peat carbon in the central Congo Basin. *Nature* **612**, 277–282 (2022).
Giuliani, G., Descombes, L. & Sy, B.: Is the African Great Green Wall gree-

ning? Some positive signs from a 20-years' time-series of satellite observations. *Research Square* (2022).

Glaubrecht, M.: *Das Ende der Evolution. Der Mensch und die Vernichtung der Arten*, München: C. Bertelsmann Verlag, 2019.

González, M. F. u. a.: Enhanced Rates of Regional Warming and Ocean Acidification After Termination of Large-Scale Ocean Alkalinization. *Geophysical Research Letters* **45**, 7120–7129 (2018).

Gotthelf, J. [1842]: *Die schwarze Spinne*, Berliner Ausgabe, 3. Aufl., 2014 (auf der Grundlage: Jeremias Gotthelf: *Ausgewählte Werke in 12 Bänden*, hrsg. v. Walter Muschg, Zürich: Diogenes, 1978).

Graham, O. J. u. a.: Deeper habitats and cooler temperatures moderate a climate-driven seagrass disease. *Phil Trans R Soc B* **378**, 20220016 (2023).

Greifswald Moor Centrum: *Faktenpapier Moorklimaschutz MV* (PDF), Greifswald 2019.

Hanna, R. u. a.: Emergency deployment of direct air capture as a response to the climate crisis. *Nature Communications* **12**, 368 (2021).

Harder, C. B. u. a.: Mycena species can be opportunist-generalist plant root invaders. *Environmental Microbiology* **25**, 1875–1893 (2023).

Hickler, T. u. a.: Precipitation controls Sahel greening trend. *Geophysical Research Letters* **32** (2005).

Hochkirch, A. u. a.: A multi-taxon analysis of European Red Lists reveals major threats to biodiversity. *PLoS One* **18**, e0293083 (2023).

Holl, K. D. & Brancalion, P. H. S.: Tree planting is not a simple solution. *Science* **368**, 580–581 (2020).

Hooijer, A. u. a.: Subsidence and carbon loss in drained tropical peatlands. *Biogeosciences* **9**, 1053–1071 (2012).

Hua, F. u. a.: Opportunities for biodiversity gains under the world's largest reforestation programme. *Nature Communications* **7**, 12717 (2016).

Hua, F. u. a.: Tree plantations displacing native forests: The nature and drivers of apparent forest recovery on former croplands in Southwestern China from 2000 to 2015. *Biological Conservation* **222**, 113–124 (2018).

IPCC: *Global Warming of 1.5 °C. An IPCC Special Report on the impacts of global warming of 1.5 °C above pre-industrial levels and related global greenhouse gas emission pathways, in the context of strengthening the global response to the threat of climate change, sustainable development, and efforts to eradicate poverty*, hrsg. v. V. Masson-Delmotte u. a., Cambridge (UK)/New York (USA): Cambridge University Press, 2018.

IPCC: *Climate Change 2021: The Physical Science Basis.* Working Group I Contribution to the Sixth Assessment Report of the Intergovernmental Panel on Climate Change, Cambridge (UK)/New York (USA): Cambridge University Press, 2021.

Jalonen, R. u. a.: Forest and landscape restoration severely constrained by a lack of attention to the quantity and quality of tree seed: Insights from a global survey. *Conservation Letters* **11**, e12424 (2018).
Joosten, H.: Moor muss nass. In: Klaus Wiegandt (Hrsg.): 3 *Grad mehr,* München: oekom, 2022, 209–232.
Jovine, R.: *Light to Life. The miracle of photosynthesis and how it can save the planet,* London: Short Books, 2021.
Jürchott, M., Oschlies, A. & Koeve, W.: Artificial Upwelling – A Refined Narrative. *Geophysical Research Letters* **50**, e2022GL101870 (2023).
Keenan, T. F. u. a.: Increase in forest water-use efficiency as atmospheric carbon dioxide concentrations rise. *Nature* **499**, 324–327 (2013).
Keenan, T. F. & Riley, W. J.: Greening of the land surface in the world's cold regions consistent with recent warming. *Nature Climate Change* **8**, 825–828 (2018).
Kegel, B.: *Wenzels Pilz,* München: Piper, 1993.
Kegel, B.: *Die Natur der Zukunft. Tier- und Pflanzenwelt in Zeiten des Klimawandels,* Köln: DuMont, 2021.
Kegel, B.: Werden hier Drachen leben? *ZEIT Wissen* 01/2022.
Keller, D. P. u. a.: Editorial: The Role of Ocean-Based Negative Emission Technologies for Climate Mitigation. *Frontiers in Climate* **3**, 1 (2021).
Kellogg, E. A.: C_4 photosynthesis. *Current Biology* **23**, R594–R599 (2013).
Kiely, L. u. a.: Assessing costs of Indonesian fires and the benefits of restoring peatland. *Nature Communications* **12**, 7044 (2021).
Köhler, P. u. a.: Geoengineering impact of open ocean dissolution of olivine on atmospheric CO_2, surface ocean pH and marine biology. *Environmental Research Letters* **8**, 014009 (2013).
Küster, H.: *Geschichte der Landschaft in Mitteleuropa. Von der Eiszeit bis zur Gegenwart,* München: C. H. Beck, 1995.
Küster, H.: *Geschichte des Waldes. Von der Urzeit bis zur Gegenwart,* München: C. H. Beck, 1998.
Lane, N.: *Life Ascending. The Ten Great Inventions of Evolution.* New York/London: W. W. Norton & Company, 2009 (deutsch: Nick Lane: *Leben: Verblüffende Erfindungen der Evolution,* übers. v. Ilona Hauser, Darmstadt: Primus in Herder, 2013).
Lenton, T. M. u. a.: Quantifying the human cost of global warming. *Nature Sustainability* **6**, 1237–1247 (2023).
Liu, C. u. a.: Water splitting-biosynthetic system with CO_2 reduction efficiencies exceeding photosynthesis. *Science* **352**, 1210–1213 (2016).
Liu, C. u. a.: Ambient nitrogen reduction cycle using a hybrid inorganic-biological system. *PNAS* **114**, 6450–6455 (2017).
Long, S. P. u. a.: Food for Thought: Lower-Than-Expected Crop Yield Stimulation with Rising CO_2 Concentrations. *Science* **312**, 1918–1921 (2006).

Lucht, W. u. a.: Climatic Control of the High-Latitude Vegetation Greening Trend and Pinatubo Effect. *Science* **296**, 1687–1689 (2002).
Luedeling, E. u. a.: Forest restoration: Overlooked constraints. *Science* **366**, 315 (2019).
Luo, S. u. a.: Construction and modular implementation of the THETA cycle for synthetic CO_2 fixation. *Nature Catalysis* **6**, 1228–1240 (2023).
Macreadie, P. I. u. a.: The future of Blue Carbon science. *Nature Communications* **10**, 3998 (2019).
Marshall, J.: Solar energy: Springtime for the artificial leaf. *Nature* **510**, 22–24 (2014).
Martin, J. H.: Glacial-interglacial CO_2 change: the iron hypothesis. *Paleoceanography* **5**, 1–13 (1990).
Martin, J. H., Fitzwater, S. E. & Gordon, R. M.: Iron deficiency limits phytoplankton growth in Antarctic waters. *Global Biogeochemical Cycles* **4**, 5–12 (1990).
Marvin, D. C. u. a.: Natural climate solutions provide robust carbon mitigation capacity under future climate change scenarios. *Scientific Reports* **13**, 19008 (2023).
Matthews, H. D. & Caldeira, K.: Stabilizing climate requires near-zero emissions. *Geophysical Research Letters* 35 (2008).
Mcleod, E. u. a.: A blueprint for blue carbon: toward an improved understanding of the role of vegetated coastal habitats in sequestering CO_2. *Frontiers in Ecology and the Environment* **9**, 552–560 (2011).
Miller, T. E. u. a.: Light-powered CO_2 fixation in a chloroplast mimic with natural and synthetic parts. *Science* **368**, 649–654 (2020).
Mo, L. u. a.: Integrated global assessment of the natural forest carbon potential. *Nature* **624**, 92–101 (2023).
Mooratlas 2023. *Daten und Fakten zu nassen Klimaschützern*, hrsg. v. Heinrich-Böll-Stiftung, Bund für Umwelt und Naturschutz Deutschland und der Michael Succow Stiftung, Partner im Greifswald Moor Centrum, Berlin 2023.
Mosandl, R.: Aufforstung in den Tropen und Subtropen. In: Klaus Wiegandt (Hrsg.): 3 *Grad mehr,* München: oekom, 2022, 145–168.
Myers, S. S. u. a.: Increasing CO_2 threatens human nutrition. *Nature* **510**, 139–142 (2014).
Myneni, R. B. u. a.: Increased plant growth in the northern high latitudes from 1981 to 1991. *Nature* **386**, 698–702 (1997).
Nawaz, S. & Lezaun, J.: Grappling with a sea change: Tensions in expert imaginaries of marine carbon dioxide removal. *Global Environmental Change* **85**, 102806 (2024).
Nentwig, W. u. a.: *Ökologie*, Heidelberg/Berlin: Spektrum Akademischer Verlag, 2003.

Nocera, D. G.: The Artificial Leaf. *Accounts of Chemical Research* **45**, 767–776, 2012.
Norby, R. J. & Zak, D. R.: Ecological Lessons from Free-Air CO_2 Enrichment (FACE) Experiments. *Annual Review of Ecology, Evolution, and Systematics* **42**, 181–203 (2011).
Pangala, S. R. u. a.: Large emissions from floodplain trees close the Amazon methane budget. *Nature* **552**, 230–234 (2017).
Piao, S. u. a.: Characteristics, drivers and feedbacks of global greening. *Nature Reviews Earth & Environment* **1**, 14–27 (2020).
Popkin, G.: The forest question. *Nature* **565**, 280–282 (2019).
Pornrungroj, C. u. a.: Hybrid photothermal-photocatalyst sheets for solar-driven overall water splitting coupled to water purification. *Nature Water* **1**, 952–960 (2023).
Proulx, A.: *Moorland. Plädoyer für eine gefährdete Landschaft*, übers. v. Thomas Gunkel, München: Luchterhand, 2023.
Rahaman, M. u. a.: Solar-driven liquid multi-carbon fuel production using a standalone perovskite-BiVO4 artificial leaf. *Nature Energy* **8**, 629–638 (2023).
Reich, P. B. u. a.: Boreal and temperate trees show strong acclimation of respiration to warming. *Nature* **531**, 633–636 (2016).
Reich, P. B. u. a.: Unexpected reversal of C_3 versus C_4 grass response to elevated CO_2 during a 20-year field experiment. *Science* **360**, 317–320 (2018).
Rich, N.: *Losing Earth*, übers. v. Willi Winkler, Berlin: Rowohlt Berlin, 2019.
Rohatyn, S. u. a.: Limited climate change mitigation potential through forestation of the vast dryland regions. *Science* **377**, 1436–1439 (2022).
Röschel, L. & Neumann, B.: Ocean-based negative emissions technologies: a governance framework review. *Frontiers in Marine Science* **10**, 995130 (2023).
Sage, R. F.: A portrait of the C_4 photosynthetic family on the 50th anniversary of its discovery: species number, evolutionary lineages, and Hall of Fame. *Journal of Experimental Botany* **67**, 4039–4056 (2016).
Scheffer, M., Brovkin, V. & Cox, P. M.: Positive feedback between global warming and atmospheric CO_2 concentration inferred from past climate change. *Geophysical Research Letters* **33** (2006).
Schellnhuber, H. J.: Bauhaus für die Erde. In: Klaus Wiegandt (Hrsg.): 3 *Grad mehr,* München: oekom, 2022, 169–208.
Schimel, D., Stephens, B. B. & Fisher, J. B.: Effect of increasing CO_2 on the terrestrial carbon cycle. *PNAS* **112**, 436–441 (2014).
Schmitz, O. J. u. a.: Trophic rewilding can expand natural climate solutions. *Nature Climate Change* **13**, 324–333 (2023).
Schwander, T. u. a.: A synthetic pathway for the fixation of carbon dioxide in vitro. *Science* **354**, 900–904 (2016).

Schwärzel, K. u. a.: Improved Water Consumption Estimates of Black Locust Plantations in China's Loess Plateau. *Forests* **9**, 1–21 (2018).

Schwärzel, K. u. a.: How afforestation affects the water cycle in drylands: A process-based comparative analysis. *Global Change Biology* **26**, 944–959 (2020).

Sheaves, M.: How many fish use mangroves? The 75 % rule an ill-defined and poorly validated concept. *Fish and Fisheries* **18**, 778–789 (2017).

Shoenfelt, E. M. u. a.: High particulate iron(II) content in glacially sourced dusts enhances productivity of a model diatom. *Science Advances* 3, e1700314 (2017).

Siegenthaler, U. u. a.: Stable Carbon Cycle–Climate Relationship During the Late Pleistocene. *Science* **310**, 1313–1317 (2005).

Smith, M. R. & Myers, S. S.: Impact of anthropogenic CO_2 emissions on global human nutrition. *Nature Climate Change* **8**, 834–839 (2018).

Spalding, M., Kainuma, M. & Collins, L.: *World Atlas of Mangroves*, London (UK): Earthscan, 2010.

Spalding, M. u. a.: Coastal Ecosystems: A Critical Element of Risk Reduction. *Conservation Letters* **7**, 293–301 (2014).

Sternberg, T., Rueff, H. & Middleton, N.: Contraction of the Gobi Desert, 2000–2012. *Remote Sensing* **7**, 1346–1358 (2015).

Stevens, N. & Bond, W. J.: A trillion trees: carbon capture or fuelling fires? *Trends in Ecology & Evolution* **39**, 1–4 (2024).

Stevenson, A. u. a.: Substantial seagrass blue carbon pools in the southwestern Baltic Sea include relics of terrestrial peatlands. *Frontiers in Marine Science* **10**, 1266663 (2023).

Taillardat, P., Friess, D. A. & Lupascu, M.: Mangrove blue carbon strategies for climate change mitigation are most effective at the national scale. *Biology Letters* **14**, 20180251 (2018).

Tanneberger, F. u. a.: Towards net zero CO_2 in 2050: An emission reduction pathway for organic soils in Germany. *Mires and Peat* **27**, Article 05 (2021).

Tanneberger, F. & Schroeder, V.: *Das Moor. Über eine faszinierende Welt zwischen Wasser und Land – und warum sie für unser Klima so wichtig ist*, München: dtv, 2023.

Tomas, F. u. a.: Mass flowering and unprecedented extended pseudovivipary in seagrass (Posidonia oceanica) after a Marine Heat Wave. *Marine Pollution Bulletin* **203**, 116394 (2024).

Turan, B. u. a.: Upscaling of integrated photoelectrochemical water-splitting devices to large areas. *Nature Communications* **7**, 12681 (2016).

Turk, J. & Turk, A.: *Environmental Science. Fourth Edition*, Philadelphia (USA): Saunders College Publishing, 1988.

UNCCD: *The Great Green Wall Implementation Status and Way Ahead to* 2030. Advanced Version, Climatekos gGmbH, 2020.

Vailland, J.: *Die Bestie. Wie das Feuer von unserem Planeten Besitz ergreift*, übers. v. Iris Hansen und Teja Schwaner, München: Ludwig, 2023.
Von Redecker, E.: *Bleibefreiheit*, Frankfurt a. M.: S. Fischer, 2023.
Wallace, D. W. R. u. a.: *Ocean Fertilization. A Scientific Summary for Policy Makers*, hrsg. v. IOC/UNESCO, Paris, 2010.
Wang, S. u. a.: Recent global decline of CO_2 fertilization effects on vegetation photosynthesis. *Science* **370**, 1295–1300 (2020).
Wanner, H. u. a.: Mid- to Late Holocene climate change: an overview. *Quaternary Science Reviews* **27**, 1791–1828 (2008).
Warner, E. u. a.: Young mixed planted forests store more carbon than monocultures – a meta-analysis. *Frontiers in Forests and Global Change* **6**, 1226514 (2023).
West, T. A. P. u. a.: Action needed to make carbon offsets from forest conservation work for climate change mitigation. *Science* **381**, 873–877 (2023).
Wiegandt, Klaus (Hrsg.): 3 *Grad mehr. Ein Blick in die drohende Heißzeit und wie uns die Natur helfen kann, sie zu verhindern*, München: oekom, 2022.
Wilhelm, K.: Stoffwechsel 2.0. *MaxPlanckForschung* 4/2016, 64–69, 2016.
Williamson, P. & Gattuso, J.-P.: Carbon Removal Using Coastal Blue Carbon Ecosystems Is Uncertain and Unreliable, With Questionable Climatic Cost-Effectiveness. *Frontiers in Climate* **4**, 853666 (2022).
Winkler, A. J. u. a.: Earth system models underestimate carbon fixation by plants in the high latitudes. *Nature Communications* **10**, 885 (2019).
World Meteorological Organization: *Proceedings of the World Climate Conference. A Conference of Experts on Climate and Mankind*, Genf: WMO, 1979.
World Ocean Review 8: Klimaretter Ozean? Wie das Meer (noch) mehr Kohlendioxid aufnehmen soll, Hamburg: maribus, 2024.
Wu, H. u. a.: Metal–Organic Framework Decorated Cuprous Oxide Nanowires for Long-lived Charges Applied in Selective Photocatalytic CO_2 Reduction to CH_4. *Angewandte Chemie International Edition* **60**, 8455–8459 (2021).
Wu, J., Keller, D. P. & Oschlies, A.: Carbon dioxide removal via macroalgae open-ocean mariculture and sinking: an Earth system modeling study. *Earth System Dynamics* **14**, 185–221 (2023).
WWF: *Living Planet Report* 2020 – *Bending the curve of biodiversity loss*, hrsg. v. R. E. A. Almond, M. Grooten & T. Petersen, Gland (Schweiz), 2020.
Xu, J.: China's new forests aren't as green as they seem. *Nature* **477**, 371 (2011).
Yu, L. u. a.: Ocean current patterns drive the worldwide colonization of eelgrass (*Zostera marina*). *Nature Plants* **9**, 1207–1220 (2023).
Yu, L. u. a.: A somatic genetic clock for clonal species. *Nature Ecology & Evolution* **8**, 1327–1336 (2024).

Zeebe, R. E., Ridgwell, A. & Zachos, J. C.: Anthropogenic carbon release rate unprecedented during the past 66 million years. *Nature Geoscience* **9**, 325–329 (2016).
Zeng, Z. u. a.: Climate mitigation from vegetation biophysical feedbacks during the past three decades. *Nature Climate Change* **7**, 432–436 (2017).
Zhu, C. u. a.: Carbon dioxide (CO_2) levels this century will alter the protein, micronutrients, and vitamin content of rice grains with potential health consequences for the poorest rice-dependent countries. *Science Advances* **4**, eaaq1012 (2018).
Zhu, Z. u. a.: Greening of the Earth and its drivers. *Nature Climate Change* **6**, 791–795 (2016).

Index

Acker-Schmalwand 208
AFR100 69
Afrika 14, 42, 46, 57, 66 ff., 79, 104 ff., 135, 161, 199
Afrikanische Union 67 f.
Alaska 80, 167
Albedo 57, 70, 73
Alfred-Wegener-Institut (AWI) 143 f., 213
Algen 11, 18, 136, 140 ff., 151, 158 ff., 165 f., 169 f., 202
Allianz der Pioniere 121 ff., 128, 131
Andrei, Virgil 197
Aquakultur 162, 165, 169
ATP 182 ff., 208
Aufforstung 53, 56 ff., 67, 69 ff., 75, 78, 81, 83, 90 f., 214, 220 f.
Auftrieb, künstlicher ozeanischer 134 ff., 170, 216
Auftriebsgebiete 135 ff., 140, 166, 169

Bakterien 30, 136, 198, 200 f., 206, 208, 210 f.
Bäume 33, 44, 49, 52 ff., 68 f., 71 ff., 80 ff., 101, 159, 165, 217
Biodiversitätskonvention (CBD) 144
Biodiversitätsrahmen, Globaler 52
Bioethanol 197
Biogas 118, 128, 170, 175, 192, 201, 214
biological annihilation 50
Biologie, synthetische 210
Biologische Auslöschung 50
Biomasse 20, 30 ff., 35, 39, 62, 69, 99 f., 112, 118, 121 f., 127, 134, 143, 155, 161, 166, 171, 175, 188, 191 f., 198, 219
Blankenship, Robert 188
Blätter, künstliche 194 ff., 208, 211
Blattfläche 43
blue carbon 133 ff.
Blue-Carbon-Ökosysteme 133 ff., 149, 151 f., 158 ff., 218, 221
Bolsonaro, Jair 53
Bond, William J. 69
Brandenburg 116
browning 42 f.
Buche 71, 88
Bundesministerium für Umwelt, Naturschutz, nukleare Sicherheit und Verbraucherschutz (BMUV) 123
Bundesministerium für Bildung und Forschung (BMBF) 201
Bundesverband der Energie- und Wasserwirtschaft 176

C_4-Pflanzen 191
Calvin-Zyklus 205 f.
CarbFix 18
Carbon Capture and Storage 17
CDRmare 134, 138, 145

CETCH-Zyklus 207 ff.
China 14, 44 f., 52, 55, 58 ff., 78 f., 82, 91, 93, 100, 117, 160, 167
Chlorophyll 142, 181 ff., 186
Chloroplasten 180 ff., 186 ff., 209
Chloroplasten, künstliche 209
Clark, Peter 79, 82
Climeworks 17 ff., 22, 107
Coenzym A 210
Covey, Kristofer 73
CO_2-Düngungseffekt 39, 42 f., 45 ff.
CO_2 fertilization effect (CFE) 39
Crowther, Tom 53 f., 71, 80
Cuvette Centrale 105 f.
Cyanobakterien 30, 180, 202

Dargie, Greta 105
Darre 83 ff.
Dau, Holger 185, 196, 199 f., 200
Defaunation 20, 50
Demokratische Republik Kongo 105
Deutsche Allianz Meeresforschung (DAM) 134
DNA 180 f.
Douglasie 85
»Drei-Norden-Schutzwald-Projekt« 59

Eisberge 141
Eisen 141 ff., 194, 218
Elektrolyse 177, 187, 194, 199
Elektrolyseure 199
Elektronen 181
Emissionen 12, 15, 18, 22, 25, 27, 33, 39 f., 49, 52, 55, 70, 77, 81, 93, 98 ff., 103 ff., 111 f., 116, 123 ff., 142, 146, 152, 163, 167, 172, 176, 193, 215 f., 219 ff.
empty forests 50
Energiepflanzen 176, 192, 214
Erb, Tobias 202 f., 205 ff.
Evapotranspiration 45

FACE-Experimente 41, 46
Fliegen 185
Flohkrebse 144
Forstsamendarre 84, 156
Forstvermehrungsgutgesetz (FoVG) 82
Forstwissenschaften 83
Friedländer Große Wiese 102, 123
Frontier 16

Galenbecker See 102
Geoengineering 144, 218
Gezeitenzone 160, 162
Gigatonnen 12, 16, 18 f., 25 f., 34 f., 37, 161, 167, 172, 221
Gotthelf, Jeremias 29
Grana 180
Great Green Wall of the Sahara and the Sahel Initiative (GGWSSI) 67
great oxygenation event (GOE) 31
greening 42
Greifswald Moor Centrum 97, 114, 118, 121, 125
Großalgen 141
Großbritannien 91
»Große Grüne Mauer« 59 ff., 64, 66 ff.
Grünlandumbruchverbot 129

Helgoland 146
Highland Clearances 91
HNLC-Regionen 142
Holl, Karen D. 76
huronische Vereisung 31

Indonesien 53, 100, 103 ff., 113, 161, 164
Ingenhousz, Jan 174
IPCC (Intergovernmental Panel on Climate Change) 12, 16, 54, 172
Isopren 72

Jangtse 58
Jatznick 84
Joosten, Hans 98, 102, 107 f., 110 f., 113 f., 118 f., 122, 124, 128 f., 131, 164, 222

Kalkskelette 137, 145
Kanada 52 f., 55, 80, 82, 104, 146
Katalysator 183, 194 ff., 198
Keeling-Kurve 40
Kelp 158, 167 f.
Kiefer 85
Kieselalgen 140, 144, 166
Klimawandel 11, 20 ff., 33, 39 f., 42, 44, 47, 50 ff., 55 f., 58, 66, 74, 76, 80 ff., 88, 92, 95 ff., 106, 133 f., 142, 152, 162, 175, 203, 219
Klimaziele 110, 125, 163, 198, 217
Knutti, Reto 13
Kohlendioxid 11, 16, 19, 25, 31 f., 34, 37, 39, 41, 45, 47 f., 68, 71, 92 f., 97 f., 101, 104, 112, 126, 133, 135, 137, 144 f., 149, 167, 169, 173, 176, 178 ff., 203, 205 f., 208, 210 f., 215 f., 218 f., 220
Kohlenstoff 19, 31 f., 34 f., 49, 52, 55 ff., 68, 71, 92 f., 99 f., 102 f., 105, 107 f., 110, 129, 133 ff., 140 ff., 149 f., 152, 154, 159 ff., 170, 174, 176, 179, 184, 190 f., 202 f., 208, 211, 217 f., 220 f.
Kohlenstoffpumpe, biologische 136, 140
Kohlenstoffsenken 63, 97 ff., 107, 110, 161, 214
Konsumenten 32, 34, 134, 140, 170
Korallen 50, 137, 145
Küstenschutz 149, 152, 160 f., 163
Küster, Hansjörg 78, 90

Laminaria 158
Landgesellschaft Mecklenburg-Vorpommern 123, 126
Landwirtschaft 15, 44 f., 58, 62, 79, 98 f., 113, 124
Lane, Nick 181, 184
Lemke, Steffi 121, 123
Lewis, Simon 105
Lichtatmung 190
Lichtreaktion 177, 180, 183 f., 189 f., 209
Lichtsättigung 189, 191, 205
Limberg, Johannes 126 ff.
Lohafex 143 f.
Löschkalk 146 f.

Macrocystis 158 f.
Makroalgen 133, 159, 165, 169 ff., 214, 216
Malchin 118
Mangan 194
Mangan-Calcium-Cluster 183
Mangroven 158, 160 ff., 165, 220 f.
Mangrovenwälder 133, 160 ff., 216
Martin, John 142
MaxSynBio 209
Mecklenburg-Vorpommern 84, 102, 113, 122 ff., 129, 214
Meeresspiegelanstieg 42, 102, 161 f.
Mesokosmen 97, 146 f.
Methan 31, 72 f., 101, 112, 169, 176, 193, 196, 200
Michael Succow Stiftung 125
Milanković-Zyklen 36
Mischwälder 78 f.
Moore 51, 95 ff., 133, 152, 164, 215 ff., 220 f.
Moor-Klimawirt 114
Moorsackungen 102, 124
Mosandl, Reinhard 65, 80, 91
Mücken 95, 112
Musk, Elon 16, 171

Nadelbäume 84, 88
NADPH 183 ff., 189, 208
Nährstoffmangel 48, 134 f.
Nationale Moorschutzstrategie 111

Naturschutz 49 f., 123, 221
Naturschutzbund Deutschland (NABU) 164
Niederlande 101 f., 115, 124, 129
Nocera, Daniel 195, 198 f.
Nordatlantik 135, 153

Obasanjo, Olusegun 67 f.
ocean-based negative emission technologies 133, 217 f.
OceanNETs 134
ONETs 133 f., 217
Oschlies, Andreas 145, 216 f., 220
Otto, Friederike 15
oxygen-evolving complex 183, 194
Ozean-Alkalinisierung 144 ff., 218
Ozeandüngung 141 ff.
Ozeane 56, 133 ff., 171 f., 217 f.
Ozeanversauerung 145, 166

Paludikultur 113, 117, 121, 123, 126 ff., 131, 175, 221
Pariser Abkommen 122, 124
Peat Restoration Agency 105, 111
Peene-Südkanal 129 f.
Petagramm 25
Pflanzenfresser 32 f.
photoautotroph 30
Photodestruktion 189
Photolyse 181, 186
Photorespiration 190 f.
Photosynthese 15, 30 f., 33, 35, 39 ff., 47, 49, 98, 152, 159, 173 ff., 222
Photosynthese, Künstliche 177 f., 185 ff., 192 ff., 216
Photosynthese, oxygene 30, 189
Photosystem I 181 f.
Photosystem II 181 ff., 187
Photovoltaik 120, 176, 186 ff., 194, 199
Phylloiden 159
Phytophagen 32, 34
Pigmente 181 ff., 186, 188
Piko-Phytoplankton 134
Pinatubo 42
Planetary Technologies 146
Pomerance, Rafe 12
Posidonia 148, 150
»Power-to-Gas« 177, 194, 199
Prädatoren 33 f.
Primärproduzenten 30
Purpurbakterium 206

Querhammer, Helmut 116 f.

Rahmstorf, Stefan 56
Ralstonia eutropha 198
Reet 117, 120
Regenwald 43, 50, 52 f., 93, 161, 163, 220
Reisner, Erwin 196 ff.
Renaturierung 76, 108, 112, 154 f., 162 ff., 214, 216
Reusch, Thorsten 152 ff.
Rheticus 201 f.
Rhodobacter sphaeroides 206
Rich, Nathaniel 12
Riesentang 159
Rohatyn, Shani 57 f.
Rohrdachdecker 117, 120
Rohrglanzgras 116
Rohrkolben 120, 123, 127
Rohrwerber 117, 128
RuBisCO 184, 189 ff., 205 f.
Rückkopplungseffekt 36, 39 f.
Ruderfußkrebse 144
Ruthenium 186, 194

Sahel 42, 66 f., 69
Salzwiesen 158, 160, 162 ff.
Samenklenge 84
Sauerstoff 19, 30 ff., 49, 101, 134, 152, 174 ff., 183, 190, 194 f., 206
Sauerstoffkatastrophe, Große 31
Savanne 57, 66, 69 ff., 80

Schilf 108, 116 f., 120, 123, 127 f.
Schottland 90 f., 167
Seegräser 149 ff., 153, 157 ff.
Seegraswiesen 133, 148 ff., 158, 215 ff., 220
Seggen 97, 108, 116, 123, 127 f.
Shark Bay 147 f., 150
Sibirien 53, 77, 80
Sinclair, Elizabeth 148
Spaltöffnungen 45, 189
special pair 182
Sphagnum 101
Staueinrichtungen 125, 129
St. Barbe Baker, Richard 66 f.
Sternberg, Troy 61
Stevens, Nicola 69
Stroma 184
Succow, Michael 122, 125
Synthesegas 196 f., 200

Tangwälder 158 f., 165, 169
Tanneberger, Franziska 97, 97, 99 f., 105 f., 108, 111, 115, 120
Terminationseffekt 147
THETA-Zyklus 210
Thylakoide 180
toMOORow-Initiative 117, 121
Torfbrände 103 f.
Torfmoos 101, 119
Torfmoosfrischmasse 118, 120
Torfsackungen 102
Traidl-Hoffmann, Claudia 14
Tropen 14, 39, 43 f., 62, 72, 80, 93, 103, 150, 158, 160, 221
Tundra 39, 43 f., 57, 93
Turnover-Zeit 92 f.
Typha 120

Umweltstiftung Michael Otto 117
Unger, Nadine 72 f., 74 f.
United Nations Convention to Combat Desertification (UNCCD) 67
Universität Greifswald 97 f., 123
USA 12, 14, 33, 54 f., 81, 100, 154, 198

Vegetationsperiode 41
Verne, Jules 177
Versauerung 137, 147
Vogelflug 185
volatile organic compounds (VOCs) 72

Wade, Abdoulaye 67 f.
Waldbrände 11, 14 f., 50, 71, 77
Wälder 32, 43, 49 ff., 95, 98 ff., 103 ff., 107, 110, 112, 133, 149, 152, 161 f., 165, 216 f., 220 f.
»Waldsterben 2.0« 53
Wasserbüffel 116 f.
Wasserleitfähigkeit 130
Wassermanagement 113
Wasserpest 174 f., 195
Wasserstoff 177, 183, 188, 193 ff., 200
Wasserstoffwirtschaft 177
Wasting Disease 152
Weißtorf 118, 120
Wellenpumpen 135, 137 f.
Weltklimakonferenz, Dubai 77, 99
Weltklimakonferenz, Genf 12
Weltklimakonferenz, Paris 13
Wiedervernässung 105 ff., 110 ff., 115 ff., 124 f., 128, 214 f., 220
Wüste Gobi 60 f.
Wüstenbildung 58, 67
WWF 51, 160, 164

Xanthobacter autotrophicus 198
XPRIZE Carbon Removal 16, 171
Xu, Jianchu 60 f., 63, 66, 78

Zitatnachweise Seite 9

Annie Proulx, *Moorland. Plädoyer für eine gefährdete Landschaft.* S. 23. © 2023 Luchterhand Literatur Verlag, München, in der Penguin Random House Verlagsgruppe GmbH.

Eva von Redecker, *Bleibefreiheit.* S. 16. © S. Fischer Verlag GmbH, Frankfurt am Main 2023.

Jochem Marotzke wurde zitiert nach: »Klimatologe Jochem Marotzke im Interview: ›Es hilft nicht, Verzicht zu predigen, wir müssen Neues erschaffen‹«, in: *Der Tagesspiegel*, 14.12.2023.

—

»Kegel ist ein Meister darin, komplizierte Sachverhalte in spannende Geschichten zu verwandeln.«

MARTIN EBEL, DIE WELT

Mehr von Bernhard Kegel bei DuMont

AUSGESTORBENE TIERE

160 Seiten

DIE NATUR DER ZUKUNFT

Tier- und Pflanzenwelt in Zeiten des Klimawandels

384 Seiten / Auch als E-Book

AUSGESTORBEN, UM ZU BLEIBEN

Dinosaurier und ihre Nachfahren

273 Seiten / Auch als E-Book

DIE HERRSCHER DER WELT

Wie Mikroben unser Leben bestimmen

384 Seiten / Auch als E-Book

TIERE IN DER STADT

Eine Naturgeschichte

480 Seiten / Auch als E-Book

EPIGENETIK

Wie Erfahrungen vererbt werden

368 Seiten / Auch als E-Book

DIE AMEISE ALS TRAMP

Von biologischen Invasionen

512 Seiten / Auch als E-Book